베테랑 초등 교사가 알려주는 교과서를 활용한 학년별 단계별 책읽기 전략

# 공부가 쉬워지는
# 초등독서법

김민아 지음

카시오페아
Cassiopeia

# 독서를 통해 아이들의 변화를
# 꿈꾸는 부모들을 위한 책

책을 읽는 아이들의 모습은 참 예쁘고 기특합니다. 책장을 넘기며 눈빛을 반짝이는 아이들의 표정은 호기심으로 가득 차 있습니다. 글을 몰라 부모의 무릎에 앉아서 읽어 주는 책을 듣는 아이의 표정 또한 집중 그 자체입니다. 스스로 책을 읽든 읽어 주는 책을 듣든 독서하고 있는 아이를 바라보는 부모의 눈빛은 또 얼마나 흐뭇하고 따뜻한지 모릅니다. 독서라는 고요한 행위 하나가 우리 모두에게 생기와 온기를 불어 넣습니다.

독서는 단순히 책을 읽는 것이 아니라 마음을 변화시키고 행동을 달라지게 하고 성적까지 올려주는 마법의 힘을 가졌습니다. 책은 아이들이 세계와 소통하는 가장 좋은 방법입니다. 다양한 배경지식이나 공감 능력을 키워나가는 데도 좋은 매개체가 됩니다. 또 다양한 어휘를 배우고 표현을 익히는데 독서만 한 것이 없습니다.

하지만 학교 입학하기 전에 책을 많이 읽던 아이들도 학교에 입학하는 순간부터 책을 읽는 양도 시간도 줄어듭니다. 읽기 독립이 시작되는 초등학교 시기부터는 아이가 책을 좋아하지 않으면 제대로 된 독서를 할 수가 없습니다. 따라서 책을 통해서 세상을 알아가고 그를 통한 진정한 즐거움을 느끼게 하는 것이 초등 독서의 가장 큰 목표이기도 할 것입니다.

이 책의 저자 김민아 선생님은 학교라는 공간에서 '아이들과 함께 만드는 독서'라는 아름다운 작업을 10여 년째 하고 계십니다. 우선 그 열정에 큰 박수를 보냅니다. 그리고 그 오랜 경험과 특별한 노하우가 고스란히 녹아있는 책,《공부가 쉬워지는 초등독서법》을 펴내주신 노고에 감사의 마음을 전합니다.

이 책은 선생님께서 아이들과 함께 독서를 하면서 느낀 변화, 초등학교 시기에 꼭 완성되어야 할 독서력, 시기별로 읽으면 좋은 책 목록까지 초등독서의 모든 것이 들어있습니다. 이 한 권만 읽으면 초등학교 아이들을 위한 독서의 모든 것이 한 눈에 들어올 수 있을 정도로 모든 정보와 내용이 다 담겨 있습니다.

이 책은 독서에 관심이 많은 부모뿐만 아니라 학교에서 독서를 지도하고 싶은 교사, 그리고 아이들의 책 읽기를 지도하고자 하는 모든 분들을 위한 독서 지침서가 될 것입니다. 이 책을 통해 독서 교육에 자신감을 얻은 많은 부모님들과 선생님들의 노력으로 우리 아이들 모두가 독서의 즐거움을 아는 아이들, 책 읽기가 행복한 아이들로 자라날 수 있게 되기를 진심으로 기원합니다.

《아이의 언어능력》 저자, 언어치료사
장재진

# 어떤 아이가 공부를 잘하게 될까?

뱃속에 아이가 생기는 순간부터 엄마들이 가장 염려하는 것은 아이의 건강이다. 아프지 않고 튼튼하게 자라길 늘 기도한다. 이런 마음은 아이가 학교에 입학하면서 조금씩 양분된다. 여전히 아이가 건강하길 바라지만, 지금 눈 앞에서 잘 뛰어노는 것을 보니 건강하다는 것은 알았고 이제 공부를 잘했으면 좋겠다는 생각을 하게 된다.

대한민국에 사는 엄마가 이런 마음을 갖는다는 것은 이상한 것이 아니다. 피할 수 없는 입시지옥을 향해 첫 발을 딛은 아이에게 제대로 기초를 다져주고 싶은 마음일 것이다.

그렇다면 초등 공부, 어떻게 해야 잘 할 수 있을까. 우선 요즘 아이들이 배우고 있는 교과서와 최근 평가의 흐름을 살펴 보자.

## 1학년 수학 '덧셈과 뺄셈' 단원 문제

장난감 상자에 여러 종류의 자동차가 있습니다. 그 중 버스는 7대 입니다. 경찰차는 버스보다 6대 많습니다. 구급차는 경찰차보다 10대 적다면 버스와 구급차는 모두 몇 대 있는지 구하세요.

## 2학년 수학 '시각과 시간' 단원 문제

경희는 오전 10시에 인천 공항에서 비행기를 타고 베트남의 도시 하노이에 갑니다. 비행으로 걸리는 시간은 5시간인데 하노이는 우리 나라보다 2시간 느립니다. 경희가 하노이에 도착했을 때 하노이는 몇 시인지 구하세요.

## 5학년 수학 '소수의 나눗셈' 단원 문제

선생님께서 1kg짜리와 0.1kg짜리 추를 사용하여 37.2÷12를 해결해 보라고 하셨습니다. 먼저 1kg 짜리 추 37개를 12묶음으로 나누었더니 1묶음에 3개이고 1개가 남았습니다. 그런데 남은 1kg 짜리 추 1개와 0.1kg짜리 추 2개는 어떻게 12묶음으로 나누어야 할지 앞이 깜깜했습니다. 내가 고민하는 모습을 본 연우는 추를 사용하여 나눗셈을 하는 방법을 다음과 같이 설명해 주었습니다.

"1kg짜리 추 1개를 _____ 해 봐. 그러면 37.2÷12=□이라는 것을 알 수 있어."

이때 연우의 설명 중 빈 칸에 들어갈 말은 무엇일까요?

이는 실제로 아이들이 초등학교 수학 시간에 배우는 교과서 문제이다. 수업 시간에 이런 문제가 주어지면 아이들은 세 가지 유형으로 나뉜다.

첫째는 문제를 이해하고 연필을 바쁘게 움직이며 푸는 아이, 둘째는 문제 자체가 이해가 안 돼 연필은 멈춘 채 문제만 뚫어져라 쳐다보며 고민하는 아이, 셋째는 긴 서술형 문제에 일단 문제를 푸는 것을 포기하고 선생님이 풀어 줄 때까지 멍하게 기다리는 아이.

우리 아이는 어떤 유형에 속할까? 아이들을 이렇게 다른 모습으로 만든 차이는 무엇일까?

요즘 교과서는 스토리텔링 형식을 취하고 있다. 국어, 사회가 아닌 과목에서도 주어진 상황 속에서 정보를 찾아내고 해석해서 문제를 풀어야 한다. '계산만 잘하면 되지.'라고 생각했던 수학 과목조차도 스토리텔링 형식으로 이루어져 있다. 즉 문장과 상황의 의미를 해석하지 못하면 문제를 풀기가 어렵다. 평가도 예전과 달라졌다. 단답형, 선택형 문항이 아니라 서술형, 논술형 문항이다.

이런 문제들은 제시된 자료에서 알 수 있는 사실을 찾고, 문제 상황을 이해하고 그에 대한 해결 방법을 생각해내야 풀 수 있다. 달달 외우는 공부로는 한계가 있는 것이다. 암기보나는 이해에 조점이 맞춰져 있으며 단편적인 지식의 나열이 아닌 자신의 생각을 자연스럽게 정리하는 능력이 필요하다. 즉, 독해능력이 매우 중요한 것이다.

이런 변화에 아이들의 희비가 갈린다. 즉 과거에 공부를 잘하던 유형의 학생이 지금의 교육 시스템에서도 여전히 공부를 잘 할 수 있을까를 확언할 수 없다는 의미다.

수업을 하다보면 공부 잘하는 아이들의 공통된 특징이 있다. 바로 눈빛이 반짝반짝 거린다는 것이다. 집중해서 배움을 얻기 위해 노력하는 모습이다. 이 모습은 선생님의 말을 들으면서, 그리고 교과서의 글을 읽으며 자신이 가진 지식을 바탕으로 끊임없이 생각하고 연계하여 새로운 생각을 만들어내는 것이다. 이런 아이들에게는 배움을 통한 즐거움이 입가에서, 눈가에서, 표정에서 확연히 보인다. 지금의 교육 시스템의 승자가 될 아이들이다. 이런 아이들의 밑바탕에 있는 공통점은 '독서 습관'이다.

독서 습관은 크게 네 가지 이유로 학습에 큰 도움을 준다.

첫째, 평소 독서를 많이 한 학생들은 새로운 정보에 대한 이해가 빠르다. 일본 최고의 교육 전문가인 후지하라 가즈히로는 자신의 저서 《책을 읽는 사람만이 손에 넣는 것》에서 '뇌의 고리'라는 표현을 했다. 독서를 하면 다양한 간접 경험과 지식으로 뇌가 매끈하지 않고 여러 개의 고리가 생긴다는 것이다. 그리고 새로운 정보가 들어오면 이 고리에 걸려 이해력이나 해결 능력을 높이게 된다.

나는 이 이론에 상당히 공감한다. 실제 수업을 진행하다 보면 책을 즐겨 읽는 아이들은 수업 내용을 더 잘 들려 한다. 당연하지만 이때 잘

들리는 것은 물리적인 음량의 문제가 아니라 한 개의 단어라도 더 제대로 알아듣는다는 의미다. 아이는 그렇게 들은 정보를 뇌에서 활발하게 자기화 과정을 진행해 자기 것으로 소화한다.

또 평소 책을 많이 읽는 아이들은 책을 통해 간접 경험을 많이 했기 때문에 상황에 대한 이해가 빠르고, 읽는 연습을 계속했기 때문에 자료를 이해하는 독해력도 좋다. 요즘 교육의 흐름에 맞는 공부가 자연히 독서를 통해 이루어지는 것이다.

둘째, 독서를 많이 한 아이들은 공부의 시작점이 다르다. 학습이란 것은 위계를 가지는 특징이 있다. 덧셈, 뺄셈을 할 줄 알아야 곱셈, 나눗셈을 할 수 있고 혼합 계산도 가능하다. 학습은 이런 순차적인 과정이 필요하다. 독서를 통해 다양한 분야에서의 배경 지식이 있는 아이들은 다섯 계단쯤을 이미 오른 상태에서 계단 오르기를 시작하는 것과 같다. 이는 수학, 과학 등 특정 과목을 선행 학습 하는 것과는 차원이 다르다. 전체적인 지적 수준이 발달한다는 의미다. 한 과목의 한 계단을 오르는 것에도 많은 노력이 필요한 일인데 전체적인 지적 수준이 몇 계단을 올라 선 상태에서 시작한다는 것은 공부를 잘할 수밖에 없는 조건인 것이다.

셋째, 독서를 많이한 아이들은 심리적으로 유리하다. 동기유발은 학습의 시작이다. 그래서 교사들은 아이들의 학습 효과를 위해 수업 첫 부분에 어떻게 동기유발을 할지 고민하고 잘 할 수 있도록 매우 애를 쓴다.

초등학생들은 자신이 아는 것, 경험한 것에 동기유발이 빠르다. 그래서 아이들은 전혀 모르는 이야기에는 관심을 가지지 않지만 조금이라도 알고 있는 내용이나 익숙한 단어를 공부하면 관심도가 상승한다. 또한 독서를 통해 들어 본 적 있는 내용은 심리적으로 거부감 없이 편안하게 받아들이게 된다.

독서를 통해 이미 자신만의 생각주머니를 만들어 둔 아이들이 공부를 잘하는 것은 어쩌면 당연한 일이다.

마지막으로 독서를 많이 한 아이들은 넓고 깊게 사고한다. 독서 과정에서 등장인물 각각의 입장에서 생각해 보고 인물의 행동을 판단해 보면서 사고력이 확장된다. 그리고 이런 습관은 학습하는 과정에도 자연스럽게 적용되어 다양한 관점에서, 다양한 방법으로 생각하게 된다.

제시된 자료를 보고 문제를 해결하는 과정에서도 책을 통해 여러 가지 방식들을 간접 경험했기 때문에 훨씬 유연하고 창의적으로 사고한다. 그리고 작가가 왜 이런 표현을 썼을까 생각하고 책의 내용을 자신의 경험과 연결함으로써 생각의 폭이 깊어진다. 이런 생각의 깊이는 곧 실력의 깊이로 연결되기 마련이다.

"어떤 아이가 공부를 잘하나요?"

수없이 듣는 이 질문에 나는 위와 같은 이유로 고민 없이 '독서하는 아이'라고 답한다. 앞서 설명했듯이 독서하는 아이들은 지적으로, 정서적으로 공부하기에 매우 유리한 조건을 가지고 있다. 저학년 때는 그 차이가 미미해 보일 수 있지만 시간이 흐를수록 책 읽는 아이와 책을 읽지 않는 아이의 성적 차이는 더 커질 것이다.

독서는 비단 초등교육에서만 빛을 발하는 것이 아니다. 최근 수능의 경향을 보면 언어영역이 어렵게 출제되면서 독서에 대한 중요성이 부각되고 있다. 2015년 개정 교육 과정에서도 한글, 독서 교육을 강화하고 있다. 독서 능력은 시대가 요구하는 필수 요소다.


다양한 학구를 오가며 교육 활동을 하는 과정에서 아이들의 학습 능력에 확연한 차이가 있음을 느꼈다. 그리고 나는 아이들 간의 차이를 만드는 것이 '읽기 실력'과 '엄마의 관심 정도'라는 결론을 내리게 되었다. 잘 읽는다는 것은 이해가 빠르다는 것을 의미한다. 모든 학습에 유리할 수밖에 없다.

또 부모, 특히 엄마의 관심은 아이들에게 길을 터주는 것과 같다. 물이 길을 터주는 대로 흐르듯 아이들은 엄마의 관심 방향에 따라 자신의 잠재력을 발휘하며 자라게 된다. 하지만 안타깝게도 현실에서 엄마의 관심은 내 아이의 잠재력 발휘가 아닌 성적이다. 모든 물꼬의 방향을 좋은 성적에 맞추고 아이들을 떠밀고 있다. 아이가 어떤 잠재력을 가졌는지를 알 수 있는 방법은 학원 공부가 아니라 독서다. 그럼에도 부모의 성적에 대한 관심으로 아이들의 독서 시간은 점점 사라지고 있다.

내 아이가 공부를 잘 하기를 바란다면 아이를 학원으로 보낼 것이 아니라 책을 읽게 도와줘야 한다. 손에 늘 책이 들려 있는 아이라면, 틈날 때마다 책을 읽는 아이라면 그 아이는 분명 공부를 잘할 가능성을 가득 가지고 있는 것이다.

공부를 잘하기 위해서 필요한 능력인 '긴 글을 두려워하지 않고 문장을 읽어낼 수 있는 능력', '문장들이 담고 있는 상황을 이해하고 해석할 수 있는 능력', '문제의 내용을 머릿속의 지식과 결합하여 자기화하는 능력', '문제 해결에 대한 대안과 아이디어들을 적절히 표현해내는 능력'은 오랜 시간에 걸친 '독서'를 통해서 갖출 수 있다. 학교의 40분 단위 수업이나 학원의 몇 시간 공부로는 길러지기 어렵다.

하지만 많은 엄마들이 이런 사실은 간과한 채 '성적'에 집중한다. 학습 능력을 올려 성적이 따라오게 하는 것이 아니라 단순히 점수를 올리기 위해 아이들을 사교육 시장으로 내모는 것이다. 그곳에서 아이들은 몇 시간씩이고 앉아 주어진 것을 달달 외운다. 이런 방식으로는 당장의 성적 올리는 것은 가능할지 모르지만 뒷심 있는 아이를 만들기는 어렵다.

성적을 높이기 위해 공부를 하는 것은 기초공사가 제대로 안된 땅에 건물을 올리는 것과 같다. 성적은 학습 능력을 향상시켰을 때 따라오는 것이다. 성적이 아닌 학습 능력 향상이 먼저 되어야 한다. 그러기 위해서는 독서가 꼭 필요하다. 독서를 통해 아이들의 기본기를 탄탄히 하는 것이 성적을 올리는 가장 빠른 방법임을 잊지 말아야 한다.

나는 이 책을 통해 아이들을 성장하게 하는 진짜 교육을 할 수 있는 방법이 독서라는 점과 부모가 걱정하는 아이들의 거의 모든 문제들에 대한 답은 책에 있다는 점을 알리고 싶었다. 분명 독서를 통하면 부모의 걱정을 해결하고 아이를 밝은 미래로 안내할 수 있다.

이 책의 1장은 책 읽는 아이가 어떤 차이를 보이는지를, 2장은 독서 습관을 만들기 위한 방법에 무엇이 있는지를 다루었다. 3장에서는 아이들이 공부 머리를 키울 수 있는 전략을 7가지로 정리하였고 4장에서는 성적을 높이기 위해 교과서로 활용할 수 있는 학년별 선행독서 방법에 대해 다루었다. 또 5장에서는 독서 단계를 5단계로 나눠 현재의 학생, 학부모의 상황에 맞게 솔루션을 제시하고자 하였다. 6장에서는 장르별로 책을 고르는 기준을 제시하여 실질적인 도움을 주고자 했고 마지막으로 7장에서는 책 읽는 아이만이 가질 수 있는 점들을 현장에서 만난 아이들의 사례를 통해 정리하여 엄마들에게 독서 교육에 대한 동기부여를 하고자 했다.

그림책 《똑똑한 마벨라》의 마지막 장에는 림바족의 할아버지, 할머니가 이런 말을 한다.

"어떤 사람이 똑똑하다면, 그건 누군가가 그 사람이 똑똑해지도록 가르친 거란다."

우리 아이들이 4차 산업혁명 시대에 흔들리지 않고 똑똑하게 살아갈 수 있도록 길을 가르쳐줘야 한다. 그게 부모와 교사의 몫이라 생각한다. 제대로 된 교육을 통해 독서의 기적을 경험하기를 바란다.

김민아

# 1장

## 독서 능력의 차이가
## 학습 능력의 차이다

# 독서하는 아이 vs 독서하지 않는 아이

칠판 앞에서 아이들을 바라보면 한 명 한 명의 아이들이 다 보인다. 과연 그 많은 아이들이 다 보일까 싶겠지만 놀랍게도 다 보인다. 심지어 수업 시간에 아이들이 보여 주는 눈빛만으로도 아이가 얼마나 집중하고 있는지를 판단할 수 있다.

많은 아이들 속에는 유난히 눈을 반짝이며 수업에 집중하는 아이들도 있고, 혼날까봐 앞에 시선을 고정하고는 있지만 딴 생각을 하고 있는 아이도 있다. 또 졸린지 멍한 눈빛의 아이들도 있다. 모두 나를 바라보고 있다고 해도 눈빛은 모두 다르다.

영어에서 'Hearing'과 'Listening'의 사용은 구분된다. 전자는 그냥 귀에 들리니까 듣는 것이라면 후자는 집중해서 주의 깊게 듣는 것이라 할 수 있다. 이는 완전히 다른 것이다. 이 집중의 정도는 아이들의 눈빛을 통해 교사에게 온전히 전달된다. 교실 속에 아이들이 이렇게

# 다른 모습을 보이는 이유는 무엇일까?

3년 전 제자였던 연호는 수업 시간마다 눈빛이 반짝반짝 거리며 내가 하는 말을 하나라도 놓칠세라 열심히 들었다. 수업 태도와 집중력이 학급에서 손 꼽히게 좋았다. 수업을 들으면서 중요한 설명은 메모를 했고 궁금한 것이 있으면 그냥 넘어가지 않고 수업 시간이나 쉬는 시간에 질문을 해서 꼭 알고 넘어갔다. 이 아이는 배움 자체를 즐거워하는 것 같다는 생각이 들 정도였다.

상담 주간에 연호의 어머님이 오셨을 때, 혹시 선행 학습을 하고 있는지, 한다면 얼마나 하고 있는지 여쭈어 보았다. 워낙 학습 태도가 좋고 공부를 잘해서 나도 모르게 선행을 했을거라 여긴 것이다. 그러나 대답은 예상 밖이었다. 연호는 학원을 전혀 다니지 않고 있었다.

"선행 학습을 전혀 하지 않았더니 학교 수업 시간에 배우는 것이 너무 재미있대요. 그래서 집중하게 된다고 하더라고요."

그러면서 연호 어머니는 연호는 학교 끝나고 집에 오면 가방을 내려 놓자마자 책을 읽는다고 했다. 어릴 때부터 책 읽는 것을 좋아해 틈날 때마다 책을 읽었는데 그 습관이 쭉 이어졌다는 것이다.

연호의 독서 습관은 눈에 보이지 않게 쌓여 지금의 연호를 만들었다. 연호의 쉬는 시간을 떠올려 보면 연호의 손에는 늘 책이 있었다. 그냥 눈으로 읽는 것이 아니었다. 책에 완전히 빠져 몰입 독서를 하고 있었다.

태은이는 수업 시간에 나를 바라보고 있지만 눈빛의 초점이 흐릿했다. 첫

날 만났을 때부터 수업에 전혀 집중하지 못하고 있었다. 수업 내용에도 전혀 관심이 없어 보였다. 학습적으로 매우 부족한 상태라 지금 교과서의 수준을 따라가기 어려울 정도였다. 그래서 상담 주간에 어머니께 여쭈어 보았다.

"태은이는 평소에 독서를 얼마나 하고 있나요?"

"아, 제가 회사를 다녀서요. 태은도 그렇고 태은 오빠들도 그렇고 제가 거의 돌봐 주질 못해요. 그래서 그런지 책을 읽으라고는 하지만 전혀 읽질 않는 것 같더라고요. 오빠들 따라서 컴퓨터나 전화기로 게임만 하고요."

태은이 어머니도 이미 태은이의 학습 태도를 알고 있다는듯 겸연쩍어 하며 말씀하셨다.

태은이는 여가 시간 활용에 대한 지도가 이뤄지지 않은 경우였다. 아침 자습 시간에도 독서 지도를 하다보면 책은 손에 들고 있지만 시선이 자주 딴 곳을 향하고 있었다. 평소에 집중하는 훈련이 안 되어 있고 책을 읽지 않다 보니 또래를 위한 책도 그 내용을 어렵게 느끼는 것이다.


학급의 모든 아이들이 항상 수업에 집중할 수는 없을 것이다. 하지만 늘 집중을 하는 아이와 늘 집중을 못하는 아이는 분명 구분된다. 이 아이들의 수업시간 집중력의 차이는 '독서'에서 비롯된다. 이점은 성적과 연결된다.

이 '독서'의 차이는 노트 정리에서도 큰 차이를 보인다. 독서하는 아이들은 '읽는 환경'에 그만큼 많이 노출된 것이라 할 수 있다. 책을 통해 여러 가지 지식과 생각들이 투입된 상태의 아이들은 자기 나름대로의 생각 체계가 잡혀 있고 이를 통해 새로운 것을 받아들이고 구조화한다. 이렇게 자신의 생각을 정리해 나가는 것이다.

평소에 이런 훈련이 잘 된 학생들은 머릿속에 정리가 잘 되어 있어 공부한 내용을 배움 공책에 옮기는 것이 그리 어려운 일이 아니다. 배운 내용 중 핵심이 무엇인지, 부수적인 것이 무엇인지가 정확히 판단되고, 중요한 단어를 중심으로 체계적인 정리가 가능하다. 그러나 그렇지 않은 아이들에게 요약, 정리를 하라고 과제를 내주면 내용을 그대로 베껴서 써오거나 중요하지 않은 내용까지 써서 숙제했다는 시늉만 하는 경우가 많다.

앞에서 이야기한 연호의 경우 초등학교 6학년 학생이 맞나 싶을 정도로 내용을 구조화시켜 잘 정리했다. 연호의 공책은 그 수업의 핵심적인 단어가 모두 드러나게 정리되어 있고 누가 보더라도 '내용을 완전히 이해하고 정리했구나!' 하는 생각이 들게끔 체계적으로 구조화되어 있다.

하지만 태은이 같이 평소 책을 읽지 않는 아이들은 다르다. 읽기 자료를 많이 접해 보지 않았기 때문에 머릿속에 정리가 쉽게 안 되고 수업 40분을 들었어도 내용의 중요한 정도가 판단이 되지 않는다. 그게 안 된 상황에서 요약하고 정리하는 것은 이 아이들에게 매우 고통스러운 과제다.

핵심이 무엇인지 모르니 이 아이들이 숙제를 할 수 있는 방법은 문제집이나 전과의 내용을 베끼거나 대충 첫 부분, 중간 부분 몇 가지를 옮겨 적고 마는 것이다. 아예 숙제를 안 해오기도 한다. 이런 아이들의 숙제를 확인하다 보면 과연 공책 정리가 도움이 될까 염려가 된다.

독서 여부의 차이는 수업 태도, 공책 정리에서 나아가 학교 생활 전반으로 이어진다. 독서를 많이 한 아이들은 독서를 통해 쌓은 배경 지식이 있어 수업 내용이 이해가 잘 되기 때문에 더 쉽게 집중하고 공부에도 자신감을 갖게 된다. 그런 모습은 교사에게 칭찬을 들을 가능성이 크므로 아이가 학교에 대해 긍정적인 태도를 갖기 쉽다. 이러한 태도는 친구들과의 관계에도 영향을 미치게 되고 친구들과 더 활발하게, 더 적극적으로 어울리게 되는 초석으로 작용하게 된다.

반대로 독서를 잘 하지 않는 아이들은 수업 내용이 흥미롭지 못하기 때문에 산만해지게 되고 그 결과 교사에게 꾸중을 듣기 쉽다. 교사에게 꾸중을 자주 듣다 보면 자신에 대해, 혹은 학교 생활에 대해 부정적인 인식이 싹틀 수밖에 없다. 또한 공부에 더욱 의욕을 잃게 되고 친구 관계에서도 자신 없는 태도를 갖게 된다. 악순환인 것이다.

또 독서 여부는 인성면에서도 차이를 보인다.

진형이라는 인상적인 아이가 있었다. 학급에 장애우 친구가 있었는데 진형이는 도서관에서 그 친구의 수준에 맞을 법한 그림책을 빌려와 쉬는 시간에 옆에서 읽어 주었다. 초등학생이면 쉬는 시간에 친구와 놀고 이야기하고 싶은 마음이 가득할 텐데 말이다. 정말 감동적이었다. 친구를 위해 도서관에서 책을 빌리는 노력과 읽어 주는 노력을 누가 시키지 않았는데도 할 수 있다는 것은 정말 보통 인성으로는 하기 힘든 일이다. 더불어 공부도 항상 1등이었다. 어머니에게 아이에 대해 칭찬을 많이 하며 어떻게 지도하셨는지 묻자 대답은 한 가지였다. 어릴 때부터 책을 많이 읽었다는 것이다. 진형이는 여전히 매년 담임선생님들이 엄지를 올려 표현하는 최고의 학생으로 칭찬받으며 지내고 있다.

지금까지 살펴봤듯이 독서는 아이들의 학교생활에 매우 중요한, 아니 학교생활의 성공 여부를 판가름하는 결정적인 요소라 할 수 있다.

이처럼 독서를 하고 안 하고의 차이는 독서력의 차이에서만 끝나는 것이 아니라 아이들의 학교생활 전반을 좌우한다. 학교에서 내 아이가 적극적으로 수업에 참여하며 자존감을 가지고 친구들과의 관계를 원만히 하기를 바란다면 답은 하나다. 아이가 독서 습관을 갖도록 지도하자.

# 초등학생 시기에 왜 독서가 중요한가

 '초등학교 때 독서 습관을 제대로 잡아야 한다.'는 말을 많이 들어 봤을 것이다. 왜일까. 왜 하필 이 시기가 그렇게 중요한 걸까.

 독일의 저명한 아동분석학자인 에릭슨은 '심리사회적 발달이론' 8단계로 유명하다. 이 이론에 따르면 전 생애에 걸쳐 연령대별로 넘어야 할 과업이 있고 그 시기마다 해결해야 할 쟁점을 넘지 못한다면 다음 연령대에서도 그것이 영향을 끼쳐 문제를 일으키게 된다고 한다. 예를 들어 청소년기에 '정체감', 즉 자신이 누구인지, 어떻게 살아야 하는지에 대한 생각을 획득하지 못한다면 스스로에 대한 혼란이 이후에도 지속되게 된다. 그리고 4, 50대가 되어서도 내가 어떤 것을 바라는지, 무엇을 위해 살아야 하는지 모른다는 것이다. 그러므로 각 연령대별로 그 시기에 필요한 과업을 이룰 수 있도록 해야 한다. 특히 어린 시절에는 부모가 적절히 도와줘야 한다.

에릭슨의 이론 8단계 중 초등학교 시기에 해당하는 4단계는 '근면감vs열등감'의 단계이다. 이 시기에는 '유능감'을 가지는 것이 과업이다. 유능감은 '자신감, 근면성, 성취 의욕'과 비슷한 의미로 성공을 경험함으로써 얻어질 수 있다. 즉 이 시기에 칭찬을 많이 받고 뭔가를 이뤄내는 성공 경험을 많이 한 아이는 자신감을 가지게 되고 앞으로 뭐든 해내고 싶다는 의욕을 갖게 된다는 것이다. 하지만 반대로 성공경험이 적은 아이는 열등감을 갖게 되고 자신감과 의욕을 상실하게된다.

세상을 살아가면서 자신감과 의욕은 매우 중요한 요소이다. 따라서 이 부분이 형성되는 초등학교 시기는 부모로서 아이를 위해 힘껏 도와줘야 하는 시기인 것이다. 이때 가장 효과적인 방법이 독서다.

초등학교 시기의 성공 경험은 자신에 대한 만족, 목표 달성, 다른 사람의 인정과 원활한 관계 형성에서 비롯된다. 이를 위한 바탕을 마련해줄 수 있는 독서의 이점은 세 가지로 정리할 수 있다.

첫째, 독서를 통한 지식 습득이다. 직접 경험으로 얻기 어려운 다양한 지식을 독서를 통해 얻을 수 있다. 아이들은 세상에 대한 호기심을 가득 품고 있다. 하지만 그 많은 호기심을 해결해 주기에는 가정이나 학교의 역할이 부족하다.

아이가 다양한 경험을 할 수 있도록 주말마다 야외나 박물관, 미술관으로 가서 부지런히 체험 활동을 한다 해도 시간적, 공간적으로 분명 한계가 있다. 교과서도 아이들에게 필요한 지식을 담고 있지만 세상의 모든 유용한 지식들을 담고 있진 않다. 그리고 무엇보다 아이들의 호기심은 각자 다르다.

하지만 책이라면 이 모든 것이 가능하다. 책 한 권이면 지구 반대편을 샅샅이 여행할 수 있다. 책 한 권이면 500년의 역사를 알 수 있다. 이처럼 책은 다루는 범위가 넓고 그 주제 또한 다양하다. 아이들은 원하는 책을 골라 읽으며 비로소 자신이 알고 싶고 알아야 하는 지식들을 접할 수 있고 배워나갈 수 있다.

이렇게 독서를 통해 배경지식을 쌓은 아이들은 수업시간에 교사의 설명을 더 빨리 이해할 수 있고 교과서의 내용 또한 더 잘 이해할 수 있다. 또 발표나 토론을 할 때 자신의 의견을 뒷받침할 근거로 사용할 소재가 많기 때문에 손을 들거나 토론에 적극적으로 나설 가능성이 커지게 된다. 이렇게 학교생활을 하는 아이들은 성적이 좋기 마련이니 부모와 선생님에게 칭찬받을 기회도 많다. 이것은 또래에게 인정받을 기회가 많음을 의미한다. 칭찬받고 노력한 것에 대해 성공하는 경험을 맛보게 되면 아이는 더 잘하고 싶을 것이고 이는 유능감으로 연결된다. 선순환이 이루어지는 것이다.

둘째, 독서는 아이의 정서 함양에도 큰 도움을 준다. 감정의 경험 측면에서 먼저 살펴보자. 아이는 책을 읽으면서 책 속 인물들과 나를 자연스럽게 동일시하게 된다. 인물이 기뻐할 때 기뻐하고 슬픈 일이 일어나면 슬퍼한다. 주권을 빼앗겼다가 광복을 맞이하는 장면을 책으로 접하며 책 속의 인물처럼 감격과 애국심을 갖기도 하고 우리나라의 자랑스러운 문화유산에 대한 책을 읽으며 내가 이룬 것처럼 자랑스러운 감정을 느끼게 된다.

일상생활에서 한정됐던 감정들이 책을 통한다면 무한대의 범위와 횟수로 증가하게 된다. 다양한 감정의 경험은 아이들을 정서적으로 풍요롭고 감정에 여유로운 사람으로 만든다. 특히 현대 사회는 정서가 메말라간다는 우려가 있을 정도로 감정 영역이 축소되고 감정 표현도 소극적인데, 충분한 독서를 통해 그런 상황에서 벗어날 수 있다. 다양한 책을 통해 다양한 정서를 함양한 아이들은 앞으로 살아가는 데 있어서도 풍부한 감성을 가지고 훨씬 만족스러운 삶을 살아갈 수 있을 것이다.

이번에는 동기부여 측면에서 살펴보자. 세계의 문화를 소개하는 책을 읽으며 아이들은 나도 커서 저런 곳에 가서 무엇인가를 해 보고 싶다는 꿈을 가지게 된다. 또 장애인에 대한 책을 읽으며 이들에 대한 안타까움을 느끼고 현재 나의 모습에 감사함을 느낀다. 또한 나중에 이들을 위해 뭔가를 해 보고 싶다는 의지를 갖게 된다. 이런 것들이 아이들의 삶에 동기가 되어 꿈을 꾸고 이를 이루기 위한 노력을 하게 하는 것이다. 꿈을 꾼다는 것, 이를 이루기 위해 노력한다는 것, 이 모든 것이 정서적으로 아이들에게 큰 힘이 된다.

셋째, 사회성 발달을 촉진한다. 높은 사회성은 상황에 맞게 말과 행동을 할 수 있는 능력이 수반되어야 한다. 사회에는 나와 같은 사람보다는 나와 다른 사람이 훨씬 많다. 나와 다른 생각, 말투를 가진 사람들과 대화할 때 어떻게 해야 좋을지 아는 것은 관계를 형성해가는 데에 큰 도움이 된다. 책을 통해 다양한 사람들과 접해 보고 나와 다른 사람들의 생각을 많이 경험해 본 아이들은 상황별로 어떻게 대처해야 할지를 감각적으로 빠르게 판단할 수 있다. 예를 들어 친구들과 의견이 다를 때 이렇게 하면 기분 좋게 토론할 수 있지만 이렇게 말하면 친구의 기분을 상하게 하고 관계를 안 좋게 할 수 있다는 사실을 알고 행동하게 되는 것이다. 또 같이 간식을 먹을 때 어떻게 하면 친구들과 사이좋은 관계를 유지하면서 나도 손해 보지 않고 나누어 먹을 수 있을지 적절하게 판단하여 행동할 수 있게 된다.

또 사회성은 배려와 깊은 관련이 있다. 배려를 잘 하는 아이들이 사회성이 좋을 수밖에 없다. 책을 통해 아이들은 평소 겪지 못하는 일을 간접적으로 경험하게 되며 다른 사람들의 입장에서 생각하고 배려할 수 있다.

'키가 작은 친구들은 이런 말을 싫어하는구나.', '왕따를 당한 친구는 이런 상처를 가지고 있구나.', '부모는 나를 혼내실 때 이런 마음이겠구나.' 등을 책의 등장인물의 말을 통해 알게 되며 이런 상황에서 나는 어떻게 대처해야 할지 판단 기준을 세우게 된다. 책에서 만나는 많은 인물들과 다양한 이야기들은 아이들의 행동 기초로써 마음 깊이 영향을 주게 된다. 이처럼 책의 힘은 참 놀랍다.

요즘 부모들은 외동인 아이들의 사회성에 대한 고민이 많다. 형제 없이 자랐기 때문에 친구들 사이에서 이기적인 행동을 하거나 배려하지 못해서 혹시 소외될까봐 걱정하는 것이다. 하지만 책을 통한다면 실제 형제, 자매가 없어도 책 속에서 많이 만날 수 있다. 실제보다 훨씬 다양한 연령과 성격의 형제, 자매들을 만날 수 있기 때문에 외동들도 독서를 통해 전혀 부족함 없는 사회성을 가질 수 있다. 외동이라 내 아이가 사회성이 떨어질까 걱정할 필요 없다. 그만큼 좋은 책을 다양하게 많이 읽게 해주면 된다.

초등학교 시기의 독서는 무엇보다 중요하다. 독서를 통해 아이들은 성공 경험을 위한 조건들을 갖춰나갈 수 있다. 초등학교 시기에 아이의 유능감이 형성되지 않으면 아이는 평생 성공하고자 하는 마음도, 도전해 보고자 하는 자신감도 갖추기 어려워진다.

독서를 통해 지식을 습득하고 다양한 정서를 경험하고 사회성을 기른다면 아이는 누구와도, 언제 어디서라도 자신감 있게 자신의 능력을 펼쳐나갈 수 있게 되리라 믿는다.

# 독서하는 아이의 어휘력은 다르다

"개짜증나."

"선생님, 얘가 패드립했어요."

"걔 관종이야."

요즘 아이들은 은어, 비속어, 게임할 때 쓰는 바람직하지 못한 단어들을 많이 사용한다. 아이들은 새로운 단어에 관심이 크다. 그래서 비속어 등에도 쉽게 물드는 것이다.

나는 교실에서 비속어를 들을 때마다 못마땅한 마음에 아이들에게 대체할 수 있는 단어 혹은 재미있는 순우리말 등을 지도한다. 그러면 아이들은 바로 쉬는 시간에 배운 단어를 활용하여 대화를 한다. 한번은 '과연, 정말로'라는 뜻의 순우리말인 '짜장'이라는 단어를 알려주었다. 그러자 그날 내내 대화에 사용하더니 기특하게도 일기에까지 활용했다.

이처럼 아이들은 새로운 단어를 교사와의 대화에서, 아이들끼리의 대화에서 새롭게 배우고 활용한다. 비속어만 즐겨 쓰는 것이 아니라 '새로운 어휘'에 반응하는 것이다. 이렇게 언어를 쉽게 배우는 아이들의 특징에 대해 미국의 세계적인 언어학자인 촘스키는 "인간은 태어날 때부터 언어획득장치(LAD: Language Acquisition Device)가 있어 생득적으로 언어를 취한다."는 주장을 했다. 실제로 아이들을 가르치다 보면 아이들의 언어 습득 능력에 놀랄 때가 많다. '저 조그마한 머리 안에 촘스키의 주장처럼 언어를 습득하는 장치가 따로 있지 않을까?' 란 생각을 늘 하게 된다.

이렇게 스펀지처럼 뭐든 쏙쏙 잘 흡수하는 아이들이 일상의 대화 이외에 폭발적으로 어휘력을 기를 수 있는 길이 있다. 바로 독서를 통한 어휘력의 향상이다.

아이들은 책을 읽으며 자신이 아는 범위 이상의 낯선 단어들을 만나게 된다. 굳이 사전을 찾지 않더라도 아이들은 앞뒤 문맥을 보고 뜻을 짐작하며 읽거나 간혹 꼼꼼한 아이들은 사전을 찾아보기도 한다. 혹은 선생님이나 엄마에게 물어 뜻을 알아내기도 한다.

어떤 방법으로든 뜻을 생각해 보거나 찾아 본 단어는 아이의 기억 속에 남게 된다. 한 번으로는 완전히 내 것이 되지 못하더라도 반복해서 읽고 찾아보는 과정에서 그 단어는 장기 기억으로 넘어가면서 자연스럽게 내 것이 되게 된다. 그리고 내 것이 된 단어들은 일상 생활에서 대화에 사용되고 글을 쓸 때 활용된다.

　다양한 단어의 뜻을 알게 된다는 것은 책을 읽는 데 시간과 노력의 에너지가 적게 소비된다는 장점이 있다. 또한 지금보다 조금은 어렵고 깊은 내용의 책을 읽을 수 있는 능력을 가지게 됨을 의미하기도 한다.

　이런 아이들의 어휘력은 저학년 시기에는 그다지 큰 차이를 보이지 않는다. 하지만 학년이 올라가면서는 눈에 띄는 차이가 된다. 독서를 통한 어휘력의 차이는 학교에서 어떤 모습으로 나타날까?

　첫째, 글을 쓸 때 길이와 내용에서 확연한 차이가 보인다. 아이들의 일기를 보면 개개인의 어휘력을 확실하게 눈으로 확인할 수 있다. 책을 잘 읽지 않는 아이들은 어휘력이 부족하기 때문에 글을 길게 쓰지 못한다. 또한 내용이 매끄럽지 못하고 글의 주제가 짧은 글 속에서도 계속 바뀐다. 그냥 일어난 일들만 나열할 뿐이다.

　하지만 평소 책을 즐겨 읽은 아이들은 일단 글을 길게 쓸 수 있으며 주제에 맞는 자연스러운 전개를 보여준다. 또 자신의 생각과 감정을 글에 효과적으로 담는다.

　'어떻게 초등학생이 이런 표현을 하지?' 하고 놀랄 정도로 수준 높은 단어와 글 솜씨를 가진 아이들이 있다. 이런 글 솜씨를 가진 아이들과 이야기를 나눠 보면 독서 습관이 남다르다는 공통점을 발견한다.

　둘째, 어휘력은 성적의 차이로도 이어진다. 요즘은 교과서에서도,

시험 문제들도 실생활의 상황을 긴 문장으로 제시한다. 또한 서술형, 논술형 평가에서 자신의 생각을 기술하라는 문제들이 참 많다. 그런 데 시험 시간에 문제의 뜻이나 문제 속 단어의 뜻을 몰라 물어 보는 아이들이 있다. 또 시험이 끝나고 머릿속에는 내용이 있는데 뭐라고 써야 할지 몰라서 쓰지 못 했다고 말하는 경우도 있다. 참 안타깝다. 이런 아이들의 대부분은 평소 책을 잘 읽지 않아 어휘력이 떨어지는 아이들이다. 이런 아이들은 수업 시간에 사용되는 단어들이 어렵게 만 느껴지고 내용이 이해가 안 되기 때문에 수업 흥미도가 떨어지고 산만해지기 쉽다.

하지만 책을 많이 읽어 어휘력이 풍부한 아이들은 다르다. 수업 시 간에 교사가 사용하는 단어나 교과서의 단어들이 어느 정도 이해 가 능하거나 충분히 이해할 수 있는 정도이기 때문에 배움의 내용에 재 미를 느끼게 되고 주의 집중도가 높다. 당연히 시험 문제를 이해 못 하는 경우도 드물다. 배운 내용을 바탕으로 자신의 생각을 쓰거나 주 어진 자료를 바탕으로 새로운 아이디어를 생각해내어 표현하는 것도 어렵지 않다. 어휘력이 풍부한 아이들은 핵심을 파악하는 능력 또한 뛰어나기 때문에 핵심어가 들어가게 글을 명확히 쓸 줄 안다. 또 이 해력이 좋아 문제를 이해하는 속도가 빠르기 때문에 해결 방법을 생 각하는 시간을 충분히 확보할 수 있다. 성적이 좋을 수밖에 없는 것 이다.

셋째, 독서를 통한 어휘력의 차이는 글 속에서 '맞춤법'으로도 드러난다. 책을 읽지 않아 어휘력을 충분히 획득하지 못한 아이들은 띄어쓰기, 맞춤법 등을 참 많이 틀린다. '안 돼'와 '안되' 중에 어떤 것이 맞는지, '왠지'와 '웬지' 중 어떤 것을 써야 하는지를 외워서 안 아이들은 그 단어를 다시 만났을 때 처음처럼 헷갈리게 된다. 하지만 책을 읽으며 어떤 단어가 적절한지 자연스럽게 터득한 아이들은 달달 외우지 않아도 알맞은 단어를 골라내어 쓸 수 있다. 굳이 한글의 규칙, 규칙의 예외 단어들을 어렵게 공부하지 않아도 독서를 통해 충분히 감각적으로 익힐 수 있다.

넷째, 어휘력의 차이는 '토론 활동'에서도 두드러지게 드러난다. 책을 많이 읽어 사용할 수 있는 어휘가 충분한 아이들은 자신이 생각하는 그대로를 언어로 옮겨 자신 있게 주장을 펼친다. 하지만 그렇지 못한 아이들은 뭐라고 해야 좋을지 몰라 우물쭈물하고 있다. 그냥 구경꾼으로 말 잘하는 아이들의 토론을 부러운 듯하는 눈빛으로 쳐다만 보고 있을 뿐이다. 아이들 관계 속에서도 말 잘하는 아이가 주목받고 무리의 중심이 되기 쉽다. 어휘력이 부족한 아이는 표현을 잘 못하기 때문에 적절하게 반응하지 못한다. 어떤 아이는 소위 말발이 부족하다 보니 억울한 상황이라 느낄 때 친구에게 주먹이 먼저 나가 친구 관계에서 어려움을 겪기도 했다. 어휘력의 차이는 아이들 학교생활 전반에 영향을 미친다 할 수 있다.

성장 과정에서 언어 발달과 인지 발달은 단계적으로 이루어진다. 초등학교 시기는 어휘력이 폭발적으로 증가하는 시기이고 더불어 인지 발달이 눈에 띄게 이루어질 수 있는 최적의 시기이다.

초등학생(1~5학년)의 학년별 어휘력 증가량을 연구한 자료를 보면 1학년 때 987개, 2학년 때 1,409개, 3학년 때 1,592개, 4학년 때 1,545개, 5학년 때 1,662개로 총 7,500여 개의 어휘를 습득하는 것으로 나온다. 정말 놀라운 수치다.

아이들은 초등학생 시기에 습득한 어휘들을 바탕으로 중학생, 고등학생 때 추리력, 높은 수준의 사고력을 발달시키게 된다. 초등학생 시기에 독서를 통해 어휘력을 확장하는 것은 아이들의 장기적인 발달에 매우 중요하다 할 수 있다.

언어는 사고와 밀접하게 연결되어 있다. 언어를 다양하게 알고 있는 사람은 사고를 폭넓고 유연하게 할 수 있다. 다양한 어휘를 자연스럽게 습득할 수 있게 도와주는 최고의 교사가 바로 독서다. 내 아이의 어휘력을 향상시키기 위해 책의 어휘량 만큼 대화를 하거나 단어를 알려 줄 수 있을까? 대화나 학습으로는 한계가 있다. 아이들이 즐겁게, 그리고 자연스럽게 어휘력을 발달시키고 더불어 사고력을 확장시킬 수 있는 유일한 방법이 독서임을 명심하자.

# 독서로 생각하는 힘을 키워라

'딥러닝(deep learning)'이란 학습 방법이 있다. 바둑계의 일세 고수 이세돌과 세계 랭킹 1위인 중국 커제를 이긴 알파고의 인공지능(AI) 학습 방법이다. 사람이 프로그래밍 해놓은 대로만 행동하던 컴퓨터가 이 딥러닝을 통해 놀라운 진화를 하게 되었다.

컴퓨터는 딥러닝을 통해 스스로 이미지의 특징을 만들어 구별한다. 알파고는 이 딥러닝 기술에 의해 수십만 장의 바둑 기보를 입력받아 시각 정보로 저장해 놓았다가 승률이 높은 수를 학습해서 바둑 대국에 임한다. 더 많은 바둑 기보를 경험하고 입력받을수록 알파고의 바둑 능력은 강해질 것이고 승률은 계속 높아질 것이다. 알파고는 딥러닝 기술을 통해 좋은 수와 나쁜 수를 구별해내고 최상의 수로 대국에 참여하니 세계 1, 2위의 바둑왕들을 이길 수밖에 없는 것이다.

생각하는 컴퓨터의 탄생은 우리에게 큰 충격을 주었다. 이제 컴퓨터는 사람의 명령 없이도 맡은 일을 척척 해내고 적절한 행동을 한다. 사람의 영역을 넘어서려 하고 있다. 신문과 뉴스 곳곳에서 이런 컴퓨터와 함께하는 4차 산업혁명에 대해 이야기한다. 엄마들은 내 아이를 위해 어떻게 미래를 준비시켜야 할지 막막하다. 도대체 4차 산업혁명 시대에 우리 아이들에겐 어떤 능력이 필요할까?

우리는 3패 후 1승을 거둔 이세돌의 수에 주목해야 한다. 이세돌이 1승을 거둘 수 있던 비결은 바로 '예상치 못한 곳에 놓은 바둑돌'이다. 학습되지 못한 상황에 당황한 알파고는 점점 무너졌고 포기한다는 메시지를 띄웠다. 3패를 하면서 알파고의 약점을 파악하고 상대를 흔들기 위해 '신의 한 수'를 던진 이세돌의 판단은 모두를 놀라게 했다. 예상치 못한 환경에 처하거나 상황을 맞닥뜨렸을 때 대처할 수 있는 능력, 상황을 다각도로 생각하고 계산되지 않은 판단을 내릴 수 있는 능력. 인간만이 가질 수 있는 이러한 능력이 바로 4차 산업혁명 시대에 우리 아이들이 갖춰야 할 능력이 아닐까?


우리가 평생을 살아가는 데 추진력이자 원동력이 되는 것이 바로 '생각하는 힘'이다. 생각하는 힘이 얼마나 있느냐에 따라 그 사람의 삶의 질이 결정된다. 어떤 사람은 생각하지 않기 위해 계속 자극적인 것을 찾는다. 생각하는 것이란 귀찮고 에너지가 많이 소비되는 일이기 때문에 사람들은 텔레비전이나 스마트폰을 보면서, 혹은 친구들과의 의미 없는 대화로 생각하는 것을 게을리 한다. 생각하면 머리 아프고 복잡해지니까 바쁜 일들로 뭔가 하고 있는 것처럼 자신을 합리화하며 생각하는 시간을 미루는 것이다.

하지만 또 어떤 사람들은 부지런히 생각한다. 일부러 자신만의 시간을 만들어, 혹은 조용한 공간으로 가서 생각하고 또 생각한다. 그들에게 텔레비전 소리나 스마트폰의 화면들은 생각을 방해하는 자극들일 뿐이다. 이 사람들은 언제나 자신의 문제에 대해 깊이 고민하고 다양한 방향에서 생각하며 생산적인 무엇인가를 한다. 계속된 생각과 자신의 삶에 대한 고민은 그 사람이 걸어가는 길을 풍요롭게 하고 삶을 윤택하게 한다. 또한 생각을 통해 더 나은 방향으로 계속 나아가게 될 것이다.

내 아이를 어떤 사람으로 키우고 싶은가. 끊임없이 생각하는 아이로 키우고 싶은가, 아니면 생각을 미루는 아이로 키우고 싶은가? 물론 생각하는 아이로 키우고 싶으리라. 그러면 그 방법은 무엇일까?

생각하는 힘은 타고나거나 자연스럽게 생겨나는 것이 아니다. 우리가 의도적으로 노력해야 형성할 수 있는 능력이다. 이를 자연스럽게 길러 줄 수 있는 방법이 바로 '독서'라고 할 수 있다.

아이들은 독서를 하면서 생각하는 과정을 자연스럽게 겪을 수 밖에 없다. 물론 책만 읽으면 무조건 처음부터 생각하는 습관이 생기는 것은 아니다. 그냥 책 속의 그림을 보고 글을 읽으며 내용을 파악하는 정도로 끝날지도 모른다. 하지만 이런 독서 활동이 반복되다 보면 아이들은 책 속에서 글자의 의미만 파악하는데서 끝나지 않게 된다. 책의 내용을 통해 그 책을 쓴 작가가 어떤 이야기를 하고 싶은 건지를 생각하기 시작한다. 메시지를 파악하고 나면 거기에서 배울 점을 나의 삶과 연결 지어 생각하기도 한다. 또 등장인물의 생각이나 행동, 작가의 생각 등에 대해 생각해 보고 판단하는 과정을 거치게 된다. 책속의 생각들을 온전히 받아들일 수도 있고 일부 자신에게 필요한 부분이나 옳다고 생각하는 부분만 받아들일 수도 있다. 또 책 속의 생각을 자기화하여 새롭게 해석해서 받아들이기도 한다. 처음에는 수동적으로 받아들이기만 하겠지만 점차 주체적으로 판단하고, 비판과 함께 새로운 문제 해결 방법을 떠올리기도 하는 등 발전을 거듭하게 될 것이다.

예를 들어 보자. 《우리들의 일그러진 영웅》을 읽으며 처음에는 글 내용만 이해하고 넘어가거나 주인공 엄석대의 행동이 흥미롭다고만 생각할 수도 있다. 하지만 의식이 성장하고 독서를 거듭하면서 다음 단계의 독서로 넘어가게 되면, 왜 엄석대는 친구들과 교실을 자기 마음대로 지배하려고 했는지에 대해 생각해 보게 되고 왜 다른 친구들은 아무 의심 없이 그런 지배에 따르고 있었는지에 대해 고민해 보게 된다. 또 이런 상황이 혹시 내 주변엔 없는지 찾아 보게 되고, 이런 상황이 닥쳤을 때 어떻게 하면 좋을지 머릿속으로 시나리오를 짜 보기도 한다.

등장인물 중에 괜찮은 생각과 행동이 있었다면 자연스럽게 배우게 되기도 한다. 생각을 통해 자신의 생각을 인지하고 조정하고 통제하고 발전시킨다. 즉, 책을 통해 자신의 생각을 정교화하는 것이다.

깊고 정교화된 생각들은 그 사람의 행동으로 이어지기 마련이다. 항상 고민하고 생각을 거듭하는 사람들은 좀 더 나은 아이디어를 얻게 된다. 또 책을 통해 다양한 경험을 하면서 현명한 판단을 할 수 있는 가능성이 커지게 된다. 이렇게 하게 되는 선택과 판단은 행동으로 나타나게 되고 삶의 방식이 되어가는 것이다. 스스로 생각하지 않는 사람은 무엇도 성취하기 어렵다. 책을 통해 생각하는 힘을 기르는 것은 그냥 그 자체로서의 의미도 있지만 어쩌면 배워나가는 단계인 아이들에게는 앞으로의 삶의 방식에 전환을 일으키는 엄청난 힘을 발휘할 수도 있다.

독서로 생각하는 힘을 키운 아이들은 서술형 문제에 대한 답에서도 다른 모습을 보인다. 채점하면서 학생들의 답을 보면 정말 천차만별이다. 비슷비슷한 단답형의 답들, 단순한 답들을 보다가 '와, 누구 답이지?' 하며 이름을 확인하게 되는 시험지들이 종종 있는데 여지없이 평소 책을 많이 읽는 아이들의 답이다. 이 아이들의 답은 문제의 핵심을 파악하고 있으며 그에 대한 생각들이 조리 있게 잘 표현되어 있다. 글로 생각을 논리적으로 잘 표현했다는 것은 머릿속의 생각이 그만큼 잘 정리되어 있고 내용이 풍성하다는 것을 의미한다. 책을 읽으면서 많이 생각한 아이들이 문제에 대해 잘 이해하고 깊이 생각할 수밖에 없다.

생각하는 힘은 '독서'를 통해 단련될 수 있다. 독서를 통해 많은 자극을 받고 경험을 하면 뇌의 신경망이 확장되고 생각하는 능력과 판단할 수 있는 힘이 좋아진다. 특히 뇌 신경망의 확장이 가장 활발하게 이루어지는 어린 시절은 한 사람이 책을 통해 뇌를 평생의 무기로써 단련시키는 최적의 시기라 할 수 있다.

많은 독서를 통해 자연스럽게 책 속에서 생각하는 경험을 한 아이들에게 생각하는 일은 당연한 것이 된다. 귀찮아서 미루게 되는 대상이 아니라 그냥 밥 먹듯이, 숨 쉬듯이 하는 자연스러운 일이 되는 셈이다.

어떤 정보가 들어왔을 때 그 정보를 그냥 받아들이는 것이 아니라 생각을 통해 재조직하여 자기화하는 능력, 이것이 4차 산업혁명 시대를 대비하고 또 앞서갈 수 있는 핵심이라 할 수 있다. 이 생각하는 힘은 독서로 길러질 수 있다. 끊임없이 생각하는 아이는 미래의 인재가 되리라 확신한다.

# 초등독서 습관, 공부보다 더 중요하다

　엄마들은 내 아이가 공부를 잘하고 머리가 좋은 아이로 자라기를 바란다. 그래서 누가 뭘 시작했다고 하면 조바심이 나고 내 아이도 당장 그것을 시켜야 할 것 같은 마음이 생기게 된다. 또 끊임없이 내 아이와 다른 아이를 비교하면서 조금이라도 일찍 가르치려 애쓴다. 그러다 보니 아이들은 학원에 참 많이 다닌다.

　방과 후에 친구들과 함께 놀고 싶은데 학원 시간이 서로 안 맞아서 놀 시간을 찾지 못해 아쉬워하는 아이들의 모습이 참 안타깝다. 방과 후에 친구들과 이야기하느라 조금만 늦게 가도 엄마들의 전화가 빗발친다. 예전에는 에너지 넘치게 뛰어다니는 아이들로 바글바글했던 놀이터가 지금은 학원으로 간 아이들 때문에 휑하다. 친구를 사귀려면 학원을 가야 한다고 농담반 진담반으로 이야기해야 할 정도이니, 공부에 대한 엄마들의 열정이 어느 정도인지 가늠할 수 있을 것이다.

지나친 교육열과 과보호가 아이들의 무한한 잠재력과 가능성을 막고 있는 것은 아닌지 걱정스럽다. 엄마의 관리 하에서 이루어지는 이러한 공부 환경 속에서 과연 아이들은 많은 것을 배우고 있을까?

학교에서 아이들과 '공부'라는 단어를 들으면 떠오르는 것을 브레인스토밍으로 이야기해 본 적이 있다. 나온 단어들은 '하기 싫다', '학원', '시험', '점수', '스트레스' 등이었다. 타인에 의해 짜인 스케줄에 맞춰 하는 공부는 아이들에게 절대 흥미를 줄 수 없다. 공부에 대한 인식을 부정적으로 만들 뿐이다. 부정적인 인상의 단어로 변해버린 공부. 하지만 배움의 기쁨과 알아가는 과정에서의 보람을 경험해 본다면 충분히 긍정적일 수 있는 대상이다. 아이들의 진짜 배움을 위해 엄마들의 접근 방식에 변화가 필요한 시점이다.

내 아이가 공부를 잘하기를 원한다면 지식을 기계적으로 주입할 것이 아니라 근본적인 공부의 틀을 바꿔줘야 한다. 그 틀이 바로 아이의 뇌다. 작은 그릇에 아무리 많은 물을 담으려 해도 한계가 있다. 물을 담으려고 억지로 노력할 것이 아니라 물을 담는 그릇의 크기를 바꾸는 것이 필요하다. 분명 공부를 잘할 수 있는 뇌는 존재한다. 다행히 뇌는 태어나면서부터 고정된 것이 아니라 자극에 의해 그 모양과 능력이 계속 변화하는 유동적인 존재이다.

KBS 특집 다큐멘터리 〈읽기 혁명〉에 대한 내용을 담은 책, 《뇌가 좋은 아이》에는 일본 도호쿠대 의학부의 가와시마 류타 교수의 연구에 관한 내용이 담겨있다. 교수는 10여 년 동안 인간의 뇌를 스캔해서 어떤 행동이나 생각을 했을 때, 혹은 어떤 감정을 느꼈을 때 뇌가 어떻게 활동하는지를 실시간 영상으로 기록하고 분석하는 작업을 했다. 특히 2006년 진행된 아이들의 책 읽기에 관련된 실험이 흥미로웠다.

학생들에게 과제를 주고 그 때의 뇌의 활동을 fMRI라는 최신 장비로 기록하고 분석하는 실험이었다. 뇌의 활동 정도는 색깔로 구분할 수 있는데 활동하지 않는 뇌는 푸른색, 활성화된 부분은 붉은색으로 표시된다. 먼저 게임을 할 때 아이들의 뇌는 붉은 색을 거의 띄지 않았다. 만화책을 볼 때는 일부분이 붉게 변화하는 변화를 보였다. 그러나 책 읽기 과제를 수행할 때는 다른 과제와 비교할 수 없을 정도로 뇌의 광범위한 영역이 붉게 변화했다.

교수의 인터뷰 내용을 보면 책을 읽을 때는 뇌의 전두전야가 모두 활동을 하게 된다고 한다. 전두전야에는 다양한 행동 작용이 들어있는데 그 예로는 의사소통을 잘하는 능력, 뭔가 새로운 것을 상상하는 능력, 배우고 공부하는 능력, 기억하는 능력, 또 자신의 흥분된 감정을 억제하는 능력, 그리고 주위를 살피거나 의욕을 갖는 능력 등이다. 엄마들이 내 아이가 인생을 살면서 갖췄으면 하는 능력들이 책을 읽으면서 모두 발달될 수 있음을 연구 결과로 알 수 있다.

책을 읽으면 뇌 전체가 발달한다. 책을 읽을 때 일어나는 전두전야의 발달 중 특히 배우고 공부하는 능력, 기억하는 능력, 주위를 살펴보거나 의욕을 갖는 능력 등은 '공부하는 뇌'에 필수적인 요소들이다. 책 읽기는 앞서 말한 아이의 '공부하는 그릇'을 키우는 것과 같다. 그릇 자체가 크면 담을 수 있는 것도 많아질 것이고 많이 담은만큼 거기에서 출력될 수 있는 결과물도 질이 좋을 수밖에 없다.

또한 단지 책을 눈으로 '보는' 것이 아니라 이해하며 '읽는' 행위까지 한다면 뇌에 적극적인 자극이 될 수 있다. 일단 문자를 보는 것 자체가 시각을 이용하여 정보가 머릿속에 들어온 것이고 들어온 정보는 뇌에서 분석, 해석, 연결, 상상, 통합의 과정을 거치게 되면서 많은 자극이 되는 것이다. 뇌는 이런 좋은 자극이 많이 들어올 때 더 똑똑해지고 공부를 잘할 수 있는 모양으로 변화해 간다.

어느 날 우리 반 은영이가 학교에 와서 신나는 목소리로 말했다.
"선생님, 저희 언니가 이번 중간고사에서 전교 1등을 했어요."
은영이도 학급에서 다방면에 우수한 아이인데 언니까지 성적이 좋은 모양이었다. 둘 다 학원을 다닌 적이 없었다. 다만 엄마가 학원비 이상의 어마어마한 돈을 책 사주는 데에 썼다고 했다.

언뜻 보면 책을 읽는 것과 공부가 큰 상관이 있을까 싶을지 모른다. 하지만 책을 읽는 것은 아이의 두뇌그릇을 크고 예쁘게 만드는 것과 같다. 은영이와 언니는 책을 읽으며 아이의 공부그릇은 커져 갔을 것이고 배움에 최적화된 상태로 변화해 갔던 것이다.

은영이의 부모는 진짜 제대로 된 투자가 어떤 건지 알고 계셨다. 비싼 학원비를 날리는 것보다는 아이의 머릿속에, 마음속에 남을 수 있는 방법에 적극 투자한 것이다. 그 결과 두 아이는 인정받는 아이로 자라고 있다. 이것이 독서의 힘이다.

세호는 학급에서 조금도 나무랄 데 없이 완벽한 아이다. 공부는 물론이고 수업 시간에 핵심적인 질문을 잘 한다. 옆에 친구들이 잘 안 풀려 힘들어하는 문제가 있으면 먼저 나서서 친절하게 알려준다. 공책 정리를 할 때도 중요한 문제를 잘 간추려 간단하게 잘 나타낸다. 영재학급 추천을 위한 교내선발시험에서도 우수한 성적을 거두었다. 영재학급 추천서를 받으러 세호 어머니가 오셨을 때 비결을 여쭈어 보았다.

"어릴 때부터 책을 많이 읽었어요. 다른 것보다 책에 아낌없이 지원했어요."

이 아이가 몇 년 뒤에 찾아왔다. 명문으로 알려진 전주의 상산고에 합격했다고 했다. 세호의 형도 상산고 학생이다.

내가 만난 은영이와 세호는 특별한 케이스가 아니다. 독서의 힘은 분명 위대하다. 이들의 모습은 독서의 힘이 크다는 것을 보여 준다. 아이들은 독서로 특별해질 수 있고 공부를 잘하는 아이가 될 수 있다. 엄마의 의식만 바꾼다면 가능하다.

학급 아이들의 발달을 위해 나도 독서 교육을 꾸준히 한다. 아이들은 책 읽기에 재미를 느끼게 되면서 내가 주는 독서 시간이 짧다고 느끼게 되었다. 그래서 가끔 애교 섞인 목소리로 "선생님, 조금만 더 시간 주시면 안돼요?" 하기도 한다. 일단 독서 교육을 꾸준히 하면서 가장 좋았던 것은 수업 태도의 변화였다. 어떤 아이는 일기장에 책을 읽으며 아는 게 많아지니 교과서에서 보는 것이나 선생님이 이야기해 주는 것들이 마치 아는 것처럼 느껴진다고 쓰기도 했다. 마음에서 이미 공부에 대해 자신감과 친근감을 느꼈다면 이것은 뇌 발달과 더불어 정서적인 면에서도 공부에 최적화되어 가는 것을 의미한다. 이런 아이들은 분명 공부 잘하는 아이로 성공할 것임을 의심할 여지가 없다.

아이들의 성적을 좋게 하고 머리 좋은 아이로 만들고 싶다면 학원을 보내고 학습지를 시킬 것이 아니라 독서 습관을 가지게 해야 한다. 책을 읽으며 활성화된 뇌의 모습을 상상해 보라. 누가 시켜서 억지로 하는 공부로는 아이들의 뇌를 활성화시키는 데에 한계가 있다. 수박 겉핥기식의 처방보다는 근본적인 대책으로 아이를 지원해 주자. 아이들이 독서를 통해 배움에 최적화된 뇌를 만들어서 자신감 있고 즐겁게 배워나갈 수 있도록 도와주는 것이 필요하다.

# 아이의 집중력은 독서력에서 나온다

승환이는 수업 시간이 10분만 지나면 엉덩이가 들썩거리고 칠판을 바라보는 눈빛이 흔들리며 창가를 바라보기 시작한다. 교사가 눈빛으로 신호를 보내다가 이름을 부르면 반성하며 집중해 보려 노력하지만 역시나 몇 분만 지나면 다시 시계를 보고 엉덩이를 들썩이며 어찌할 바를 몰라 한다. 아무리 신호를 주고 불러서 알아듣게 이야기를 해 보아도 소용없다. 승환이는 자신도 수업에 집중하고 싶지만 노력해도 자기도 모르게 딴 생각을 하게 된다고 했다. 머리가 좋아서 공부를 조금만 더 열심히 하면 잘할 것 같은데 안타까웠다.

나는 승환이의 어머니에게 전화를 했다.

"승환이가 수업 시간에 거의 집중을 못해요. 집에서는 어떤가요? 혹시 책은 얼마나 읽나요?"

"움직이는 것을 좋아하고 한 곳에 오래 앉아 있질 못해서 집에서 거의 책을 안 읽어요."

나의 경험상 수업에 집중하지 못하는 아이들은 독서를 안 하는 아이들일 경우가 많다. 승환이 역시 이런 경우였다. 이런 경우는 무엇보다 독서를 통해 집중력을 길러 줄 필요가 있다. 나는 승환이의 어머니께 가정에서 조금씩이라도 책을 읽도록 지도해달라고 부탁드렸고 어머니와 주기적으로 연락을 취하며 아이의 변화를 체크했다.

이렇게 적극적으로 승환이에게 독서를 권한 까닭은 내 시선에서 승환이는 커다란 발전 가능성을 한 가지 가지고 있었기 때문이다. 바로 체육 시간에 놀라울 정도로 높은 집중력을 보인다는 것이다. 나는 어떤 것이든 집중을 할 수 있는 아이라면 다른 것도 집중할 수 있는 가능성이 있다고 생각한다. 그래서 운동이든 놀이이든 집중하는 아이들의 잠재력을 높이 산다. 그래서 승환이는 흥미를 못 느꼈을 뿐이지 절대 집중을 못하는 아이는 아니라고 여겨졌다.

나는 승환이에게 내가 읽은 책 중에서 재미있었던 책을 빌려주며 읽어보라고 권하기도 하고 책 내용에 대해 쉬는 시간이나 점심시간에 같이 옆에 앉아 이야기하기도 했다. 승환이는 처음에는 수업 시간처럼 몸을 비틀고 허공을 보며 책에 관심이 없었지만 내가 끊임없이 책의 내용에 대해 대화를 시도하자 조금씩 책을 읽기 시작했다.

승환이와 본격적인 독서 활동을 하면서 가장 많이 한 것은 책의 내용에 대해 '질문하기'였다. 승환이에게 내가 질문할 때도 있었지만 가장 주된 방식은 승환이 스스로 책에 대해 질문을 만드는 것이었다. 승환이는 내가 준 미션을 완수하기 위해 책을 대충 읽을 수가 없었다. 오늘 같이 읽기로 한 부분에서 질문거리를 만들어야 했기 때문에 자세히 읽을 수밖에 없었다. 등장인물에게 하는 질문, 작가에게 하는 질문, 이해가 안 되는 내용에 대한 질문, 모르는 단어에 대한 질문 등 다양하게 만들어보게 했다. 스스로 질문거리를 만드는 과정에서 승환이의 머릿속에는 많은 생각들이 오갔을 것이다. 그 과정에서 승환이의 두뇌 활동 또한 매우 활발히 일어났을 것이다. 승환이는 의미 없이 눈으로 훑는 책 읽기에서 깊이 읽고 생각하는 책 읽기 방식으로 익숙해져 갔고 승환이의 두뇌는 쉼 없이 활동을 이어나가며 단련되어 갔다.

처음에는 어려워하던 승환이도 시간이 흐를수록 질문의 개수도 늘어나고 질문의 질도 점점 높아져 갔다. 또 책을 읽는 시간이 점점 길어졌다. 처음엔 5분도 힘들어 하던 승환이는 몇 달 지나자 20분~30분 정도는 앉아서 읽을 정도가 되었다. 책을 읽으면서 어려운 단어가 있으면 나에게 와서 물어보기도 하고 등장인물의 행동에 대해 이런저런 이야기를 먼저 하기도 했다. 선생님과 책을 공유하고 같이 이야기를 나눈다는 것을 재미있어 하기도 했다.

더 놀라운 변화는 수업 시간에 생겼다. 체육 시간 이외에는 거의 집중을 하지 못하던 승환이가 국어, 수학, 사회, 과학 등의 과목에서도 지루해 하는 모습이 많이 줄어들고 집중하는 시간이 점점 늘어갔다. 집중도가 높아질수록 수업 시간에 얻는 배움의 양은 많아졌고 성적 또한 수직 상승했다. 선순환으로 주의 집중에 대해 지적을 받지 않고 오히려 칭찬받을 기회가 많아지다 보니 승환이의 학교 생활에서의 만족감과 자신감은 매우 높아졌다. 또 책에서 읽은 내용이 수업 시간이나 친구와의 대화에 나올 때마다 너무 기뻐하며 눈빛을 반짝반짝 빛냈다. 중학생이 된 지금도 가끔 연락하고 찾아오는데 근황을 물어보면 여전히 책도 열심히 읽고 공부도 잘하고 있다고 한다.

엄마들이 그토록 바라는 내 아이의 공부 집중력은 승환이처럼 독서로 충분히 길러질 수 있다. 집중을 하려면 일단 대상에 대해 재미가 있어야 한다. 만약 10% 정도 알 듯 말 듯한 교과서의 내용이라면 아이들은 지루해 하거나 포기해 버린다. 하지만 30% 정도 알고 70% 정도 모르는 대상에는 흥미를 느끼고 도전 의식이 생긴다. 책을 통해 다양한 지식과 경험을 하고 배경 지식을 폭넓게 가지고 있는 아이들은 수업 내용에 재미를 느끼기 더 쉽다. 이 아이들은 재미가 있기 때문에 수업에, 혹은 자신만의 공부에 더 집중하게 된다.

또 집중할 때의 활발한 두뇌 활동도 독서로 자연히 훈련이 될 수 있다. 우리는 책을 읽을 때 눈과 머리의 협응이 뒷받침되어야 제대로 읽을 수가 있다. 눈으로만 읽는 것은 독서라기보다는 글자 읽기일 뿐이다. 독서를 할 때 우리는 의식적으로 '뭔가를 생각해야지.' 하지 않아도 자연히 뭔가를 생각하게 되고 두뇌 활동을 하게 된다. 단어의 의미를 생각하고, 앞 내용과 뒷 내용의 관련성을 파악하며 읽게 된다.

또 내가 책 속 인물이라면 어떻게 할지 생각해 보기도 하고 글을 읽으며 다양한 감정을 느끼기도 한다. 책 속의 내용에서 나의 삶과 비슷한 부분을 찾아 보기도 하고 어떤 것을 배워야 할지 생각해 보기도 한다. 독서를 통해 이런 두뇌 활동을 평소 꾸준히 해서 두뇌의 운동 근육이 발달한 아이들은 자연히 공부할 때도 두뇌가 알아서 활발히 활동을 할 것이다.

아이들이 공부를 잘하고 집중할 수 있도록 엄마들은 어떻게 아이들을 지도하고 있는가? 집중이 잘된다고 광고하는 책상과 의자를 사주고 집중력을 높이는 데 좋다는 음식을 해주고 있는가? 아니면 집중력을 높이는 모차르트 음악을 들려주거나 집중하게 하려고 주변을 조용히 만들고 있는가? 이 모든 것은 근본적인 해결책이라 할 수 없다.

아이의 공부 집중력은 독서력에서 나온다. 책을 많이 읽은 아이들은 활발한 두뇌 근육 사용으로 단련된 아이들이다. 근육은 이것과 저것을 판단하여 선택해서 활동하지 않는다. 평소 독서로 활발히 활동했다면 공부할 때도 마찬가지의 강도로 활동할 것이다. 독서로 아이들의 두뇌를 깨워주고 열심히 훈련시켜주자. 또 독서를 통해 배경 지식을 쌓아 배움에 대한 호기심을 자극해 주자. 재미를 느낀다면 자연스럽게 공부에 흥미를 보이고 집중할 것이다. 독서의 힘을 믿고, 집중력을 발휘할 내 아이의 눈부신 가능성을 믿자.

# 상상력과 정서 지능은 독서로 키워진다

초등학생들이 즐겨보는 책 중 하나가 《해리 포터》시리즈다. 이 시리즈는 나온 지 수년이 지났지만 지금도 도서관에서 가장 대출이 많이 되는 책 중의 하나이다. '책'《해리 포터》 이상으로 아이들이 즐겨 찾는 것이 바로 '영화' 〈해리 포터〉다. 아이들은 영화를 보며 손에 땀을 쥐기도 하고 약속이나 한 것처럼 "으악" 소리를 지르기도 한다.

보통 아이들은 책보다 영화를 더 좋아한다. 영화에서는 주인공인 해리 포터와 마법사들의 활약이 실제처럼 화려한 영상으로 전개되기 때문에 아이들은 상상할 필요가 없다. 모든 것이 눈앞에 친절하게 펼쳐지기 때문이다.

하지만 책으로 읽을 때는 해리 포터의 얼굴이 어떻게 생겼는지부터 볼드모트가 어떤 목소리를 가지고 있는지 아이들이 나름대로 상상해 보아야 한다.

이렇게 같은 이야기지만 책으로 읽느냐 영화로 보느냐에 따라 큰 차이가 있다. 바로 상상의 차이다. 영화는 모든 정보가 시각과 청각으로 주어지고 우리는 그것을 있는 그대로 받아들이면 되지만 책은 글로써 정보가 주어질 뿐 모든 이미지는 우리 스스로 만들어내야 한다. 아이들에게 어떤 것이 더 유익할까?

당연히 책으로 접하는 것이 훨씬 좋다. 영화의 지나친 친절함은 아이들의 상상력을 자극하지 않는다. 그래서 나는 영화와 책이 있다면 먼저 책으로 읽으라고 권한다.

책을 읽을 때 우리는 문자만 읽지 않는다. 문자를 읽으며 의미를 이해하고 그 장면을 머릿속에 이미지로 그린다. 이 과정에서 우리는 작가가 의도하지 않은 부분까지 나만의 상상으로 만들어 살을 붙이게 된다. 작가의 의도와 조금 다를지라도 스스로 해석하고 자기 것으로 받아들이는 이 과정은 매우 중요하다. 여기에서 상상력이 싹튼다.

책을 읽는 과정은 아이들이 영화를 머릿속으로 만드는 과정이라 할 수 있다. 아이들은 책 속의 문자를 읽고 그것과 뇌 속의 여러 정보들을 연결하여 스토리로 만들고 그 속에서 다양한 생각과 감정들을 만들게 된다. 이런 과정이 반복되면서 아이들의 생각의 크기는 커지고 상상력은 날개를 달 수 있게 되는 것이다.

엄마들은 아이들이 책을 읽으며 혼자 웃거나, 생각하느라 가만히 있는 모습을 보면 딴 생각을 하는 건 아닌지 걱정하고 불안해 한다. 하지만 그럴 필요 없다. 아이들은 자신이 어제 학교에서 있었던 일과 책 내용을 관련지으며 반성도 하고 계획도 세운다. 또 책 속의 세상으로 들어가 새가 되기도 하고 바다 위를 걷는 상상을 하면서 자신만의 세계를 구축해 나가고 생각하는 힘을 키워나가는 중이다. 책을 읽을 때는 온전히 아이들 스스로 생각할 수 있도록 믿고 내버려 두어야 한다.

상상의 시작이 비록 공상일지라도 그 작은 씨앗이 세상을 움직일 수도 있다. 아이들이 책을 읽으면서 해 온 상상들은 이 아이들에게는 꿈을 키우는 원동력이 되고 큰일을 해내는 데에 밑거름이 된다. 앞서 말했던《해리 포터》의 작가 조앤 롤링도 어렸을 때부터 책을 많이 읽었으며 공상하기를 좋아한 것으로 유명하다. 책을 많이 읽은 그녀의 경험이 축적되어 세계를 놀라게 한 소설《해리 포터》가 탄생된 것이다.

독서를 많이 한 아이들은 정서 지능이 높다. 정서 지능은 자신의 감정을 알고 통제할 줄 알며 다른 사람의 감정을 인지하고 적절하게 대처할 수 있는 능력인데, 이 정서 지능이 높은 아이들은 학교에서 여러 방면에서 앞서간다.

아이들 중에 "지금 기분이 어때?"라고 물었을 때 "잘 모르겠어요."라고 하는 아이들도 꽤 많다. 이런 아이들은 자신의 감정을 정확히 모르기 때문에 석절히 대처하지 못한다.

석훈이는 화가 나도, 억울해도, 당황해도, 질투가 나도, 놀라도 얼굴이 빨개지며 상대 아이를 때렸다. 부정적인 감정이 들 때 그 종류와 정도에 따라 반응이 달라져야 함에도 불구하고 석훈이는 일관적이었다. 석훈이에게 사건이 있을 때마다 왜 그랬는지 물으면 자신의 감정을 정확히 말하지 못하고 "모르겠어요."라고만 대답했다. 그런 석훈이와 일 년 동안 함께 책을 읽으며 다양한 인물들을 경험하도록 했다. 그러자 감정을 조금씩 구분하기 시작하는 게 보였다. 무조건 주먹이 나가는 빈도가 계속 줄었고 감정에 따라 상황에 따라 대처하는 방법이 달라지기도 했다.

석훈이의 경우처럼 꾸준한 독서는 정서적으로도 많은 도움이 된다. 책을 많이 읽은 아이들은 자신의 감정에 관심이 있으며 자신이 지금 어떤 감정인지 정확하게 인지하고 감정 표현을 적절히 하여 문제를 해결해 나간다. 책을 읽으면서 다양한 사람들 중 나와 비슷한 감정을 가진 인물을 찾아 위안을 얻기도 하고, 어떤 상황에서 감정을 느꼈을 때 같은 감정을 가진 인물이 떠오르기도 한다. 그러면서 그때 그 인물들이 어떻게 행동했는지, 결과적으로 성공했는지 실패했는지를 간접 경험함으로써 내가 어떻게 하면 좋을지 해결 방법을 좀 더 현명하게 모색해 볼 수 있다.

또 책을 많이 읽은 아이들은 책 속에 나오는 등장인물들의 생각과 감정을 모두 간접 경험해 보았기 때문에 다른 사람의 감정을 읽을 줄 안다. 나만 생각하는 것이 아니라 다른 사람의 입장에서 그 사람이 어떨지를 생각하여 말하고 행동할 수 있는 것이다. 독서를 통해 사람의 마음을 생각할 줄 아는 능력을 키울 수 있어 사회성까지 높일 수 있다.

그리고 자신의 생각과 느낌을 말이나 글로 깊이 있게, 자유롭게 표현할 수 있다. 쉬는 시간에도 책을 손에서 놓지 않는 윤희의 경우 '초등학생이 어떻게 이런 생각을 했지?' 싶을 정도로 감정이 풍부하며 어른보다 깊이 있게 표현할 때가 많다. 취미가 독서인 현준이 같은 경우도 마찬가지다. 대상에 대한 감정 표현을 두려워하지 않는다. 생각이 워낙 풍부하다보니 글감이 넘쳐나 글을 쓰는 것도 어렵지 않다. 책을 통해 많은 인물들의 감정을 접해봤고 그 속에서 다양한 생각을 해보았기 때문일 것이다. 하지만 책을 읽지 않는 아이들은 감정의 경험 기회가 상대적으로 적기 때문에 공책 몇 줄을 채우는 것도 괴로운 일이 되어버린다.

앉아서 책 읽는 것보다 스마트폰으로 유튜브를 보거나 게임하는 것을 더 좋아하는 현진이의 경우 아이들이 글을 다 써갈 때까지도 뭘 써야할지 고민만 하고 있고 발표를 할 때도 머뭇거린다. 체육활동에만 눈에 불이 들어오는 시현이도 숙제 중에 일기나 독서록에 감상과 느낌을 쓰는 것이 괴롭다고 한다. 뭘 써야 할 지 모르기 때문이다.


다가오는 미래는 감성의 시대이자 창조의 시대이다. 상상력과 정서지능이 성공의 척도이자 최고의 경쟁력인 시대가 온 것이다. 아인슈타인은 "상상력이 지식보다 중요하다. 지식은 한계가 있지만 상상력은 세상을 품고도 남는다."라고 했다. 세상의 변화는 상상력에서 시작된다. 또한 풍부한 정서를 가진 사람들로 채워질 때 따뜻하고 행복한 사회를 이룰 수 있다. 상상력과 정서 지능은 독서에서 비롯된다. 부모로서 아이에게 책을 꼭 읽혀야 하는 이유다.

## 도서관 100배 활용하는 법

맞벌이 하는 엄마들은 도서관에서 책을 빌릴 시간을 내기도 쉽지가 않다. 퇴근해서 저녁 식사를 준비하고 아이들 숙제를 봐 주면 빨래를 돌릴 시간도 없이 잘 시간이 된다. 주부인 엄마들도 마찬가지다. 또 도서관마다 보유한 도서가 달라 이 도서관 저 도서관 다니며 필요한 책을 빌리기가 쉽지 않다. 이런 어려움을 보완하기 위해 도서관에서는 다양한 서비스를 제공하고 있다. 필요한 서비스를 최대한 활용한다면 좀 더 아이들을 위한, 엄마를 위한 책을 손쉽게 제공받을 수 있다.

### 1. 도서 예약 서비스

도서관 홈페이지에서 필요한 도서를 검색하면 서가 위치, 대출 가능 여부 등을 파악할 수 있다. 도서가 대출 가능 상태면 가서 빌리거나 읽어보면 되는데, 누군가 이용 중이라 대출이 어려울 경우 그 다음 순서를 예약할 수 있다. 예약을 하면 대출 순서가 됐을 때 문자로 안내되고 대출 우선권을 얻게 된다.

### 2. 무인 도서관 운영

#### ① 무인 도서대출반납기

지역에 따라 차이가 있는데 수원시의 경우, 유동 인구가 많은 수원역, 영통역, 수원시청역에 무인 대출, 반납기를 설치하여, 도서관까지 가지 않아도 바쁜 출퇴근 시간에 대출, 반납을 할 수 있도록 서비스하고 있다. 수원시 책나루(무인) 도서관의 경우 도서관 홈페이지에서 원하는 책을 골라 원하는 역의 무인 도서관에서 대출하기를 선택하면 몇 일

뒤 내가 그 역의 무인기에서 책을 찾을 수 있다. 물론 다 읽고 반납도 이 기계에서 가능하다. 이용하는 사람은 많고 기계가 수용할 수 있는 책은 한정되어 있어 가끔 서비스를 이용하기 어려울 때도 있지만 앞으로 더 편리하게 개선되고 확대되리라 생각한다.

② 스마트도서관 http://www.smartlib.co.kr/
24시간 운영되며 자판기처럼 생긴 무인도서관에서 책을 빌리고 반납할 수 있다. 아직은 많지 않지만 유동 인구가 많은 곳, 기존 도서관 서비스를 받기 어려운 곳에 스마트도서관이 설치되고 있다. 위의 사이트에서 설치된 곳을 검색할 수 있다. 사람들이 생활 속에서 늘 책을 함께 할 수 있는 좋은 서비스인데 아직 서비스 지역이 한정되어 있어서 아쉽다.

3. 책바다(국가 상호대차 서비스) http://www.nl.go.kr/nill/user/index.do
이용자가 원하는 자료가 거주 지역 내 공공도서관에 없을 경우, 다른 지역의 도서관에 신청하여 소장 자료를 서로 이용할 수 있도록 해주는 전국 도서관 자료 공통 활용 서비스이다. 도서관끼리 서로 협력 체계를 구축하고 한정된 자원을 효율적으로 활용하기 위해 시작되었다.

상호대차는 협약을 맺은 도서관끼리 가능하다. 협약을 맺은 도서관은 홈페이지에서 확인이 가능한데, 공공도서관뿐만 아니라 대학도서관까지 참여하고 있어 다양한 자료를 이용할 수 있다는 장점이 있다.(모든 자료가 이용 가능한 것은 아니니 확인해야 함.)

자료 이동은 택배로 이루어지며 비용은 이용자 부담이다.(공공도서관 4,500원, 대학도서관 4,900원, 같은 도서관일 경우 2권 이상 묶음 배송 가능) 대출과 반납은 지정한 도서관에서 가능하다. 빠르면 3~4일, 길면 2주 이상 소요될 수 있으니 여유 있게 기다리는 것이 좋다.

### 4. 전자도서관

최근 전자기계의 발달로 책까지도 e-book이라는 이름으로 제작되어 핸드폰이나 전자책 단말기로 볼 수 있는 시대이다. 전자도서관에서는 도서관에서 책을 대출, 반납하듯이 전자책을 대출, 반납, 예약할 수 있다. 도서관에 왔다갔다 하지 않고도 손쉽게 책을 대여해서 보고 반납할 수 있다. 또 대출 가능 인원수가 1명이 아니라 5명 동시 대출이 가능하므로 이용이 용이하다.

### 5. 도서관 앱 이용

#### ① 지역 도서관 앱

도서관에 책을 빌리러 갈 때 대출증을 챙겨야 하는 번거로움, 열람실에서 원하는 책을 검색해서 위치를 출력하여 책을 찾으러 가야 하고, 언제 대출했는지, 반납 예정일이 언젠지 가물가물했던 기억들. 아마 한 번쯤은 있을 것이다. 도서관 앱을 이용하면 이 고민을 모두 해결할 수 있다. 앱스토어에서 검색해 보면 각 지역 도서관 앱이 있다. 앱에서는 모바일회원증이 있어 회원증을 대신할 수 있으며 대출 현황 메뉴가 있어 대출한 책과 날짜를 확인할 수 있다. 또 자료 검색을 실시간으로 할 수 있으며 추천도서, 도서관 휴관일 등도 확인 가능하다.

#### ② 리브로피아 앱

여러 도서관을 이용 중이라면 각각의 앱을 다운받는 것보다는 통합된 앱인 '리브로피아'가 유용하다. 이 앱은 전국의 모든 공공 도서관, 대학 도서관들의 정보를 담고 있다. '개인 콘텐츠' 메뉴를 이용하면 내가 원하는 책을 분류해서 따로 보관할 수 있어 핸드폰 속에 내 서재를 만들 수 있다. 이 기능을 활용하면 도서관에서 책 찾기도 수월하다.

### 6. 희망도서 바로대출서비스

2015년 용인시에서 처음 시범으로 적용한 것이 반응이 좋아 다른 시에서도 벤치마킹 하면서 확대되고 있는 서비스이다. 대출의 공간을 도서관 내에서 서점까지 확대하는 것이다. 사람들이 원하는 책이 도서관에 없을 때 서점에서 새 책을 바로 대출해서 이용할 수 있는 것이다. 대출된 새 책은 재판매되는 것이 아니라 시에서 대납하고 도서관으로 귀속된다. 사람들은 원하는 책을 새 책으로 이용할 수 있어 좋고 서점은 판매를 늘려 운영에 도움이 되고 전체적으로 독서 문화를 확산하는 데 기여할 수 있으니 일석삼조다. 시민들에게 인기가 좋은 서비스라 점차 지역도 확대되고 이용 가능한 서점도 늘고 있다. 내지역이 가능한지 확인하고 이용해 보자.

2장

# 강요하지 않아도
# 스스로 책을 보는 독서 습관 만들기

# 우리 아이는 제대로 읽고 있을까?

4학년인 우리 반은 1교시 수업을 시작하기 전, 아침 자습 시간에 책 읽는 시간이 있다. 그날 수업 시간표에 맞추어 교과서를 책상 서랍에 정리한 뒤 각자 제자리에 앉아 책을 읽는 것이다.

아이들은 자리에 앉자마자 바로 책을 읽기 시작하기도 하고, 처음에는 뒤적뒤적하더라도 어느새 허리를 꼿꼿이 세우고 읽기도 한다. 마치 책속에 들어간 듯이 흥미진진한 표정으로 집중하기도 하고 책의 내용에 푹 빠져 혼자 웃기도 하며, 심각하고 우울한 표정을 짓기도 한다. 재미있게 책을 읽는 아이는 수업 종이 쳐서 책을 집어넣어야 할 때도 책에서 눈을 떼지 못하고 아쉬워 한다.

반면 집중이 잘 안 되는지 주변을 두리번거리는 아이도 있고, 이런저런 생각에 빠져 멍하게 딴 곳을 보고 있거나 조는 아이도 있다. 내가 가까이 가 작은 소리로 이름을 부르거나 서 있으면 그제야 책을 읽어보려 애를 쓴다. 또 책을 펼쳐둔 채 낙서만 하는 아이, 독서 시간이 언제 끝나나 시계를 계속 흘깃거리는 아이, 교실 뒤 책장 앞에서 책을 고르는 데에 아침 독서 시간을 다 보내는 아이도 있다. 엉덩이를 들썩거리며 운동장이나 복도에서 들리는 작은 소리에도 관심을 보이며 고개를 돌리기도 하고 대놓고 떠들지는 못하고 쪽지로 친구들과 대화하며 키득거리는 아이도 있다. 또 짝과 함께 재미있게 책을 읽기도 하는데 이런 경우 다가가 보면 만화책이나 쉬운 그림책을 읽는 경우가 많다. 책을 펴놓고 학원 숙제를 하는 아이들도 있다.

이처럼 아침 자습 시간을 독서로 정하면, 아이들의 수만큼이나 독서하는 모습이 다양하게 나타난다. 교사인 나로서는 아침에 양서와 함께 즐겁게 하루를 시작했으면 좋겠다는 바람이지만 가끔 안타깝게도 아이들이 이를 의무적 이행할 뿐 잘 따라오지 못한다는 생각이 든다.

엄마들은 내 아이가 독서를 잘하는지, 즐겁게 하는지, 구체적으로는 무슨 책을 읽는지, 읽으면서 무슨 생각을 하는지 참 궁금할 것이다.

실제 엄마들과 상담을 하다보면 아이들의 독서에 대해 걱정하고 필요성에 대해 공감하면서도 아이의 현재 상황에 대해선 제대로 파악하지 못한 경우가 많다. 아니 파악해 보려는 엄마들이 많지 않다. 무엇인가를 바꾸려 한다면 방법을 생각해 보기 전에 지금의 상황에 대해 정확히 진단해 봐야 한다. 정확히 분석해야 그에 맞는 처방이 가능하다.

우선 내 아이의 독서에 대한 막연한 걱정과 두려움만 가지고 아이에게 무작정 책을 읽으라고 한 것은 아닌지 되돌아봐야 한다. 고민만 하는 것은 상황을 변화시키는 데 전혀 도움이 되지 않는다. 적극적으로 아이의 독서 상황을 들여다보자. 내 아이는 책을 좋아하는지, 좋아한다면 얼마나 좋아하고 어떤 종류의 책을 즐겨 읽는지, 내 아이의 강점은 무엇인지, 한 쪽 분야에 편중되어 읽고 있지는 않은지, 아이가 도움이 될 만한 책을 읽고 있는지, 책을 읽으며 다른 생각을 하고 있지는 않은지 등 다양한 측면에서 객관적인 상황 인식이 필요하다.

이는 엄마의 관찰뿐만 아니라 아이와의 적극적인 대화로 파악이 가능하다. 단, 상황을 파악하는 과정의 모든 것은 자연스러워야 한다. 엄마가 아이의 상황을 파악하기 위해 평가하듯 접근한다면 아이는 엄마와의 대화에 마음을 열고 자신에 대해 말하기 어려울 것이다. 객관적인 상황 인식을 위해서는 내 아이가 아닌 옆집 아이를 바라보듯 한 발자국 뒤로 물러선 상태에서 아이를 바라볼 필요가 있다.

엄마의 욕심과 감정이 투영되면 아이는 엄마 뜻대로 움직이지 않을 것이다. 자연스러운 분위기에서 아이의 독서 생활에서의 장점과 단점, 문제점들을 파악해 보자. 이러한 진단이 내 아이 독서 생활 수준을 업그레이드 시키는 데 가장 중요한 시작이 될 것이다.

더불어 진단해야 하는 것이 엄마의 태도이다. 아이의 독서에 가장 큰 영향을 주는 대상이 바로 엄마다. 엄마가 아이에게 무조건 읽으라는 식의 태도를 가지고 있지는 않은지, 양적인 독서에 치중해서 아이의 독서를 판단하고 있지는 않은지, 아이의 흥미나 적성보다는 엄마의 기준으로 아이에게 책을 권하고 있지는 않은지, 아이의 수준에 맞지 않는 책을 주고 있지는 않은지, 집안 환경이 책 읽기에 적합한지 등에 대해 반드시 돌아봐야 한다.

5학년 인희는 책은 많이 읽었지만 주로 얇고 쉬운 책만 읽었다. 고학년이기 때문에 두껍더라도 조금 더 높은 수준의 책을 읽었으면 좋겠는데 전혀 시도하지 않아 안타까웠다. 그래서 이 시기의 아이들이 흥미로워하는 주제인 우주, 지구, 역사, 동화책으로 지금 읽는 책들보다 조금 두꺼운 책을 권해 봤지만 아이는 전혀 변하지 않았다. 어머니와 이야기를 나누어 보니 문제는 인희에게 있는 것이 아니라 엄마에게 있었다.

인희 어머니는 매일 1권씩 책을 읽고 독서록을 쓰도록 아이를 지도하고 계셨다. 학원을 많이 다녀서 책을 읽을 시간이 부족한 인희는 하루에 1권을 읽기 위해서 얇고 쉬운 책을 선택할 수밖에 없었던 것이다. 나는 어머니께 독서를 공부하듯 과제로 내주면 아이가 흥미를 잃을 수 있다는 점과 독서를 양으로 접근하면 아이가 수준 있고 두꺼운 책에 도전하려하지 않는다는 점을 말씀드렸다. 그리고 이 시기에 책을 읽는 것이 무엇보다 중요하므로 학원 시간을 줄여 아이가 여유 있게 책을 읽을 수 있는 시간을 확보해 주실 것을 조언했다. 어머니께서는 다행히 조언을 받아들여 독서 지도 방법을 바꾸셨고 한 달이 지난 후에는 인희가 다양한 분야의 두꺼운 책들을 읽기 시작하는 것이 눈에 띄었다.

아이의 독서 실태를 정확히 파악한다면 그에 맞는 처방으로 아이를 올바른 독서로 이끌 수 있다. 남들이 좋다는 방법, 인터넷에 돌고 있는 독서법들, 현재의 학년에서 꼭 읽어야 한다는 책들을 일률적으로 내 아이에 적용하는 것은 내 아이를 가장 효과적으로 변화시킬 수 있는 방법이 아니다.

있는 그대로 아이를 바라보고 정확히 진단해야 한다. 상황에 따라 처방은 달라진다. 내 아이의 현재 상황을 객관적으로 들여다보고 전략적으로 독서 지도를 시작해야 한다. 내 아이에 대한 답이 아이와 엄마 안에 있음을 잊지 말자.

# 아이들은 독서에 대해 배운 적이 없다

"TV 그만 보고 책 읽어야지."

"이제 조용히 책 읽자."

학교에서는 교사가, 집에서는 엄마가 아이에게 많이 하는 말 중의 하나일 것이다. 나도 학교에서 아침 자습 시간에, 그리고 틈날 때마다 독서 지도를 하면서 이 말을 참 많이 했던 것 같다. 독서 지도라는 이름으로 아이들에게 시간을 주고 책을 읽으라고 했지만 아이들의 변화는 빠르지 않았다. 왜 그런 걸까? 고민하던 어느 날 문득 이런 생각이 들었다. '내가 아이들에게 독서를 지도한 적이 있나? 아이들이 독서에 대해 배운 적이 있나?' 독서 지도를 했다고 생각했는데 '독서 시간'만 준 건 아닌지 갑자기 아이들에게 미안한 생각이 들었다.

낯선 길을 가려는 아이들에게 목적지를 가리키며 "무조건 여기로

와!"라고 한다면 아이들은 영문도 모른 채 일단 출발을 할 것이다. 하지만 가야 할 이유가 명확하지 않고 가는 방법도 잘 몰라서 우왕좌왕하게 된다. 바이올린을 배우지 못한 아이에게 바이올린을 연습하라고 하는 것은 말도 안 되는 일이고 미분, 적분을 배우지 않은 아이에게 관련된 문제를 풀라고 하는 것도 무리다. 아이들에게 "넌 시간을 줬는데도 왜 책을 안 읽어?"라고 말하는 것은 문제가 있다. 어른들이 아이들에 대한 책임을 다하지 못한 건 아닌지 다시 한 번 생각해 봐야 한다.

그렇다면 왜 어른들은 아이들에게 독서하는 방법을 가르쳐 주지도 않고 읽으라고만 하는 것일까? 흔히 어른들은 책이 한글로 쓰여 있고 아이들은 한글을 읽을 줄 알기 때문에 당연히 가르쳐 주지 않아도 독서를 할 수 있다고 여긴다. 하지만 단지 글을 읽을 줄 아는 것과 글을 이해할 수 있는 것은 완벽히 다른 문제이다. 엄마가 아이에게 원하는 것은 단지 글자를 읽는 것이 아니라 책의 내용을 이해하고 뭔가를 배우는 것 아닌가. 그렇다면 그 목적에 맞는 길을 아이들에게 제시해 줘야 한다. 독서는 한글을 알면 저절로 이루어지는 것이 아니다. 아이들은 읽으라고 해서 읽고는 있지만 단지 눈으로 보는 것에 그치고 있는지도 모른다.

또 엄마들의 독서 교육에 대한 지나친 학교 의존도 생각해 볼 문제다. 요즘 학부모들은 전처럼 교사를 신뢰하고 존중하지 않는 분위기이다. 아이에게 조금만 해가 가도 담임교사에게, 그리고 학교로 민원 전화를 넣는다. 또 학교 교육으로는 부족하다고 여겨 아이들의 선행 학습을 위해 학원을 보낸다. 그러면서도 '독서 교육' 만큼은 학교에서 알아서 해 줄 거라 믿는다. 정작 집에서 해야 하는 가장 중요한 교육이 독서임에도 엄마들은 학교가 아이들을 전적으로 책임져 주길 바란다. 모순이 아닐 수 없다. 우리는 아이들이 제대로 읽을 수 있도록 방향을 제시해 주고 방법을 알려 주어야 하며, 그 중심은 학교가 아니라 집이어야 한다. 매년 바뀌는 담임교사가 아닌, 늘 함께하는 엄마가 적임이다. 그래야 일관적이고 지속적인 지도가 가능하다.

그렇다면 독서 교육을 할 때 꼭 알려 줘야 하는 것에는 무엇이 있을까. 난 크게 네 가지를 꼽는다.

첫째, 아이들에게 독서를 왜 해야 하는지 이유에 대해 설명하고 목적을 분명히 하도록 해야 한다. 맹목적인 읽기는 효과가 클 수 없다. 책을 왜 읽어야 하는지, 책을 읽으면 어떤 점이 좋은지에 대해 설명해 줘야 한다.

나는 교실에서 아이들에게 무조건 시간을 주기보다는 내가 책을 통해 어떤 변화가 일어났는지 이야기해 아이들의 마음을 움직이는 데에 초점을 맞추려 노력한다. 그리고 평소에 읽는 책에서 좋은 문구나 예화가 있으면 다음 날 아이들에게 내가 책을 읽고 느낀 점과 우리가 배우면 좋은 점들을 이야기한다. 또한 책이 의식을 바꾸고 내 마음을 풍요롭게 하며 나를 끊임없이 발전시키는 원동력이 될 수 있다는 점을 내 경험들과 함께 이야기함으로써 목적이 있는 독서를 할 수 있게 동기부여를 한다. 이 부분은 독서 지도의 시작이자 가장 중요한 부분이라고 할 수 있다.

내가 이런 방식으로 지도하기 시작한 후 아이들은 정말 많이 바뀌었다. '선생님이 책을 저런 목적으로 읽는구나.', '선생님은 책을 읽고 저런 부분이 바뀌었구나.' 하는 생각을 하며 자신도 책을 읽어야겠다는 생각을 확고히 해 나갔다.


둘째, 아이들에게 자신의 독서 시간을 경영하는 방법을 알려 줘야 한다. 요즘 아이들은 학원과 과제로 많이 바쁘기 때문에 여유 있는 독서 시간을 확보하기가 어렵다. 일단 엄마들은 모든 아이 교육의 기본이 독서에 있음에 공감하고 아이가 충분한 독서 시간을 가질 수 있도록 학원이나 기타 활동을 조정해야 한다. 절대적인 시간이 없는데 아이들이 독서하기를 원하는 것은 무리한 요구일 수 있다.

또 아이들에게 자투리 시간에 활용할 수 있는 독서 방법을 안내해야 한다. 보통 아이들은 삼십분 이상의 시간이 있어야 책을 읽을 수 있다고 생각한다. 나는 아이들에게 틈틈이 하는 독서 방법을 소개한다.

"독서는 짧은 시간을 활용해서 할 수 있단다. 쉬는 시간, 점심시간에 5~10분씩만 읽으면 따로 독서 시간을 내지 않고도 하루에 책 한 권을 읽을 수 있어. 우리 한 번 해 볼까?"

처음엔 반신반의하며 시작한 짧은 독서 시간으로 우리 반 아이들은 일주일 후 놀라운 경험을 했다. 유형이는 따로 시간을 내지 않았는데도 책을 2권을 읽었다며 신기해 했고 학원 때문에 시간이 없다고 불평불만을 했던 서연이는 시간만 잘 활용하면 책을 읽을 수 있다는 것을 알았다며 핑계를 댔던 자신을 반성했다.

또 자투리 시간을 활용할 수 있는 나만의 방법을 이야기해 주기도 한다. 특히 내가 요즘 활용하고 있는 e-book에 대해 이야기하면 아이들은 새로운 세계를 만난 듯 너무나 신기해 한다. 또 차로 운전하면서 e-book의 듣기 기능을 활용하는 것, 잠깐 시간이 날 때 핸드폰을 활용해 e-book을 읽고 있다는 경험을 이야기하면 아이들은 자연스럽게 독서가 큰 시간을 확보해서 하는 것이 아니라 조금씩 읽어도 충분하다는 생각을 하게 된다.

이렇게 기본적인 것부터 구체적으로 가르쳐 줘야 한다. 독서 시간을 경영할 줄만 안다면 독서가 충분히 가능하다는 것을 알려 주는 것도 아이들의 독서를 도울 수 있다.

셋째, 아이들에게 독서하는 방법을 알려 줘야 한다. 실제로 독서하는 방법을 몰라서 못하는 아이들이 꽤 많다. 우선 정독, 통독, 속독 등의 다양한 읽기 방법에 대해서 안내해야 한다. 우리가 보통 학교에서 배우는 방법은 정독이다. 하지만 목적에 따라, 상황에 따라 통독을 할 수도 있고 속독, 발췌독을 할 수도 있다.

정독을 하면서 그 책의 내용을 자세히 파악할 수 있고 통독을 하면 자세한 내용은 아니지만 대강의 이미지를 머리에 그리며 줄거리를 파악할 수 있다. 또 속독을 통해 빠른 시간 내에 책의 메시지를 알 수 있다. 그런 경험을 통해 아이들은 앞으로 책을 읽을 때 상황과 목적에 맞게 스스로 읽기 방법을 선택하여 자유자재로 읽어나갈 수 있게 될 것이다.

또 이렇게 다양한 독서법으로 아이가 실제로 책을 읽어 보는 실습 시간을 가져 보자. 아이들은 다양한 방법으로 읽으면서 각각 다른 느낌과 배움을 얻게 될 것이다.

아이가 정독에 대한 부담감에서 벗어나 필요에 맞춰 독서 방식을 결정할 수 있다는 것은 앞으로 지속적으로 독서하는 삶을 영위해 나가기 위해 중요한 일이라 할 수 있다.

마지막으로 아이의 독서 후 활동에 대한 지도가 필요하다. 책을 읽고 그냥 덮는다면 배움이 일어나려다 말게 된다. 뭔가 글로 흔적을 남기고 다른 사람과 이야기한다면 그 배움의 크기는 더욱 커질 것이다. 독서를 하면서 다른 사람과 이야기하면 자신의 생각 하나가 다른 누군가의 생각 하나와 합쳐져 두 배 혹은 세 배로 커질 수 있다. 독후 활동은 그나마 독서 전, 중, 후 활동 중 가장 많이 지도되는 부분이지만 아직도 '독서록'이라는 한 가지 방법에 너무 편중되어 있다. 보다 다양한 독후 활동에 대한 지도가 필요하다.

평생을 살며 가장 지속적이고 삶에 영향력 있는 활동을 꼽으라고 한다면 단연 '독서'일 것이다. 가장 중요한 것은 기본에 대한 교육이다. 그 기본이 독서에 있다. 엄마가 적극적으로 아이들에게 독서에 대해 지도해야 할 때다.

# 딱 한 권만 제대로 읽혀라

나는 새로 반을 배정받을 때마다 우리 반 아이들이 일 년 동안 많은 성장을 이루길 누구보다 바란다. 이런 바람으로 몇 가지 성장 목표를 세우는데 그 중 학년에 상관없이 늘 목표로 세우는 것이 독서 습관 형성이다. 그래서 아침 활동을 독서로 하고 자주 독서에 대한 이야기를 한다. 아이들과 틈날 때마다 함께 도서관에 가서 활동에 필요한 자료도 찾고 자율적으로 책을 읽는 시간을 갖기도 한다.

도서관에 가서 아이들에게 원하는 책을 골라오라고 하면 평소 도서관에 자주 다녀서 어느 구역에 자기가 원하는 책들이 모여 있는지 아는 아이들은 헤맬 것도 없이 읽고 싶은 책을 빠르게 골라 자리에 앉는다. 하지만 도서관에 자주 가지 않아 장서 배치 규칙도 모르고 내가 원하는 것이 어떤 책인지도 모르는 아이들이 가는 곳은 여지없이 정해져 있다. 과학 잡지 코너 혹은 학습만화책 코너다. 아니면 대충 얇은 책을 고른다.

이 아이들은 독서를 지속하기 어려운 치명적인 문제를 가지고 있는데, 바로 독서에 대한 흥미가 없다는 것이다. 책을 읽는 즐거움을 느낀 경험이 없기 때문에 독서 시간을 이해하고 느끼려는 목적이 아니라 대충 시간 때우기, 지루한 시간, 독서록을 쓰기 위한 전단계로서의 과제 정도로 여기게 된다. 이 아이들은 선생님이 독서하라고 준 시간을 어떻게든 보내야 하니 그나마 그림이 많아 읽기 쉽고 재미있는 잡지나 얇은 책, 만화책에 손을 뻗게 된다. 독서는 평생을 즐기면서 하는 활동인데 재미를 느낄 만한 한 권을 만나지 못해서 제대로 된 독서를 하지 못하다니 참 안타깝다.

이런 안타까운 현상은 독서를 질이 아닌 '양'에 치중하여 지도했을 때 주로 나타난다. '독서록을 몇 편 썼는지'로 독서를 잘하고 있는지 판단하고 '도서관에서 몇 권을 대출했는지'로 '다대출상'을 주는 독서 문화에서 아이들이 얇은 책과 만화책을 찾아 읽는 건 어쩌면 당연한 결과일지 모른다. 엄마들은 하루에 한 권, 일주일에 다섯 권을 목표로 하라고 아이들에게 강요한다. 이러면 아이들의 초점은 나를 위한 책이 아니라 최대한 빨리 읽을 수 있는 책, 쉽게 읽을 수 있는 책에 맞춰질 수밖에 없다. 아이들을 탓할 것이 아니라 우리의 독서 지도 방식을 돌아볼 일이다.

독서에 재미를 느끼기 위해서 여러 권이 필요하지는 않다. 딱 한 권이면 충분하다. 정말 나의 호기심을 자극하고 상상의 나래를 펴게 하고 꿈을 키워가도록 만들어 주는 단 한 권의 책을 만난다면 아이들은 누가 시키지 않아도 스스로 책을 읽어 나갈 것이다.

'슬로리딩' 방식의 책 읽기가 EBS 〈다큐프라임〉에서 소개된 적이 있다. 슬로리딩은 하루에 한 권, 한 달에 스무 권 이상을 읽는 것이 아니라 양서 한 권을 선정하여 책을 느리게 읽으며 깊이 있게 이해하는 방식이다. 나도 학급에서 5학년 아이들과 함께《독도를 지키는 사람들》이라는 책으로 슬로리딩을 진행했다. 우리는 200쪽인 이 책을 하루에 4쪽 정도씩 3달가량에 걸쳐 읽었다. 처음에는 아이들 각자 처음부터 끝까지 한 번 읽었고 다 읽고 나서 함께 4쪽씩 읽으며 모르는 단어도 사전을 찾아보고 책 속의 장면을 그림이나 만화로 상상해서 그리기도 했다. 또 숙종은 어떤 임금이었는지, 조선과 일본은 어떤 분위기였는지 인터넷을 검색해 보기도 했고 독도의 위치를 사회과부도에서 찾기도 했다. 친구들과 서로 질문해 보는 시간도 가졌고 인물들에 대해 찬반토론을 해 보기도 했다.

아이들이 책과 관련하여 직접 조사하고 경험한 것은 그대로 아이들의 지식과 가치관으로 자리 잡는다. 눈으로만 읽는 것과는 다르다. 스스로 해 본 것은 기억에 오래 남으며 머리에 깊이 새겨진다. 느리게 읽는 시간의 여백 속에서 아이들은 생각을 하게 된다. 그냥 수동적으로 책의 내용을 받아들이는 것이 아니라 그것에 대해 나름대로 생각하고 고민하고 재구성하는 적극적인 사고의 과정을 거치게 되는 것이다. 슬로리딩을 통해 아이들은 책을 깊이 있게 읽는 경험을 했고 반응은 무척 좋았다. 책을 싫어하던 아이들도 눈빛을 반짝이며 책을 찾아 읽는 모습으로 변화되는 것은 교사로서 뿌듯한 경험이었다.

한 권의 책을 깊이 있게 읽으면 양적인 독서를 할 때와는 다른 만족감을 얻게 되고 깨달음을 갖게 된다. 또한 한 권의 책에 푹 빠져 그책에 애정을 갖게 된다. 책에 나온 장소에 직접 가서 그 곳의 분위기를 느끼고 그곳에서 할 수 있는 것들을 체험한다면 아이들이 그 책을 좋아하지 않을 수 있을까? 한 권의 책에 갖게 되는 긍정적인 생각과 새로운 시각은 다른 책으로 전이될 수 있는 가능성이 높다. 한 권의책에도 빠진 적이 없는 아이는 다른 어떤 책에도 빠지기 어렵다. 아이 스스로 한 권의 책을 탐구할 수 있는 과정이 아이를 자연스럽게 책을 찾아 읽을 줄 아는 독서광으로 만들어 줄 것이다.

'두꺼운 책 읽기'도 같은 맥락에서 질적인 독서를 위한 좋은 방법이될 수 있다. 강백향의 《초등 공부에 날개를 단다》에서는 두꺼운 책의 정의를 자기 수준에서 지금 읽는 책보다 조금 더 두꺼운 책, 조금 더 수준 높은 책이라고 하고 있다. 두꺼운 책을 읽는 것은 아이들에게 읽고 났을 때의 성취감과 만족감을 줄 수 있다. 슬로리딩과 마찬가지로 양적인 독서보다는 한 권을 제대로 읽는 질적 독서에 초점을 맞춘 것으로 두꺼운 책 한 권을 읽으면서 생각도 깊어지고 독서의 즐거움을 경험한다. 또 읽기 능력을 향상시켜 주며 이제 다른 두껍고 어려운 책도 읽을 수 있다는 도전의식을 심어 주기도 한다.

나도 고등학생 때 국어 선생님의 추천으로 박경리의 《토지》를 읽었다. 토지는 총 스무 권으로 구성되어 있는 장편 소설이다. 평소 책을 좋아하던 나지만 스무 권이라니, 처음에는 읽을 엄두가 나지 않고 겁이 났다. 도전으로 시작한 책읽기는 꽤 오랜 시간이 걸렸지만 결국 읽어냈고 마지막 장을 읽고 났을 때의 쾌감은 말로 표현하기 어려웠다. 책을 읽으며 일제강점기에 대해 깊이 생각을 해 보고 모르는 단어는 찾아 봤다. 실제 부모님과 방학에 하동에 여행을 가서 경남 하동군 평사리와 용정을 직접 눈으로 확인하기도 했다. 최 참판댁의 물레방아를 보며 책 속의 장면이 떠오르기도 했고 장소를 가 보고 잘 기억이 안 나는 장면은 집에 와서 책을 다시 뒤지기도 했다. 이런 책 읽기 과정에서 《토지》는 내가 가장 좋아하는 소설이 되었다.

이렇게 깊이 있게 독서를 한 것과 더불어 내가 한 가지 더 얻은 것이 있다. 더 이상 두꺼운 책, 어려운 책에 대한 두려움을 가지지 않게 되었고 책을 읽는 즐거움이 더욱 커지게 된 것이다. 아무리 어려운 책이라도 나만의 속도로 진지하게 읽어나가면 반드시 끝까지 읽을 수 있고 이해할 수 있다는 자신감이 생겼다. 또 포기하지 않고 끝까지 읽는 인내가 생겼고 두꺼운 책을 읽기 위해 틈틈이 짧은 시간도 독서로 활용하는 좋은 습관이 생겼다. 제대로 된 한 권의 책읽기로 독서 습관뿐만 아니라 내 삶의 방식까지 변화한 것이다.

책을 읽을 때 아이들이 읽는 책의 두께는 제각각이다. 얇은 책을 읽고 '나는 책 한 권을 읽었다'는 양적인 측면에서 만족을 느끼려는 아이들은 평소 자극적인 활동을 즐기며 참을성이 부족한 성향일 때가 많다. 하지만 두꺼운 책을 읽는 아이들은 다르다. 그런 아이들은 어떤 상황에서도 잘 참으며 사고의 깊이가 다른 아이들보다 깊다. 이런 아이들에게는 책의 두께가 책을 고르는 기준이 되지 않는다. 비록 책이 두껍더라도 도전해 보고자 하는 마음과 읽을 수 있다는 자신감을 가지고 읽기 시작하여 끝까지 읽어냄으로써 성취감을 맛볼 줄 안다. 슬로리딩과 마찬가지로 성취감을 느껴본 아이들은 다른 책으로 전이될 가능성이 크다. 다른 두꺼운 책에도 호기심이 생길 것이고, 두꺼운 책 안에서 배움이 더 크고 깊다는 것을 알기에 두껍고 수준이 조금은 높은 책을 읽는 활동을 많이 하게 될 것이다.

양적 독서와 질적 독서 모두 의미가 있고 아이들에게 도움이 되는 독서 방식이다. 하지만 요즘에는 너무 양적인 독서에 치중하여 독서 지도를 하고 있는 것은 아닌지 우려가 된다. 아이들은 자신이 원하는 것이고 재미있는 일이라면 스스로 움직인다. 아이들의 독서 습관을 길러 주려면 아이들이 책을 재미있게 느끼고 책을 읽고 싶어하도록 만들어 주면 된다. 책 한 권을 깊이 있게 읽는 경험으로 아이들은 책의 재미에 빠질 수 있고, 책을 읽으며 탐구하고 사고하는 것을 즐기게 될 것이다. 그러니 딱 한 권만 제대로 읽히자.

# 엄마부터 제대로 된 독서를 실천하라

　나는 평소 어린이도서관에 종종 들른다. 가서 우리 반 아이들에게 읽어줄 책을 고르곤 하는데 어느 날 우연히 유아열람실에 갔다가 깜짝 놀랐다. 태어난 지 얼마 안 된 아이들부터 읽을 수 있는 그림책들이 서가에 아주 많이 꽂혀 있었다. 또 어린 아이들이 편안히 읽을 수 있게 좌식 탁자와 푹신한 소파 등도 배치되어 있었고 내부에 아이들을 위한 소형변기와 세면대가 있는 화장실 등이 편리하게 구비되어 있었다.

　그 곳에는 많은 엄마들이 책과 함께 시작하는 내 아이의 밝은 미래를 꿈꾸며 열심히 책을 읽어 주고 있었다. 엄마들은 아이들과 함께 책장을 돌아다니며 아이들이 읽고 싶어 하는 책을 골라, 역할과 분위기에 따라 목소리도 바꾸고 그림과 내용에 대한 부수적인 설명을 곁들이며 최선을 다하고 있었다. 이 시기의 아이들은 워낙 주의 집중 시간이 짧은지라 기대만큼 오래 앉아 있지는 못하지만 그래도 엄마의 정성은 아이를 조금이라도 더 책에 오래 머무르게 했다. 하지만 모든 엄마들이 그런 모습을 보이는 것은 아니었다. 일부 엄마들은 아이들 옆에 책을 몇 권 갖다 주고는 핸드폰으로 문자를 보내거나 서핑을 하고 있었다. 아이들은 그런 엄마를 보면서 어떤 생각을 할까? 또 무엇을 배우게 될까?

아이들, 특히 고학년은 마음속에 있는 스트레스와 고민을 해소할 시간이 필요하다. 그래서 나는 학급에서 학기당 두 번 정도 고민을 함께 나누는 시간을 갖는다. 물론 익명으로 진행한다. 아이들은 자기 고민이 아닌데도 비슷한 고민을 하고 있는 친구들이 있음에 신기해 하기도 하고 생각지 못한 현명한 해결 방법을 내놓기도 한다. 말하면서 마음 속 감정들이 갑자기 쏟아져 나와 우는 아이들도 있다. 이야기가 진행될수록 표정이 밝아지는 것을 보면 긍정적인 효과가 있는 것 같아 보람이 있다.

이 활동을 할 때 부모들에 대한 불만을 이야기할 때가 많은데, 가장 많이 나오는 것이 '공부'와 '스마트폰'에 대한 것이다. 아이들은, 엄마는 드라마를 보고 아빠는 야구를 보고 있으면서 자신들에게는 "숙제해라", "책 읽어라", "공부해라"라고 말하는 것을 납득하지 못한다. 또 엄마는 동네 아줌마들과 핸드폰으로 단체 채팅을 하고 게임을 하면서 아이들에게 스마트폰을 사용하지 못하게 하고 사용 시간을 제한하려 하니 아이들은 이해가 안 되고 엄마에게 불만만 쌓여가는 것이다. 아이들은 이 주제에 대해 이야기가 나오면 진정시키기가 어려울 정도로 공감의 말을 많이 주고받는다. 아이들이 어릴 때는 엄마와 아빠가 이거해라 저거해라 하는 것이 통할지 모르지만 생각의 나무가 자라나면서 엄마와 아빠의 모습에서 잘못된 점을 찾기도 하고 "엄마도 안하면서 왜 나한테만 시켜?"라고 하며 거부하게 된다.

그동안 현장에서 만난 고학년 학생들은 사춘기에 접어들면서 친구와의 관계를 점점 중요시하게 되는 반면 어른들, 특히 엄마에게 불만이 많아진다. 또 점점 논리적 사고력이 발달하면서 비판적 말하기를 할 수 있게 된다. 어른의 어떤 말이나 상황에 대해 부당하다는 생각을 하게 되고 나름의 논리로 반박하기도 한다. 그래서 이 시기의 아이들에게는 논리적으로 근거를 들어 설득하는 과정이 필요해진다.

나도 담임으로서 아이들을 지도할 때 처음엔 "이렇게 하자.", "이렇게 해!"라고 말했다. 하지만 아이들은 따라오는 것 같으면서도 변화가 크지 않았고 어떤 때엔 이해가 안 된다는 표정을 짓곤 했다. 그때 느꼈다. 아이들은 논리적인 설득이 있어야 변화한다는 것을. 그래서 이제는 그 행동을 해야 하는 이유에 대해 설명하고 납득시키는 것에 초점을 맞춘다. 그리고 아이들에게 설득력이 없는 말이나 행동은 아예 안하려 노력한다. 아이들이 높은 수준의 사고력과 판단력을 가지기 시작한다는 것은 아이가 발전하고 있는 것이니 환영할 일이지만 어찌 보면 어른으로서의 책임과 역할이 무거워지는 것일 수도 있다. 아이들에게 엄마는 읽지 않는 책을 읽으라고 하는 것은 설득력이 없다.

저학년 아이들도 다르지 않다. 비판적인 사고력은 아직 미흡할지라도 분명 엄마 아빠의 모습을 무의식적으로 기억하게 된다. 집에 가면 부모가 책을 읽으며 열심히 배움을 실천하고 있다면 아이들은 그 모습을 자연스럽게 받아들일 것이다. 부모가 늦게 자고 늦게 일어나는 패턴의 생활을 하고 있다면 아이들도 그대로 따라하게 되지 않을까? 또 부모가 폭력적인 행동이나 욕설을 쉽게 한다면 아이도 비슷해진다. 이런 모습들은 사실 가정 밖으로 나왔을 때, 특히 학교에서 여러 가지 현상들로 드러나게 된다. 아이들은 엄마, 아빠의 거울임이 분명하다.

다시 처음의 이야기로 돌아가 보자. 도서관에서 아이들은 자신에게는 책을 읽으라고 하면서 본인은 핸드폰만 만지고 있는 엄마 옆에서 책을 읽고 싶은 욕구가 생기기는 쉽지 않다. 엄마는 아이들을 위해 책을 사 주고 도서관에 데려다 주는 것으로 역할이 끝나는 것이 절대 아니다. 중요한 것은 아이들에게 모범을 보이는 것이다. 책을 읽으라고 말할 필요도 없다. 부모가 열심히 독서하고 생각하는 모습을 아이 앞에서 자주 보여준다면 아이들은 그것을 자연스럽게 받아들이고 당연한 것으로 여기게 된다. 교육은 억지로 하게 하는 것이 아니라 할 수 있도록 분위기를 만들어주는 것이 최고의 방법이다. 무엇보다 중요한 것은 가정의 '책 읽는 문화'다. 말과 행동이 다른 엄마는 결국 아이들에게 어떤 설득도 할 수 없게 될 것이다.

우리나라 미취학 아이들의 책 읽는 양은 세계 최고 수준이지만 나이가 들수록 급격히 줄어든다. 문화체육관광부가 2년마다 시행하는 '국민 독서실태 조사' 결과를 살펴보면, 2017년 발표 기준 연간 학생 독서량은 종이책 기준으로 28.6권인데 반해 성인은 8.3권이며 성인 10명 중 3.7명 정도가 1년 동안 단 한 권의 책도 읽지 않는다고 한다. 평생 독서하는 사람으로서 내 아이와 소통하며 배움을 지속해나가는 엄마가 아니라, 학생 때의 독서로 끝나버리는 우리나라의 현실이 안타깝다.

아이들은 시각적인 자극에 약하고 환경의 영향을 많이 받는다. 아이들을 책 읽는 아이로 만들 수 있는 것은 바로 가정의 독서문화다. 엄마와 함께 아이들이 책과 노니는 가정으로 거듭나길 바란다. 아이에게 최고의 멘토는 엄마임을 잊지 말자.

# 배경지식이 학습에 흥미와 관심을 높인다

몇 년 전 5학년의 음악을 전담한 적이 있다. 음악은 가창, 기악, 감상 영역으로 나뉘어져 있는데 그 중 활동 위주인 가창, 기악 수업은 아이들이 좋아하고 참여도도 높아 수업하기 수월하다. 하지만 감상 활동의 경우 아이들이 어렵고 낯설게 느끼는 클래식이나 국악이 대부분이라 들려 주다 보면 어느새 아이들은 지루함에 몸을 비틀기 시작한다. 교사로서 가장 힘든 순간이라 할 수 있다.

지루해 하는 아이들을 보기가 괴로워 음악 관련 연수도 듣고 관련 책도 보며 어떻게 하면 아이들이 재미있게 감상 수업에 참여할 수 있을까 고민해 보았다. 그 과정에서 음악가에 대한 배경지식을 습득하게 되었고 같은 클래식 음악도 보다 깊이있게 이해하며 듣게 되었다. 나는 이 경험을 아이들을 가르칠 때 그대로 사용했다.

우선 아이들에게 클래식 음악을 듣기 전 작곡가가 살았던 시대의 상황을 들려 주었다. 그리고 작곡가가 어떤 성향을 가졌는지 어떤 일을 겪고 있을 때 만든 곡인지 등 배경지식을 알려 주었다. 그러자 아이들은 눈에 띄게 집중하며 그 곡에 몰입했다. 나아가 작곡가의 입장을 생각하며 감상하는 모습을 보이기도 했다. 너무 재미있었다고 이야기하는 아이들이 생겼다. 작곡가와 곡의 배경에 대해 아는 순간 아이들에게 더 이상 클래식은 지루한 곡이 아닌 것이다.

아이들의 배배 꼬던 몸을 풀어 준 배경지식이란 무엇일까? '배경지식'은 수업을 통해 얻는 지식뿐만 아니라 평소에 보고 들어서 아는 모든 것들을 말한다. 수업 시간에 배경지식은 더할 나위 없이 중요한 요소이다. 배경지식을 얼마나 가지고 있느냐는 수업 시간의 흥미와 관심 정도를 결정하기 때문이다. 특히 직접 경험은 아이들에게 배경지식으로서 수업 시간에 큰 힘을 발휘한다.

사회 시간, '촌락'에 대해 배울 때 촌락에 사시는 할머니 댁에 가서 농기구도 만져보고 개울가에서 개구리를 잡으며 논 적이 있는 아이들은 촌락의 시설이나 불편한 점에 대해 눈을 반짝이며 듣고 자신의 경험을 이야기한다. 하지만 촌락에 한 번도 가본 적이 없는 아이들은 촌락에 대해 깊이 있게 이해하지 못할 뿐만 아니라 관심조차 없어서 눈이 자꾸 딴 데를 향한다.

실과 시간에 '애완동물 기르기'에 대한 내용이 나올 때에도 애완동물을 기르지 않는 아이들은 무덤덤하게 듣는 반면 기르고 있거나 길러본 적이 있는 아이들은 몸을 앞으로 내밀고 자기가 애완동물을 기르면서 겪었던 에피소드를 말하며 수업에 적극적으로 참여한다.

이처럼 수업 시간에 아이들의 참여도는 직접 경험에 의해 좌우된다고 할 수 있다. 하지만 모든 것을 직접 경험하기에는 현실적으로 한계가 있다. 그렇다면 차선책은 무엇일까? '책'이다. 책을 통해 이를 극복할 수 있다.

독서를 하면 책을 쓴 사람의 경험과 지식을 책이라는 매개체를 통해 간접적으로 경험할 수 있다. 직접적인 경험은 시간과 공간의 한계를 가지지만 책을 통한 간접 경험은 한계가 없다. 직립보행을 시작하는 원시시대부터 미래사회의 일까지 책을 통해 경험해 볼 수 있다. 또 바다나 우주에 대한 지식도 직접 가서 경험할 필요 없이 책을 통해 쉽게 얻을 수 있다. 이렇게 짧은 시간과 적은 비용으로 배경지식을 얻을 수 있는 방법이 또 있을까?

책을 통해 갖게 된 배경지식은 아이들에게 커다란 힘이 되어 주고 자신감을 심어 주기도 한다. 아이들의 자신감은 눈빛에서 나타나며 태도에서 보인다. 내가 일주일 전 읽은 책의 내용이 수업 시간에 나오면 반갑기도 하고 관심을 더 가질 수밖에 없는 것이다. 자신의 이야기를 하기 좋아하는 초등학생의 경우 특히 내가 아는 것이 나오면 일단 손을 들고 발표하려 한다. 발표하고 수업에 참여하는 것은 당연히 학습 성취로 이어진다. 또한 수업의 흥미와 관심에 따라 수업을 통해 얻을 수 있는 지식의 양이 달라진다. 배경지식이 중요한 이유다.

어느 날 4학년 과학 수업 시간에 꽃과 열매에 대한 내용이 나왔다. 교과서 내용보다 조금 더 가르쳐주고 싶어 암술과 수술, 그리고 꽃가루에 대해 설명하기 시작했다. 그리고 꽃가루가 옮겨지는 과정에 대해 이야기를 시작하자 기태가 '수분'이라는 단어를 말했다. 과학은 선행학습이 이루어지는 과목이 아니기 때문에 어떻게 그 단어를 아는지 궁금하여 물었더니 책에서 읽었다고 했다.

다른 아이들에게는 처음 듣는 이야기라 낯설고 어렵게 느껴졌을 수도 있다. 하지만 책에서 이미 정보를 얻은 상태였던 기태에게는 수업이 더 흥미로웠을 것이고 책의 내용을 정확하게 다시 한 번 확인할 수 있는 기회가 됐을 것이다. 또한 단편적으로 머릿속에 떠다니던 지식들이 하나로 연결될 수 있는 수업이었을 것이다. 실제로 그 일이 있던 날 기태는 과학 배움노트에 내가 부수적으로 설명한 부분의 내용까지 정확히 정리했다. 이것은 책으로 인해 형성된 배경지식이 얼마나 아이의 학습과 태도에 영향을 주는지를 잘 보여준다.


아이들의 배경지식에 의해 관심과 흥미가 가장 많이 좌우되는 과목은 사회이다. 특히 5, 6학년에서 다루는 역사의 경우 배경지식이 있는 아이와 없는 아이의 참여도는 확연히 달라진다.

주말에 부모와 경주에 다녀온 아이는 신라의 유물과 유적지 사진이 자기가 보고 들은 곳이니 당연히 관심이 갈 것이다. 또 우리나라 역사책을 한 번이라도 읽은 아이들은 수업 시간에 나오는 단어들이 낯설지 않아 다른 아이들보다 좀 더 친근하게 배울 수 있을 것이다.

책을 읽을 땐 엉성하게 단어로 기억에 남아있던 정보들은 수업 시간에 교사의 설명과 활동으로 연결되어 유의미한 지식이 된다. 배경지식이 없는 아이들은 절대 느낄 수 없는 배움의 기쁨을 이 아이들은 경험하게 되는 것이다.

아는 만큼 보인다. 그리고 아는 만큼 들린다. 배경지식이 많을수록 수업에 흥미가 생기고 집중하게 되는 것은 당연한 일이다. 특히 초등학생들은 자신이 알고 있는 것에서 학습이 시작된다고 해도 과언이 아니다. 초등학생들은 아는 것부터, 경험해 본 것부터 일단 관심을 갖는다. 이를 충분히 활용한다면 아이들의 수업 태도를 적극적이고 능동적으로 만들 수 있다. 아이들의 경험을 가장 빠르게 늘려줄 수 있는 방법이 바로 독서다. 독서로 아이들이 직접 경험하지 못하는 것까지 경험하고 학습에서 자신감을 얻을 수 있도록 도와주자.

# 아이의 수준을 고려한 책 선정을 하라

교대 시절 교육학 교수님이 우리에게 한 학기동안 할 과제를 내주셨다. 과제는 어린이 도서관에 가서 어린이 책 100권을 읽고 독서 감상문으로 정리해 오는 것이었다. 대학생에게 초등학생들 책을 100권이나 읽고 오라니, 처음에는 한숨이 나왔지만 어쩔 수 없이 읽기 시작했다. 많이 읽다보니 좋은 책, 별로 도움이 되지 않는 책이 구분이 되기 시작했다. 아이들 책 중에 어른에게 시사하는 바가 큰 책도 많았다.

과제를 하면서 아무 책이나 읽고 싶지 않아 학년별 권장 도서, 필독 도서 목록 중에 찾아 읽었다. 그런데 여러 곳에서 추천하는 책임에도 왜 추천받았을까 싶은 엉성한 책이 섞여 있었다. 한 출판사에서만 유난히 여러 권이 추천된 것도 투명한 절차를 거친 것인지 미심쩍었다.

조금 어려운 느낌이 드는 내용인데 5, 6학년 군이 아닌 3, 4학년 군에 추천되어 있어 고개를 갸우뚱하게 만드는 책들도 있었고 책의 내용에 주관적인 판단이 많아 아이들을 혼란스럽게 하지는 않을지 걱정스러운 책들도 있었다. '추천 도서, 필독 도서가 다 좋은 것도 아니고 모두에게 유익한 것은 아니겠구나.' 하는 생각을 했다.

인터넷서점에 들어가면 학년별로 도서가 정리되어 있고 학년 군(저학년, 중학년, 고학년) 별로도 추천 도서가 있다. 이런 도서를 10권, 15권씩 세트로 묶어서 판매하기도 한다. 엄마들은 보통 아이들의 책을 고를 때 이런 것들을 참고해서 구입한다.

엄마들이 책을 고를 때 많이 참고하는 또 한 가지가 바로 매년 나오는 학년별 필독 도서, 권장 도서 목록이다. 그런데 이 필독 도서, 권장 도서를 절대적으로 믿을 수 있을까? 그 도서들이 내 아이에게 감흥을 주고 교훈을 안겨 줄까?

필독 도서, 권장 도서들은 대체로 좋은 책들이고 아이들에게 도움이 될 만한 내용일 가능성이 크다. 하지만 그것에 대해 지나친 믿음을 갖는 것은 위험할 수 있다. 외부기관에서 정한 도서 목록들은 책 선정의 절대적인 기준이 아니라 참고자료 정도여야 한다. 교과서 수록 도서도 읽을 만한 가치는 충분하지만 아이가 그 수준에 못 미친다면 억지로 읽을 필요 없다.

책 선정의 기준은 내 아이여야 한다. 내 아이가 읽을 책인데 다른 사람의 기준으로 정해진 것을 그대로 적용하는 것은 어불성설이다. 내 아이가 외부의 잣대에 꼭 맞기는 어렵다. 아이마다 흥미 있는 분야가 다르고 독해 능력이 다르다. 이렇게 다양한 아이의 상황에 맞게 아이를 가장 잘 아는 엄마가 옆에서 도와주는 것이 최선이다.

내가 학급에서 매년 독서 장려를 위해 시행하는 '독서 릴레이'의 목적은 아이들이 함께 책 읽는 문화를 만들고 친구들과 공유하면서 재미있게 책을 읽자는 데에 있다. 이때 책 목록은 권장 도서, 추천 도서, 교과서 수록 도서를 참고하여 직접 도서관과 서점을 오가며 아이들에게 필요한 내용들을 어느 한쪽 분야에 편중되지 않게 선정한다.

읽기 수준이 고른 학급의 아이들에게 시행할 때는 큰 어려움 없이 운영되며, 아이들이 참 즐겁게 돌려 읽는다. 아이들은 매번 어떤 책을 읽어야 할지 고민하지 않아도 돼서 만족스러워 했고 학부모들은 아이들이 좋아하는 분야의 책만 읽지 않고 다양하게 읽을 수 있어 좋아했다. 하지만 문제는 읽기 능력이 고르지 않은 학급 아이들의 격차였다.

학급에 엄마의 부재로 어릴 때 적절한 교육이 제때 이루어지지 않아 언어 발달이 늦은 정빈이가 있었다. 그 아이가 책의 내용을 거의 이해하지 못한다는 것은 독서록을 보고 알 수 있었다. 숙제라 쓰긴 써야 하니 앞부분에서 기억나는 몇 개의 문장을 대충 쓰긴 했지만 앞뒤가 맞지 않았고 책의 내용이 제대로 담겨 있지 않았다. 또 책을 읽고 있을 때 아이가 집중을 전혀 하지 못하고 읽다가 허공을 보거나 손장난을 하는 모습이 자주 보였다.

처음에는 수준이 높아 어렵더라도 친구들과 함께 읽으면서 흥미도 생기고 더 열심히 해 보고 싶은 마음이 들 수 있을 것이라 생각해 한 달을 지속했다. 하지만 나는 결국 독서릴레이가 아이에게 도움이 되지 않고 오히려 자신감만 더 떨어트릴 수 있다고 판단했다. 그래서 정빈이 아버지께 전화했다.

"아버님, 학급에서 진행되는 도서와 상관없이 정빈이가 읽을 수 있는 책을 읽고 독서록을 쓰는 것이 좋겠어요."

그렇게 아버지와의 통화 후 아이의 독서록은 달라졌다. 3학년임에도 1학년 수준의 쉬운 책을 읽었지만 전과 다르게 책의 내용을 완전히 이해하고 독서록을 썼다. 또 짧지만 책에 대한 생각까지 정리했다. 생각을 글로 표현하지 못하는 것이 아니라 수준에 안 맞는 책을 수용하는 것이 어려웠던 것임이 확인됐다. 물론 아침 자습 시간에 책을 읽을 때도 훨씬 집중을 잘하게 되었다.

교사가 세심하게 아이들 하나하나의 특성을 파악하고 그들에게 필요한 책을 때마다 추천해 주고 다음 독서를 이어나갈 수 있게 소통하고 도와주면 참 좋겠지만, 현실적으로 학급당 25명 전후의 아이들 모두의 수준을 고려하여 개별 지도하기는 어려운 일이다.

그래서 지금 내 아이에게 필요한 덕목이 무엇인지, 무엇에 호기심을 가지고 있는지, 어떤 분야의 책을 잘 안 읽는지 등에 대해 파악하여 보완해 주고 아이를 발전시켜 줄 수 있는 책을 선정해 권하는 것은 학교가 아니라 가정의 몫이다.

엄마가 내 아이의 수준을 정확히 파악하기 어렵다면 좋은 방법이 있다. 아이들을 서점이나 도서관에 데려가서 직접 읽을 만한 책을 고르게 하는 것이다. 아이들은 정확히 내 독서 단계가 이렇다고 알지는 못하지만 직관적으로 자신이 이해 가능한 책을 고를 수는 있다. 혹은 책 앞부분의 목차를 보고 흥미로워 보이는 한 꼭지만 골라 읽어 보도록 하면 아이의 필요에 맞는 책인지 금방 감을 잡을 수 있다.

모르는 단어가 너무 많이 섞여 있어서 읽는 속도가 잘 나지 않는다든지, 너무 쉬워서 읽고 싶은 도전 의식이 전혀 생기지 않는다면 자연히 다른 책으로 관심이 옮겨질 것이다. 이 때 좋아하는 특정 분야로만 책 선정이 편중되지 않게 엄마가 동기부여만 잘 해주면 된다.

맞지 않는 옷은 몸을 가릴 수는 있지만 하루 종일 우리를 불편하게 한다. 우리 몸에 잘 맞는 옷을 입었을 때 우리는 편안함을 느끼게 될 것이고 옷도 진짜 가치를 발휘하게 될 것이다. 요즘은 나이키 운동화도 인터넷을 통해 색깔, 디자인까지 선택해서 내 마음에 쏙 드는 세상에서 하나뿐인 나만의 운동화로 구입할 수 있다. 이런 맞춤 세상에 좋은 책이 이렇게 많고 구하기도 쉬운데 일률적인 기준에 맞춰 아이의 책을 고를 필요 없다.

내 아이를 가장 잘 아는 것은 엄마다. 세심한 관찰로 내 아이의 성향, 성격, 지적 능력, 읽기 수준, 관심 분야, 현재의 심리 상태 등을 종합적으로 고려하여 적시에 필요한 책을 추천해줘야 한다. 맞을 수도 있고 안 맞을 수도 있는 외부 잣대의 확률 게임에 내 아이의 교육을 맡기지 않길 바란다.

# 어릴 때의 독서 습관이 평생 이어진다

《습관의 시작》이라는 책에서 저자 미우라 쇼마는 '습관이란 무의식-의식-무의식의 단계를 거친다'고 했다. 처음에는 어떤 행동을 하는지 안 하는지 조차 전혀 모르는 무의식 상태였다가 '알고 있다'와 '할 수 있다'의 상태인 의식 상태가 된다. 아직 능숙하지 않은 상태다. 그게 발전되면 무의식적으로 하게 되는, '하고 있다'의 습관화 상태가 된다는 것이다. 예로 나온 야구 선수 이치로의 이야기는 매우 흥미로웠다.

"예전에 이치로에게 어떤 타자가 좋은 타자냐고 물어보자 상대 배터리의 공 배합을 잘 읽어 내는 타자가 좋은 타자라고 말했습니다. 그리고 공 배합을 잘 읽어 내면 타율이 좋아지지만, 공 배합을 잘못 읽으면 슬럼프에 빠지게 된다고 했습니다. 하지만 절정기를 맞이한 이치로 선수는 공 배합을 읽고 타격을 한다기보다 자연스럽게 타석에 들어서서 날아온 공을 무의식적으로 쳐 내는 경지에 이른 것처럼 보였습니다. 타격의 숙련도가 높아졌다고도 할 수 있지요. 분명히 절정기의 이치로 선수에게는 슬럼프가 거의 없었습니다. 무의식적인 수준에서 경기를 하는 비율이 높았기 때문입니다."

이처럼 습관은 전혀 모르던 상태에서 의식적으로 행동을 반복하는 노력을 거쳐 무의식적으로 행하는 수준이 된다. 우리가 운전을 할 때도 처음에는 학원에서 알려준 대로 '차에 타면 시동을 걸고 사이드 브레이크를 풀고 기어를 드라이브로 바꾼 뒤 천천히 출발한다.'는 가르침들을 의식적으로 생각하면서 행동을 하게 된다. 하지만 이 행동들이 반복되다 보면 어느새 아무 생각을 하지 않아도 몸이 저절로 그 일련의 행동들을 알아서 해낸다. 무의식인 것이다. 이처럼 행동의 반복은 의식에서 무의식으로 수준을 바꾸게 되고 습관이라는 것을 만들어내는 것이다.

습관은 무의식에 의해 이루어지는 것이기 때문에, 좋은 습관을 깊이 새긴다면 어떤 일을 습관적으로 행할 수 있다. 의식적인 반복은 다음 단계인 무의식으로 이끌어준다. 한 사람의 평생 행동 전반에 영향을 미칠 무의식을 지배하는 것은 다름 아닌 어린 시절의 경험들이다. 어린 시절은 습관 형성의 결정적인 시기라 할 수 있다. 우리는 이것을 잘 이용해야 한다. 어릴 때 좋은 습관을 아이의 무의식에 잘 길러 준다면 평생을 위한 좋은 교육이 될 수 있을 것이다.

어린 시절에 길러야 할 중요한 습관 중에 하나가 바로 독서 습관이다. 독서 교육에 있어서도 습관의 힘은 매우 중요한 문제이며, 어릴 때부터 형성된 독서 습관은 평생에 걸쳐 인생에 영향을 미치게 된다. 어릴 때 책을 읽지 않은 사람이 나이가 들어 어른이 되었을 때 책을 즐겨 읽기는 힘들다.

영국의 경우를 살펴 봐도 어릴 적 독서 습관의 중요성을 가늠해 볼 수 있다. 영국은 1인당 신문 판매 부수가 세계에서 가장 많으며 잡지의 종류도 매우 다양하다. 영국의 아침은 보통 TV나 스마트폰이 아닌 신문을 읽는 활동으로 시작된다. 읽기가 생활화되어 있음을 일상에서 알 수 있다. 영국인의 이런 모습은 어디에서 나온 것일까? 그 답은 그들의 어린 시절로 거슬러 올라간다. 영국은 어릴 때부터 부모들의 책 읽는 모습을 보고 자라왔으며 책 읽기와 관련된 다양한 행사와 교육을 통해 읽기가 습관이 된 상태인 것이다. 어릴 때의 습관은 어른까지 이어지고 다시 엄마로서 아이에게 본이 되어 습관이 대를 잇는다. 우리에게 많은 시사점을 주는 부분이다.

어린 시절의 독서 습관으로 인생 전반을 변화시키고 성공한 사람들의 예는 너무 많다. 대표적인 유명인으로 버락 오바마를 꼽을 수 있다. 그는 어린 시절부터 책을 좋아해 즐겨 읽었고 유색인종이라는 인종차별로 방황하던 상황을 이겨낼 수 있는 힘을 얻었다. 또한 오바마는 대통령 재임 시기에도 독서를 통해 통찰력을 얻었다. 그는 독서가 다른 사람의 입장을 이해하게 해 주며 균형을 이룰 수 있게 도왔다고 회고했다. 윈스턴 처칠 역시 고등학교 때까지 꼴찌 하던 아이였다가 하루 다섯 시간씩 꾸준히 한 독서 덕분에 정치가이자 노벨문학상 수상자가 되었다.

또 미국의 유명한 토크 쇼인 '오프라 윈프리 쇼'를 이끄는 방송인 오프라 윈프리 역시 어린 시절 성폭행과 미혼모의 자녀로서 온갖 어려움을 겪으면서도 독서를 통해 새로운 세계로 도약하고자 노력했던 사람이다. 책을 희망의 문으로 생각하고 꾸준히 읽었던 그녀는 토크쇼에서 책을 권해주는 코너인 북클럽을 시작함으로써 미국의 독서 문화를 이루는 데에 영향력을 행사했으며 지금도 독서를 사랑하는 사람으로 살아가고 있다. 책을 통해 얻은 지식과 감성들이 토크쇼를 진행하는 내적인 힘이 됐음은 당연하다.

우리의 조상 중에 독서를 말할 때 빼놓을 수 없는 인물이 바로 세종대왕이다. 세종대왕은 어린 시절 백독백습(100번 읽고 100번 쓴다)이라는 방법으로 책을 읽으며 배움을 키워갔다. 평생 책을 읽으며 백성을 위하는 일에 힘썼고 결국 한글 창제까지 해낸 것이다. 어린 시절 독서의 힘은 평생 이어진다. 세종대왕에게 독서 습관이 없었다면 결코 성군이 될 수 없었을 것이다.

조선시대의 문장가 김득신도 좋은 예다. 그는 명문 사대부 집에서 태어났지만 어렸을 적 열병을 앓고 바보가 되었다. 그는 이를 이겨내기 위해 책을 10만 번씩 읽는 노력을 하게 된다. 끈기 있게 독서를 한 결과 김득신은 59세라는 늦은 나이에 과거에 급제하고 벼슬길에 올랐으며 당대의 문장가로서 이름을 날리게 된다. 책의 힘은 위대하다.

아이에게 무엇을 남겨줄지 고민하는가? 엄마가 아이에게 물려 줄 수 있는 최고의 선물은 돈이나 부동산 같은 재산이 아니다. 물질적인 부는 한계가 있지만 정신적인 부는 영원하다. 독서를 통해 무장된 정신이 아이의 인생을 진정 풍요롭게 할 수 있다.

아이에게 책을 꾸준히 읽어 주고 특별한 날에 책을 선물하는 것은 어떨까? 내 아이가 휴대폰을 손에 들고 있기를 원하는 엄마는 아마 없을 것이다. 휴대폰 대신 책을 손에 들고 평생 책 읽으며 정신적으로 풍요로운 사람으로 살아갈 수 있게 도와 주자. 그 시작이 어린 시절 습관에 있다. 습관 형성의 결정적 시기를 놓치지 말자.

## 책을 싫어하는 아이, 억지로라도 읽혀야 할까?

책을 싫어하는 아이를 억지로 자리에 앉혀서 책을 읽으라고 하면 아이는 책을 읽을까? 잠깐 책을 보고 있을지 모르지만 지속적인 독서를 기대하기는 어렵다. 물론 억지로 앉아서 읽다가 독서의 즐거움을 느끼게 될 수도 있겠지만 그 가능성은 크지 않다. 억지로 책을 읽게 하는 것은 부모의 눈에 만족과 안도감을 줄 수는 있지만 그 시간을 보내는 아이에게 만족감과 즐거움을 줄 수는 없는 것이다.

아이를 움직이는 것은 언제나 재미다. 그리고 교육의 본질은 강제가 아니라 '자연스러움'이다. 스스로 독서의 즐거움을 깨닫게 하는 것이 중요하다. 그것을 위해 엄마는 책을 읽으라고 강요할 것이 아니라 책의 즐거움을 느낄 수 있는 경험을 만들어주기 위해 애써야 한다. 보이지 않게, 자연스러운 방법으로 말이다.

나는 부모들이 아이의 독서 교육에 대한 접근을 지금과 다르게 해야 한다고 생각한다. 아이는 억지로 가르친다고 끌려오지 않는다. 아이 스스로 느끼고 깨달아야 한다. 그러면 알아서 움직인다. 그렇기 때문에 "이렇게 행동해!"가 아니라 "이렇게 하면 이런 게 좋더라.", "난 이런 것을 느꼈어."라는 식으로 이야기 해주는 것이 효과적이다.

학교에서도 "조용히 책 읽자."라고 하면 원래 책을 좋아하는 아이들은 잘 읽어도 싫어하는 아이들은 집중하지 못한다. 하지만 최근 교사가 읽었던 책을 소개하며 "이 책을 읽으니 이런 반성을 하게 됐다.", "어제 이 책을 읽다가 이 구절은 너희들에게 들려 주고 싶었다." 등의 이야기를 자주 들려 주면 아이들은 그 책이 어떤 책인지 관심을 가지고 같은 책을 사서 읽기도 한다.

엄마가 텔레비전을 끄고 책을 읽는 모습을 보이는 것, 엄마가 책에 대한 생각을 나누는 것, 아이들 수준에 맞는 책을 아이의 동선에 맞게 두는 것, 책장에서 아이 눈높이에 있는 칸에 좋은 책들을 진열해 놓는 것, 주말에 엄마와 백화점 쇼핑이 아닌 서점, 도서관에 가는 것 등은 "책을 읽어라."라는 말보다 훨씬 강력한 힘을 가질 것이다.

말로 이끌려고 하지 말고 행동으로 이끌어야 한다. 아이의 눈부신 변화는 부모의 생각과 행동의 작은 변화에서 시작된다. '뒤에서, 자연스럽게'를 꼭 기억하자!

# 3장

# 평생 공부내공을 키우는
# 초등독서 전략

# 독서 습관은 13세 전에 완성하라

우리나라의 교육열은 참 대단하다. 건물마다 학원이 빼곡히 있고 밤마다 노란색 버스가 기차처럼 줄지어 아이들을 태우고 다닌다. 학부모 간의 대화에서는 학원 이야기와 선생님에 대한 평가도 빠지지 않는다. 어떤 엄마들은 수학은 어느 학원, 영어는 어느 학원이 잘 가르친다는 정보를 줄줄 꿰고 있다. 아이들끼리 모둠 활동 과제를 위해 방과 후에 시간을 정하고자 할 때 학원 시간 때문에 쉽게 시간을 정하지 못하는 일도 비일비재다. 몇 년 전 우리 반 아이가 유명한 학원에 다니기 위해 주말에 광역버스를 타고 혼자 서울 강남으로 학원을 다닌다고 해 참 놀라웠다.

엄마들은 학부모들 간의 온오프라인 커뮤니티들을 통해 아이들 교육에 대한 정보를 얻는다. 태어났을 때는 손가락 발가락 개수를 확인하며 건강하게 태어난 것만으로도 감사하던 마음은 어디가고 아이들이 옆집 누구보다, 같은 반 누구보다 공부를 잘하길 원하는 욕심을 부린다. 문제는 엄마들 사이의 정보는 만나는 사람들이 한정되어 있으므로 편향된 정보일 수 있다는 것이다. 실제 잘못된 기준을 갖게 하는 경우도 있다. 예를 들어 '초등학교 입학 전에는 한글을 떼야 한다.', '4학년쯤 되면서부터 교과서 수준이 높아지니 학원을 보내야 한다.' 등의 꼭 해야 하는 교육 활동을 정해놓고 거기에 맞추려 한다. 아이들은 개개인마다 성격, 흥미, 적성 등이 모두 다르다. 그러므로 이런 태도는 자칫 아이들의 흥미를 떨어트리고 반발심을 일으킬 수 있다.

아이들이 언제까지 뭘 해야 한다는 식의 기준은 많이들 세우면서 정작 아이들의 현재와 미래에 가장 큰 영향을 미칠 수 있는 '독서'에 대해서 기준을 세우는 엄마는 많지 않다. 독서를 통해 아이의 뇌가 변한다는 여러 연구 결과가 있다. 반대로 뇌의 발달이 점점 발전되는 독서를 가능하게 하기도 한다. 아이들의 뇌 발달 단계에 맞춘다면 좀 더 효율적이고 체계적으로 독서 지도를 할 수 있다.

### 연령별로 보는 아이의 두뇌 발달

0~3세는 두뇌 발달의 가장 중요한 시기이다. 성인 뇌의 1/4크기이던 신생아의 뇌가 3년 만에 3배 정도의 크기로 성장하며 전체 뇌신경 네트워크의 약 80%가 완성된다. 뇌세포가 가장 많이 늘어나는 시기로 체험과 자극에 의해 뇌 발달이 활발히 이루어지게 된다. 뉴런을 연결하는 시냅스가 급격히 증가하는 시기이기도 하다.

이 때 매일 엄마가 책을 읽어줌으로써 아이의 뇌는 자극받을 수 있다. 헝겊 책, 플립북 등 다양한 책을 보고 만져볼 수 있게 하여 오감을 통해 자극을 받아들일 수 있도록 독서를 진행한다면 아이의 뇌 발달을 촉진할 수 있다.

만 3~7세는 뇌의 크기를 키우는 시기로 전두엽의 성장이 크게 이루어진다. 전두엽은 인간의 종합적 사고와 창의력, 판단력, 주의 집중력, 감정을 조절하는 가장 중요한 부위이며, 인간성, 도덕성, 종교성 등의 최고 기능을 담당한다. 초등학교 입학 전 전두엽의 발달은 이후 학습태도와 인성의 많은 부분을 결정하게 된다.

만 7세까지 성장하는 우뇌와 폭발적으로 늘어나는 어휘력을 키워줄 아주 좋은 방법이 독서다. 그림책을 읽어 주면서 이미지로 우뇌를 자극시키고 상상하게 하며 책 속에 나오는 다양한 상황과 언어들, 재미있는 이야기들 속에서 말을 배워나갈 수 있도록 하는 것은 어떤 방법보다 효과적이라 할 수 있다.

만 7~12세는 두정엽과 측두엽이 집중적으로 발달하는 시기다. 두정엽은 공간입체적인 사고 능력을 담당하고 있다. 두정엽의 발달을 촉진하기 위해 수학, 과학 분야의 책을 많이 읽는다면 뇌 발달에 도움을 줄 수 있다.

측두엽은 언어와 청각 기능을 담당하고 있는데, 이 시기에 엄마의

'책 읽어 주기'를 통해 청각과 언어의 자극을 준다면 아이가 크게 성장할 수 있다. 뿐만 아니라 인지, 감정 기능의 발달을 위한 체계적인 교육이 이루어져야 하는데 이 또한 독서가 효과적이다. 책에는 시공간을 넘나드는 다양한 정보들이 담겨 있어 아이들의 인지적 기능을 충족시켜줄 수 있다. 정독을 한다면 기본적인 논리력과 추리력도 길러진다. 또 전래 동화, 명작, 창작 동화 같은 책들을 읽음으로써 인물의 다양한 감정을 경험하고 타인의 마음을 공감할 수 있는 능력을 기를 수 있다.

12세경은 언어 기능이 완성되는 때다. 언어 기능은 '어휘력'이 핵심인데, 다양한 분야의 책을 골고루 읽음으로써 어휘력을 크게 키워 줄 수 있다. 언어 능력이 폭발적으로 이루어지는 단계이므로 책 읽기를 통해 아이의 뇌 발달을 충분히 자극해 줘야 한다.

## 독서로 발달되는 메타 인지

뇌의 발달 과정과 더불어 '메타 인지' 측면에서도 13세 이전의 독서 습관 형성은 매우 중요하다. 메타 인지는 '인지에 대한 인지'로, 자신이 알고 있는 것과 모르는 것을 정확하게 판단할 수 있는 능력을 말한다.

KBS 〈시사기획 창〉이란 프로그램에서 네덜란드의 라이덴대학교의 마르셀 베에만 교수가 성적에 영향을 미치는 요인을 분석한 결과를 소개한 적이 있다. 이에 따르면 IQ는 성적의 25% 정도를 결정하는 반면 메타 인지는 40%에 이르는 것으로 나타났다.

IQ는 타고난 것이 크기 때문에 훈련을 통한 향상이 제한적이지만 메타 인지는 훈련을 통해 그 역량을 크게 향상시킬 수 있다는 것이다. 메타 인지를 통해 자신이 알고 있는 것과 모르는 것을 구분할 줄 안다면 아는 것은 더 발전시켜서 배워나가고 모르는 것들은 다시 한 번 습득해서 채워나갈 수 있다. 결국 메타 인지가 성적의 가장 중요한 요인인 것이다. 이것이 상위 1%의 학생들과 보통 아이들의 차이를 만들어낸다.

이 메타 인지는 5~7세부터 발달하기 시작하여 7~14세 사이에 완성된다고 알려져 있다. 그러므로 초등학교 시기에 일정한 훈련과 연습을 통해 메타 인지 능력을 길러야 한다. 이는 중학교 이후의 학업 성취도에 중대한 영향을 미치게 된다. 이러한 메타 인지 능력을 길러줄 수 있는 것이 바로 독서다. 독서는 모든 공부의 기초로서, 메타 인지 능력의 핵심인 '비판적 능력'을 길러주는 데 큰 도움을 준다.

아이들은 독서의 과정에서 아는 것과 모르는 것을 구분하는 연습을 계속할 수 있게 된다. 그리고 책과 관련된 질문을 끊임없이 스스로에게 던져 볼 수 있고 글의 주제나 개념을 다른 사람에게 설명해 줌으로써 아는 것을 확인해볼 수 있다. 또 스스로 생각하고 모르는 것을 알아가는 독서를 해 나가면서 판단의 힘, 비판의 힘, 사고의 힘을 길러갈 수 있는 것이다. 초등학교 때까지의 독서는 메타 인지의 형성에 결정적인 역할을 한다.

초등학교 시기에 독서로 쌓은 배경지식은 중, 고등학교에 진학했을 때 수업의 이해도를 높여주는 데 큰 역할을 한다. 용수철의 탄성과 같다. 초등학교 시기에 책을 많이 읽은 아이들은 현재는 별 발전 없이 웅크리고 있는 것처럼 보일지 몰라도 진짜 공부를 해 나가는 시기에 누구보다도 탄력적으로 급상승한다.

초등학생 때 다양한 책을 읽고 독서 습관을 가졌던 아이들이 상위 학교에서도 좋은 성적을 얻는 것을 많이 보게 된다. 실제로 내가 맡았던 아이들 중 학원을 많이 다녀서 초등학교 때는 성적이 좋았던 민찬이는 중학교에 가서 성적이 생각만큼 좋지 않아 나를 찾아와서 고민을 털어놓기도 했다. 하지만 초등학교 때 성적은 최상위권은 아니었으나 꾸준히 많은 책을 읽었던 채영이는 중학교, 고등학교에 올라갈수록 실력 발휘를 하여 좋은 성적으로 명문대에 진학했다. 이 둘의 차이를 만든 것이 초등학교 시기의 독서다. 이런 측면에서도 13세 이전에 독서 습관을 완성해야 하는 이유는 충분하다.

독서는 아이들이 자라날 땅을 만드는 것과 같다. 땅을 영양가 있고 질 좋은 모습으로 만드는 데 시간이 걸릴지라도 장기적으로 봤을 때는 이것이 크게 자라는 방법이다. 엄마들은 당장 주변의 엄마들이 하는 학원 얘기와 근거 없는 소문에 흔들리며 아이들 교육의 방향을 놓치면 안 된다. 흔들리는 엄마의 아이들은 같이 흔들릴 수밖에 없다. 사교육 시장의 광고, 근거 없는 소문에 현혹되지 않길 바란다.

엄마들이 주목해야 할 것은 아이들의 두뇌 발달 단계다. 그리고 각 발달 단계에서 어떤 독서 교육을 해야 할지에 대한 고민이다. 두뇌는 배움을 통해 계속 발달하겠지만 시기마다 특히 발달하는 기능들이 있다. 이는 결정적 시기이기 때문에 다른 시기에 아무리 노력해도 회복될 수 없다.

인생 전반에서 두뇌의 중요한 부분들이 형성되는 시기가 바로 13세까지이다. 아이들의 성적을 좌우하는 메타 인지 능력이 형성되는 시기 또한 13세 이전이다. 그러므로 엄마로서 적재적소에 아이들이 좋은 책을 읽고 마음과 정신을 튼튼히 해나갈 수 있도록 계획해야 한다. 좋은 책은 아이들의 학습 능력에도 인생에도 꼭 필요하다. 13세 이전의 독서 습관이 아이들의 미래를 바꾼다. 아이들이 발달할 수 있는 결정적인 시기를 놓치지 않도록 독서로 채워 주자.

다음에 소개하는 7가지 방법은 내가 수 년간 아이들을 지도하며 알게 된 독서 전략이다. 혹시 노력을 하는 데도 아이가 책을 읽지 않거나 어떻게 독서 지도를 해야 할 지 막막했다면 이 7가지 전략을 확인하고 활용해 보길 바란다.

# 초등독서 전략 하나,
## 아이의 주변 환경을 독서모드로 바꿔라

'맹모삼천지교(孟母三遷之敎)'라는 말이 있다. 맹자의 어머니가 공동 묘지 근처에 살 때 장사 지내는 놀이를 하고, 시장 근처에 살 때는 장 사꾼 놀이를 하는 맹자를 보고 아니다 싶어 글방 옆으로 이사했더니 예법에 관한 놀이를 했다는 일화이다. 맹자의 바른 교육을 위해 세 번 이사한 맹자 어머니의 이야기는 교육에 있어 환경이 얼마나 중요한 지를 알려줌과 동시에 아이들이 얼마나 환경에 영향을 많이 받는 존 재인가도 생각하게 한다. 대치동이나 목동이 좋은 학구로 엄마들에 게 인기가 있는 것도 이와 같은 이유일 것이다.

아이들은 태어나면서부터 타고난 것들도 있지만 환경의 영향으로 많은 부분이 형성되고 변화해간다. 가정의 분위기가 어떤지, 어떤 교 육을 어떻게 받았는지, 부모는 어떤 성격을 가지고 있는지, 친구는 어 떤 사람을 만났는지 등 많은 환경들이 아이들을 둘러싸고 영향을 준다. 이런 환경들은 아이들이 선택하는 것보다는 어른에 의해, 특히 엄마에 의해 만들어지는 것이다.

환경의 중요성은 독서에도 해당된다. 아이들의 주된 독서 장소는 어디일까? 문화체육관광부 주관으로 진행된 2017년 국민 독서실태 조사 중 독서 장소에 대한 통계를 살펴보면 성인은 59.0%, 학생은 48.7%가 '집에서'로 나타나 있다. 학생의 경우 학교에 있는 시간이 긴 고등학생들이 포함된 것을 고려한다면 집에서의 독서 비중은 매우 높다고 볼 수 있다. 그만큼 집에서의 독서 환경이 중요하다. 엄마의 역할이 다시 한 번 중요함을 깨닫게 된다.

독서 환경은 물리적 환경과 정서적 환경으로 나눌 수 있는데 먼저 물리적 환경을 살펴 보자.

첫째, 책의 위치다. 책은 아이들이 가장 많이 머무는 장소에 있어야 한다. 대부분은 아이의 방이 적합하다. 일어나서, 자기 전에 책장의 책들이 보인다면 일단 독서 환경에 노출되는 것이므로 독서모드가 되기 쉬워진다. 또 아이들 책장의 높이는 아이들 키에 맞춰져서 손을 뻗으면 언제나 책을 읽을 수 있어야 한다. 만약 엄마의 책과 아이들 책을 같이 꽂는 책장이라면 아이들 책은 아이들 손 높이에 맞춰 최대한 쉽게 꺼낼 수 있도록 해야 한다. 아이들이 머무는 장소 곳곳에 책을 둔다면 금상첨화다.

둘째, 아이의 책 읽는 자세의 편의성이다. 아이들이 책을 읽는 책상과 의자의 높이가 아이들 신체 발달에 맞춰 뒷받침 되고 있는지 반드시 점검해 봐야 한다. 불편한 자세로 책을 봐야하는 책상과 의자라면 아이들이 오랫동안 머무는 것이 오히려 아이의 건강을 해칠 수 있고 책에 집중하기 어려워진다. 독서대도 준비해 주면 편하게 책을 읽는 데 도움이 된다. 혹시 누워서나 엎드려서 책 보는 것을 좋아하는 아이라면 그에 맞게 편안한 환경을 조성해 줘야 한다. 꼭 정자세로 앉아 책을 볼 필요는 없다. 뭐든 편안할 때 오래 유지된다. 안정된 자세는 독서모드의 기본이므로 아이가 안정감을 느끼는 상태로 만들어 주자.

셋째, 시각적 편의성이다. 책을 읽을 때 너무 밝으면 눈이 부셔서 자꾸 신경을 딴 곳에 두게 되고 결과적으로 독서를 제대로 할 수 없게 된다. 너무 어두워도 마찬가지다. 독서에 적당한 밝기는 150~200룩스 정도다. 또 책을 읽을 때 방 전체는 불을 끄고 스탠드만 쓰는 경우가 있는데, 이는 눈에 피로를 주고 독서능률을 떨어트린다. 천장과 책상 조명 두 개를 함께 사용하여 방 전체를 어느 정도 밝게 하는 것이 좋다. 또한 조명장치의 위치가 책에 그림자를 생기게 하지는 않는지도 꼭 확인해야 한다. 보통은 오른손잡이 기준으로 했을 때, 왼쪽의 대각선 앞이 적당하다. 아이들은 그런 부분까지 잘못된 점, 불편한 점을 인지하지 못할 수 있다. 엄마들이 세심하게 체크할 일이다.

넷째, 방에 책 이외에 아이들이 관심 가질 만한 자극제 존재 여부다. 책이라는 자극은 게임이나 스마트폰처럼 보자마자 바로 자극이 느껴지고 마음을 뺏기는 것이 아니다. 아이들에게 방에 있는 게임기, 스마트폰, 책 중에 한 가지를 선택하라고 하면 많은 아이들이 책을 선택하지 않을 것이다. 책을 읽을 때는 그것밖에 할 수 없는 환경을 만들어줘야 한다. 책의 매력을 느껴서 우선순위가 되기 전까지는 되도록 다른 자극제는 제거해주는 것이 좋다. 책과 컴퓨터, 게임기를 되도록 한 공간에 두지 말자. 책보다 더 좋아할 만한 것이 없는 환경으로 만드는 것이다.

다섯째, 가장 중요한 '적절한 도서 제공'이다. 책은 양과 질을 모두 겸비해야 한다. 양서이지만 책의 권수가 너무 적다면 아이들에게 독서에 대한 새로운 자극을 계속적으로 주기 어려울 수 있다. 아이들이 부담을 느끼지 않고 계속 읽고 싶은 욕구가 생길 수 있도록 조금씩 아이들의 책장을 채워 줘야 한다. 집에 있는 책들이 지금 아이들 시기에 맞는지 주기적으로 점검하자. 수준에 맞지 않아 아이들이 전혀 읽지 않는 책들은 정리하고 현재의 발달에 필요한 책들을 적재적소에 배치해야 한다. 아이들이 가치관을 형성하는 데 도움이 될 만한 양서들, 예를 들면 고전 같은 책은 반드시 구비해야 한다. 또 인문, 사회, 과학, 예술, 진로, 역사 등 분야별로 책이 골고루 있는지도 확인하자. 아이들이 당장은 관심도 없고 읽지 않는 책이라도 아이들의 심리 변화나 학교에서의 배움에 따라 호기심이 생겨 언젠가 찾아 읽을 수 있다.

다음은 정서적인 환경이다. 정서적인 환경은 눈에 보이지는 않지만 물리적 환경 못지않게 중요하다.

첫째, 책을 읽을 수 있는 안정된 분위기이다. 아이들은 조용하고 마음이 편안할 때 독서에 몰입할 수 있다. 아이가 방에서 책을 읽고 있는데 거실에서 부모가 텔레비전 보는 소리가 들린다면 어떨까? 소리 자극을 받으며 아이들의 눈은 책을 떠나고 귀는 텔레비전 소리를 향하게 될 것이다. 또 부모가 다투는 소리가 들린다면 어떨까? 엄마와 사춘기인 형, 누나와의 갈등이 있는 가정이라면? 아이들은 불안하고 위축된 마음 상태가 되기 때문에 온전히 책 읽는 활동에 몰입하기 어려워질 것이다. 아이들이 조용하고 안정된 상태로 책에 빠져 다양한 생각과 열린 사고를 할 수 있도록 정서적인 면에서 도와 주는 것도 부모로서 독서 환경을 만들어 주는 것이다.

둘째, 책에 대한 부모의 태도다. 부모가 평소 책에 관심을 가지고 있고 꾸준히 읽는 모습을 보이면 아이들에게는 그 모습이 시각화되어 자연스럽게 나의 모습과 일치하게 된다.

마지막으로 아이에 대한 엄마의 믿음이다. 아이들은 자신을 믿어 주고 응원해 주는 분위기 속에서 더 의욕적이 된다. 아이들이 읽고 있는 책을 보면 현재 아이들이 어떤 것에 관심이 있는지 알 수 있고 아이들이 어떤 고민이 있는지, 어떤 심리 상태인지도 파악할 수 있다. 아이들에게 이 책 읽어라, 저 책 읽어라 명령하듯 말하지 말자. 아이들은 책을 통해 자신의 문제를 해결해 나갈 수 있고 알고 싶은 것들을 채워나갈 수 있는 대단한 존재다. 엄마의 마음은 엄마의 말과 행동을 통해 고스란히 아이에게 전달된다. 어렵겠지만 아이의 가능성과 잠재력을 믿고 기다리고 존중해 줘야 한다. 이것이 아이가 스스로 설 수 있는 길이다.

지금까지 아이들이 독서하는 환경을 만들기 위한 물리적, 정서적 조건에 대해 살펴보았다. 아이들이 가장 오래 머무는 공간이 집이고, 아이들이 가장 많이 책을 읽을 수 있는 공간 또한 집이다. 집에서 독서 환경이 잘 갖추어진다면 아이는 자연스럽게 독서하는 아이로 자라날 것이다. 가정의 독서 환경은 엄마의 노력에서 나온다. 독서모드의 아이를 꿈꾼다면 지금 바로 우리집 환경을 점검해 보자.

# 초등독서 전략 둘,
# 책을 스스로 고르게 하라

    초, 중, 고등학교 시절 동안 나는 학교에서 선생님으로부터 일방향의 교육을 받았다. 주입식 교육이었다. 그러다가 대학에 진학하니 진짜 모든 게 자유였다. 내가 듣고 싶은 수업을 고를 수 있었고 내가 시간표를 짤 수 있었다. 또 수업을 듣고 안 듣고도 내 자유였다. 내 행동에 대한 책임이 나에게 있을 뿐이었다. 갑자기 맞닥뜨린 자유가 좋기만 하지는 않았다. 오히려 혼란스러웠다. 선택의 자유가 생김에 따라 내 선택에 따른 책임이 더 무겁게 느껴졌다. 이걸 골라야 할지 저걸 골라야 할지 막막하기도 했고 '혹시 잘못된 선택을 하면 어떻게 하지?' 하는 걱정도 됐다. 스스로 꾸려가는 자율적인 생활에 적응하기까지 꽤 오랜 시간이 걸렸다. 바람직하지 못한 교육의 결과였다.

    시간을 스스로 조정하고 할 일에 우선 순위를 매겨 내 생활을 이끌어 나가는 것이 당연한 것이다. 그런데 내가 내 삶을 선택하는 것이 어렵다면 제대로 된 교육을 받은 거라 할 수 없다.

지금은 교육의 흐름이 많이 바뀌었다. 수업 시간에 교사 주도의 방식이 아니라 학생 활동 중심, 학생 주도 방식을 추구한다. 대부분의 교사들이 꾸준한 연수와 노력으로 아이들 중심의 수업을 이끌어가려 노력하고 학생들이 할 수 있는 다양한 활동을 고민한다. 하지만 교사가 주입식 교육을 받은 세대이기 때문에 아직은 완전한 학생 주도의 수업으로 바뀌지는 않은 것 같다. 사실 우리 교육은 객관적 평가로 아이들의 배움을 점수화하고 수능이라는 한 가지 목표로 귀결되는 구조적 한계가 있다.

이런 구조 속에서 엄마의 역할은 매우 중요하다. 중심을 제대로 잡고 아이들 교육의 목표를 반드시 다시 되새겨야 한다. 교육의 목표는 아이의 능력, 필요, 흥미를 기초로 하여 아동 각자의 효과적이고 충실한 발달에 있다. 내 아이의 능력, 필요, 흥미에 맞는 지도와 조언을 하고 있는가? 자유 속에서 선택의 어려움을 겪는 아이로 키우고 있진 않은가?

독서 교육에서도 마찬가지다. 엄마들 대부분은 필독 도서, 권장 도서 리스트를 기준으로 아이들이 읽는 책을 통제하고 아이의 독서 생활을 주도하려 한다. 아이의 선택과 상관없이 엄마 골라 주는 책을 읽으면서 아이들은 스스로 책을 고르는 경험을 하지 못하게 된다. 필독 도서, 권장 도서들은 물론 좋은 책들이지만 이를 선택하는 것에 있어 엄마가 중심이라는 것이 문제다. 엄마가 골라 주는 책만 읽는 아이들은 스스로 책을 골라야 할 상황을 만났을 때 선택하기 어려워 하고 혼란스러워 한다. 대학 입학했을 때의 나처럼 말이다.

도서관에 갈 때면 어린이자료실 앞에서 아이 책을 열 권 이상씩 빌려가는 엄마들의 모습을 보게 된다. 아이들이 학원가야 해서, 숙제를 해야 해서 엄마가 대신 도서관에 아이들의 책을 빌리러 온 것이다. 저 책 중에 아이들이 원하는 책은 얼마나 있을까? 저 책을 아이들이 얼마나 깊이 읽을 수 있을까? 자신이 원하는 책이 아닐 때 그 효과는 반감될 텐데 엄마들이 그런 생각을 하고 있는지 의문이 든다.

3살 아이도 자신의 기호가 있고 생각이 있다. 좋은 책이라 읽어 주려 앉혀놔도 자신이 원하는 책이 아니면 절대 책에 관심을 갖지 않는다. 조금 흥미가 생겨 처음에 읽어 주는 걸 듣다가도 이내 몇 장 못 버티고 자리에서 일어서 버린다. 하지만 자신이 좋아하는 책, 읽고 싶은 책은 가져와서 읽어 달라고 적극적으로 말한다. 수십 번도 더 읽은 책인데도 반복해서 읽으면서 웃고 즐거워한다. 하물며 가치관이 확고해지고 생각이 뚜렷해지는 초등학생은 어떻겠는가? 분명 자신이 좋아하는 것이 확실한 아이들일 텐데 자신의 뜻을 제대로 말하지 못하고 엄마로 인해 선택하는 기회를 잃어가고 있는 것은 아닐까?

학교에서 아이들과 함께 도서관에 가면 책을 고르지 못하는 아이들이 많다. 어떤 책을 읽을지 고민하는 데에 많은 시간을 허비한다. 물론 책을 고르는 시간도 소중하지만 그것이 진짜 읽고 싶은 책에 대한 고민이 아니라 책을 고른 경험이 없어서 선택 장애를 겪고 있는 것이라면 문제는 심각하다.

아이들이 원하는 분야, 원하는 책 제목, 표지를 보고 직접 선택할 수 있는 기회를 반드시 줘야 한다. 아이들이 만화책이나 한 분야의 책에만 빠져서 균형 있는 독서를 하지 못할 때 방향을 알려 주고 좋은 책을 권해 주는 정도로 엄마의 역할을 제한해야 한다. 절대 아이들의 독서에 엄마가 주도권을 잡아서는 안 된다.

교사가 설명하는 수업을 할 때와 학생들이 계획해서 모둠별로 프로젝트 학습을 할 때 아이들은 눈빛부터 다르다. 교사가 설명할 때는 흐려지는 정신을 억지로 붙잡고 집중하려 노력하지만 자신들이 주도하는 활동일 때는 "집중해라.", "열심히 해라."라고 말할 필요가 없다. 스스로 뭔가를 해나간다는 자체가 아이들에게는 흥미 있고 즐거운 일이다. 뭐가 그리 즐거운지 아이들끼리 즐겁게 소통하면서 기대보다 훨씬 멋진 결과물을 만들어 나를 놀라게 한다.

독서 생활에서도 우리 아이들은 충분히 스스로 해낼 수 있다. 책 고르는 것이 독서의 시작이다. 시작부터 엄마가 아이들을 자신의 뜻대로, 기호대로 맞춰서 독서를 주도적으로 이끌어 가버린다면 아이들은 독서에 대한 흥미를 절대 가질 수 없다.

도서관이나 서점에 아이를 데려가자. 아이들이 스스로 책 제목과 표지를 보고, 책을 직접 만져 보고 원하는 책을 고를 수 있는 기쁨을 느끼게 해주자. 자신이 고른 책은 자신도 모르게 열심히, 적극적으로 읽을 수밖에 없다. 그런 경험들의 축적은 아이들이 자신과 맞는 책과 안 맞는 책을 고를 줄 아는 안목을 기르는 데 도움을 주고, 앞으로 아이의 인생에서 현명한 독서 생활을 해 나가는 데 밑거름이 된다.

독서에서의 주도권은 아이들이 앞으로의 삶에서 주인이 되는 첫걸음이 될 것이다.

# 초등독서 전략 셋,
## 책을 읽기 전에 목표를 정하게 하라

교사로서 아이들에게 해줘야 하는 중요한 역할은 지식의 전달이 아니라 목표를 정하게 하고 동기부여하는 것이다. 그러면 아이들은 스스로 알아서 움직인다.

"얘들아, 우리 오늘은 모둠별로 역사 신문을 하나씩 만들어볼까? 역사 신문을 멋지게 완성해서 복도에 전시하자."

아이들은 나의 안내가 끝나기도 전에 기대에 가득 찬 듯 표정이 변하면서 엉덩이를 들썩거리고 모둠 친구들과 이야기하기 위해 움직인다. 그냥 역사 내용을 배우고 공책에 정리할 때보다 훨씬 역동적으로 움직인다. 목표는 사람의 마음을 움직이고 행동을 변화시킨다.

책을 읽을 때도 이런 목표의 중요성을 적용해 보는 것이 좋다. 보통은 막연히 한 권의 책을 처음부터 끝까지 읽는다. 다른 방법은 특별히 시도하지 않는다. 아이들은 제목이나 표지가 마음에 드는 책을 골라 처음부터 끝까지 쭉 읽고 덮는다. 이런 방식의 읽기는 어쨌든 독서를 하는 것이기 때문에 도움은 되겠지만 목표를 가지고 적극적인 읽기를 한다면 더 많은 것을 얻을 수 있다. 책을 읽고 한 가지의 깨달음을 얻기보다는 세 가지, 네 가지의 깨달음을 얻을 수 있으려면 읽기 전 독서의 목표를 분명히 해야 한다. 목적이 있는 독서를 어떻게 하면 좋을지 구체적으로 살펴 보자.

책을 읽기 전에 아이들에게 책의 제목, 표지, 지은이, 목차, 책 뒷면의 추천글을 보고 책의 내용을 대충 예상하게 한다. 그런 다음 '이 책에서 알고 싶은 것', '기대되는 점', '이 책을 읽고 어떤 변화를 하고 싶은지'에 대해 쓰게 한다. 공책도 필요 없다. 책 표지를 넘겨 보면 한두 장 정도 빈 공간이 있다. 아이들에게 이 공간을 활용해서 책을 읽기 전 목표를 적어 분명히 하도록 한다.

"이 책을 읽고 나는 세종대왕이 어떤 업적을 남겼는지 알고 싶습니다."

"나는 사춘기 아이들의 모습을 살펴보고 사춘기를 지혜롭게 보내는 방법을 알고 싶습니다."

"저는 지금 엄마에게 혼나서 슬픕니다. 이 책을 읽고 행복한 기분을 느낄 것입니다."

"빌 게이츠가 성공할 수 있었던 비법을 알고 싶습니다."

"모르는 단어를 10개 이상 표시해서 사전을 찾아보고 확실히 뜻을 알겠습니다."

아이들은 책을 읽고 얻고 싶은 것에 대한 목표를 분명히 하는 과정을 거치면서 독서를 좀 더 적극적으로 하게 된다. 뭔가를 얻으려는 사람은 행동이 빨라지고 집중도도 높아질 수밖에 없다. 또 책을 읽는 기간, 책을 언제 어디에서 읽을 것인지 등에 대해 계획을 세우는 것도 목표가 될 수 있다.

"이 책을 이틀에 나눠서 읽겠습니다."
"아침 자습시간마다 20분씩 읽겠습니다."
"방과 후에 집에 가서 동생에게 30분씩 읽어 주겠습니다."
"학원이 없는 수요일마다 읽어서 이번 달 안에 읽겠습니다."
"텔레비전 보고 싶을 때마다 읽겠습니다."

이런 목표를 직접 책에 적으면 아이들은 스스로 동기부여를 하게 된다. 말하거나 글로 표현한 것은 자신과의 약속이 된다. 실제로는 완벽히 지키지 못하더라도 목표를 세우면 읽는 과정에서 지키기 위해 최소한 노력은 할 것이다. 이러한 노력이 모일 때 아이들의 독서 능력은 눈부시게 성장한다. 이런 다짐과 목표들을 적고 나서 마지막에 날짜와 자신의 서명을 하는 것도 좋은 방법이다. 이것은 약속을 한 번 더 공고히 하는 효과가 있다. 또 이 책을 두 번째, 세 번째 읽을 때마다 전과 다른 목표를 세워봄으로써 매번 새로운 독서를 해나갈 수 있게 된다.

목표가 있었다면 목표에 맞춰 독서를 진행한 뒤의 자기평가 단계를 거쳐야 한다. 평가라고 해서 점수로 수치화한다든지 상중하로 단계를 나누라는 것이 아니다. 자신이 이 책을 통해 무엇을 알게 되었고 무엇을 깨달았으며 어떤 감정을 느꼈는지를 적어 보는 것이다.

목표와 부합하면 더 좋겠지만 아이들이 목표 이외에도 얻은 것들을 정리해 볼 수 있도록 해야 한다. 이번에는 책의 맨 뒤에 남는 한두 장의 여백을 활용한다. 이렇게 기록을 해놓고 나중에 다시 이 책을 읽는다면 처음의 생각과 지금의 생각을 비교해 볼 수도 있고 새로운 아이디어를 덧붙여 써 봄으로써 진짜 나만의 책으로 만들어갈 수 있다.

목표 세우기는 처음 해 보는 활동이기 때문에 아이들이 처음에는 어떤 목표를 정해야 할지 고민할 수도 있다. 이 때 엄마가 옆에서 함께 목표를 정하고, 목표를 달성하기 위해 어떻게 하면 좋을지 자세한 계획을 세워 본다면 아이들에게 많은 도움이 될 것이다.

아이들이 정한 목표를 달성했는지 달성하지 못했는지를 평가하라는 것이 아니다. 내가 목표를 달성했는지 못했는지는 본인이 가장 잘 안다. 엄마가 결과를 평가하고 그에 대한 의견을 달기 시작하면 엄마의 목소리가 다시 잔소리로 여겨지게 되고 독서에의 흥미가 떨어지게 된다. 달성했는지 결과도 중요하지만 과정 속에서 아이들이 얼마나 노력했는지, 얼마나 몰입해서 읽었는지가 중요한 것이므로 아이의 의욕을 떨어트리는 이야기는 지양하자.

별 생각 없이 마트에 가면 그냥 마트 안을 이리저리 기웃거리다가 시간을 허비하게 된다. 특별히 뭘 사지 못하고 돌아올 때도 있다. 하지만 구입할 물건의 리스트를 적고 마트에 갔을 때는 다르다. 리스트에 따라 물건이 있는 코너로 직행해서 카트에 넣고 계산한다. 이것저것 기웃거리며 시간을 낭비하지 않아도 된다. 내가 원하는 것은 얻되 시간은 짧으니 효율은 높아진다.

아이들의 책 읽기도 마찬가지다. 목표를 정하고 갈 때 아이들의 책 읽기는 진지해지고 의미 있는 활동이 된다. 아이들은 목표가 있을 때 훨씬 생기 있고 적극적으로 변한다는 사실을 기억하자.

짧은 시간 안에 미리 정해 놓은 몇 가지 목표를 달성하는 효율적인 독서를 아이들 스스로 해 나갈 수 있도록 지도하자. 독서 경영은 자신만의 목표를 세우는 데서 시작한다. 자신의 독서 생활을 경영해나갈 수 있는 아이는 자기 주도적 학습도 가능하며 자신의 삶에서도 주체적인 존재로 거듭날 수 있다. 결국 읽기의 주체는 아이다. 읽기 전, 중, 후 단계에서 끊임없이 두뇌 활동을 멈추지 않고 생각할 때 진짜 독서의 주인이 될 수 있다.

# 초등독서 전략 넷,
# 자세한 독서 계획을 세워라

　많은 사람들이 1월 1일이 되면 새해엔 뭔가 해 보고자 의욕을 불태우며 자신만의 목표를 세우고 책상 앞에 붙인다. 하지만 그 해에 목표를 이루는 사람은 그리 많지 않다. 목표를 이룬 사람과 이루지 못한 사람의 차이는 무엇일까? 바로 자세한 계획에 있다. 목표는 많이 세우지만 자세한 계획까지 세우는 사람은 많지 않다. 계획까지 세운 사람은 목표를 이룰 확률이 세우지 않은 사람에 비해 몇 배는 높아진다. 계획 없는 목표는 한낱 꿈에 불과하다.

　새 학년 새 학기를 시작할 때 나는 아이들과 일 년 뒤에 어떤 모습이고 싶은지, 이루고 싶은 것과 바라는 것을 생각해 보는 시간을 갖는다. 목표를 세우는 것은 해마다 하는 것이라 익숙한 듯 나름대로 멋진 목표들을 정한다. 목표가 정해진 뒤 이번에는 그것을 이루기 위해 어떤 노력을 할 것인지에 대해 구체적인 계획을 세우는 시간을 가진다.

아이들은 어떻게 계획을 세워야 할지 막막해서 옆의 친구 것을 힐끔 힐끔 보기도 하고 심각한 얼굴로 고민하기도 한다. 결과는 생각할 수 있지만 그것을 이루는 과정에 대한 그림을 그리지 못하는 아이들이 안타깝다. 목표를 이루기 위한 세부 계획들을 잘 세운다면 목표는 그만큼 가까워진다. 독서도 마찬가지다.

독서 계획을 세워 평생 독서를 실천한 것으로 유명한 정조는 독서에 대해 다음과 같이 말했다.

"독서하는 사람은 매일매일 과정을 세워 놓는 것이 가장 중요하다. 하루 동안 읽는 양은 비록 많지 않더라도 공부가 쌓여서 의미가 푹 배어들면 일시적으로 많은 책을 읽고 곧바로 중단한 채 잊어버리는 사람과는 그 효과가 천지 차이일 것이다."

제대로 된 독서는 목표와 함께 '계획'을 세울 때 가능해진다. 독서 계획을 아이와 함께 세워 보는 것은 어떨까? 어떻게 계획을 세워야 하는지 구체적으로 알아 보자.

아이들은 보통 "올해 책 50권을 읽겠습니다.", "일 년에 100권 읽기에 도전하겠습니다."와 같이 독서 목표를 정한다. 이는 내비게이션으로 길 찾는 것에 비유하자면, 내가 갈 곳의 검색어가 정해진 것이다. 이제 검색을 하면 다양한 경로가 나올 것이다. 그 경로 중에 어떤 길을 선택해서 갈 것인지 정하면 된다. 독서 목표를 이루기 위한 길은 정말 다양하다. 자신의 성격과 흥미, 적성, 현재의 심리 상태와 수준

등을 고려해서 길을 정하면 된다. 이 과정이 독서 계획 세우기라 할 수 있다.

독서 계획을 세울 때 고려해야 하는 것들이 있다. 성공적인 목표 달성을 위해 꼭 염두에 두어야 한다.

첫째, 독서의 양적 계획이다. 계획을 세울 때는 출발점에서 목표 지점까지의 길을 시간의 흐름에 따라 일정하게 끊어서 각각의 시점에서 이루어야 할 것을 정해야 한다. 도달하기 어려워 보이는 목표도 세분화하여 하나씩 해나가면 생각보다 쉽게 이룰 수 있다.

또한 각 시점을 세분화할수록 목표를 이룰 가능성도 커진다. '그냥 읽으면 되지.'라고 생각할 수도 있을 것이다. 하지만 계획은 자신과의 약속이 되기 때문에 지키겠다는 의지가 생기고 지키지 못했을 때 반성하는 마음을 가지게 되어 다시 목표를 향해 마음을 다잡을 수 있는 동력이 되기도 한다. 계획된 것들을 실천해가는 노력들이 모일 때 목표를 향해 정해놓은 길로 아이들이 조금씩 다가갈 수 있다.

독서 목표가 일 년 단위라면 독서 계획은 분기 단위, 월 단위, 주 단위, 일 단위로 쪼개어 구체적으로 세워져야 한다. 양으로 독서 계획 세우기는 참 간단하다. 목표한 양을 단순히 나누기만 하면 된다. 예를 들어 올해 독서 목표량이 100권이라면 한 분기 당 25권, 매달 8~9권, 주당 2권으로 정할 수 있다. 하지만 이런 계산은 실제 아이들의 생활과 맞지 않을 수 있다. 그래서 여기에 일 년간 아이들의 스케줄을 대입하면 더 좋다.

실제 학교생활을 하는 아이들에게 3월은 새 선생님, 새 친구들에 적응해야 하는 시기이기 때문에 독서를 많이 할 수 없는 상황이고 8월, 1월~2월은 방학기간으로 독서를 평소보다 많이 할 수 있는 시기이다. 또 7월, 12월은 보통 시험이 있기 때문에 독서량 계획을 줄이는 것이 현실적이다.

둘째, 독서할 주제에 대한 계획이 필요하다. 일 년 동안 읽을 책의 리스트 전체를 계획하긴 어렵지만 읽을 책의 주제에 대해 정하는 것은 충분히 가능하다. 이 때 학년별로 교과서에서 배우게 되는 주제나 아이들의 흥미, 계절, 최근 사회의 흐름 등을 참고해서 엄마와 정하는 것이 좋다. 새 학년이 시작되기 전 방학이나 12월 말에 함께 아이와 앉아 종이에 달마다 어떤 주제의 책을 읽을지 정해 보는 것을 추천한다. 함께 교과서를 펴놓고 지문이나 단어들을 보면서 찾아도 되고 도서관이나 서점에 가서 정해도 좋다. 엄마와 함께 계획을 세우는 시간은 아이들에게 매우 행복한 시간이 될 것이며 독서에 대한 열정으로 이어질 것이다.

주제를 정하는 방법을 예로 들어 보자. 5학년부터 6학년까지 사회 시간에 역사에 대해 배우게 된다. 선사시대부터 조선 전기까지의 내용을 다루게 되는데, 그렇다면 5학년 한 해는 1~3월은 선사시대, 4~6월은 삼국시대, 7~9월은 고려시대, 10~12월은 조선 전기시대 등으로 주제를 정하고 각 분기마다 주제와 관련된 책들을 다양하게 읽는 것이다. 더 구체적으로 1월은 구석기·신석기 시대, 2월은 삼국시대, 3월은 통일신라시대 등으로 월별 주제를 정할 수 있다. 각 시대별로 어떤 사건이 있었는지에 대한 책도 좋고 그 시대에 업적을 남긴 인물의 위인전을 찾아 읽어도 좋다. 또 기술과 도구의 변화에 대한 책을 찾아도 되고 그 시대를 배경으로 한 동화책을 읽어도 된다.

주제를 정하는 또 다른 방법은 계기 교육, 계절 등으로 정하는 것이다. 5월은 5.18 운동이 있던 달이므로 '민주주의'를 주제로 정하고 민주화를 위해 노력한 사람들을 다룬 책, 사건을 기록한 책, 우리나라의 정치 변천사에 대한 책 등을 찾아 읽을 수도 있다. 10월은 한글날이 있으니 한글과 관련해서 '세종대왕', '한글의 과학성', '주시경' 등에 대한 책을 찾아 읽을 수 있을 것이다. 12월에 겨울을 주제로 정한다면 '눈의 신비', '크리스마스의 유래', '겨울을 배경으로 한 동화책' 등을 찾아 읽어 볼 수 있다. 일상 생활과 관련해서 주제를 정하면 독서 주제는 넘쳐난다. 주제를 정해놓으면 어떤 책을 읽을지 고민하는 시간이 줄어들고 훨씬 체계적으로 독서를 할 수 있다.

이외에도 작가를 중심으로 독서 계획을 세울 수도 있다. 아동 작품으로 유명한 작가들이 있다. 한 작가가 어떤 작품들을 썼는지 집중적으로 읽어 보는 것도 아이들에게 의미가 있다. 아이가 다니는 학교에서 독서 골든벨 행사가 있는 달이 몇 월인지 확인해서 그 전의 독서 계획에 독서 골든벨 도서 목록을 반영하는 것도 좋다. 각 학교마다 매년 비슷한 시기에 행사를 열기 때문에 계획 세울 때 참고하면 된다. 리스트는 학년 초에 학교도서관 사서 선생님과 교사들이 작성해서 공지를 하게 되니 놓치지 말자.

각 주제별로 도서를 정할 때는 문학, 역사, 과학, 예술 등 다양한 분야의 책을 골고루 읽을 수 있도록 계획하는 것도 잊지 말아야 한다. 어느 한 분야에 치우친 독서는 다양한 지식과 배움의 기회를 앗아가는 일이다. 영역별로 체크리스트를 만들고 읽은 책들을 체크해 나간다면 아이 스스로 어떤 분야의 책을 많이 읽고 있는지, 편중되진 않았는지 점검해 볼 수 있다. 분기별, 월별 주제에 대한 독서 계획과 영역별 체크리스트는 아이 방 가장 잘 보이는 곳, 예를 들면 책상 앞에 붙여두어 늘 보고 시각화할 수 있도록 해야 한다. 가까이 두고 계속 보는 것은 하고자 하는 의지를 북돋고 계획의 실천 가능성을 높인다.

학교의 사서 선생님의 도움을 받는 것도 좋다. 사서 선생님은 책에 대한 조예가 깊고 아이들에게 추천할 책의 리스트를 머릿속에 확실히 가지고 있다. 혼자 머리 아프게 모든 것을 알아 보려 하지 말고 전문가에게 조언을 구하자.

셋째, 읽을거리를 다양하게 계획해야 한다. 독서의 사전적 의미는 책을 읽는 것을 말한다. 하지만 좀 더 포괄적인 면에서 보자면 꼭 책이 아니라 읽을 수 있는 모든 것을 포함할 수 있다. 그래서 나는 도서 외에 신문 읽기를 추천한다. 신문 전체를 읽는 것은 아직 초등학생들에게 무리다. 공책을 따로 마련해서 처음에는 헤드라인만 죽 적어 보고 그 중에서 관심이 가는 기사만 2개 정도 읽는 것이다. 책과 다르게 신문기사에는 최근의 가장 큰 이슈들이 담겨 있다. 아이들이 세상 돌아가는 모습을 알고 그것에 대한 의견을 가질 수 있다면 삶과 밀접하게 관련되는 독서가 된다. 이런 신문 읽기와 같은 내용도 독서 계획에 포함한다면 아이들의 독서가 보다 풍성해질 것이다.

넷째, 시간에 관해서도 계획해야 한다. 아이들의 하루 일과를 함께 돌아보고 책을 읽을 수 있는 자투리 시간을 모두 찾아 종이에 적어 보자. 아침 독서도 좋고 방과 후 집에 돌아와서, 밤에 자기 전에 하는 독서도 좋다. 활용할 수 있는 시간을 찾아 계획을 세운다면 좀 더 자세한 계획이 될 것이다.

계획 세우기로 큰 그림을 그린 뒤 그림 퍼즐 조각을 하나씩 맞추듯 계획적으로 할 일들을 실천해 나간다면 독서 목표를 달성함은 물론이고 인생에서도 계획적으로 목표를 이루어갈 수 있는 능력을 갖추게 될 것이다. 대충 혹은 어설프게 정해진 계획은 실천 가능성을 떨어트린다. 처음에는 정하는 데 시간과 정성이 많이 들겠지만 자세히 독서 계획을 세우면 그만큼 성공 가능성이 커진다. 독서 기간, 독서 분야, 독서량 등 스스로 과정을 계획하는 경험은 아이에게 능동적인 삶을 선물할 것이다.

# 초등독서 전략 다섯,
## 읽기에서 끝나지 말고 표현하게 하라

"삶은 본질적으로 대화적이다. 산다는 것은 대화에 참여한다는 것을 의미한다. 묻고 귀를 기울이고 대답하고 동의하는 것이 삶의 본성이다."

"하나의 목소리는 아무것도 종결시키지 않으며, 아무것도 해결하지 못한다. 최소한 두 개의 목소리가 있어야 한다."

"진리는 개인의 머릿속에서 태어나는 것이 아니다. 진리는 집단적으로 진리를 찾아 헤매는 사람들이 대화라는 상호작용을 할 때 거기서 태어난다."

러시아의 천재이자 철학자였던 미하일 바흐친의 말이다. 우리 아이들이 배움의 과정을 거치고 독서 생활을 해나가면서 어떻게 해야 하는지에 대해 중요한 메시지를 주고 있다.

사람들은 보통 '어떤 것을 보고 들으면 당연히 이해하고 말할 수 있다'고 생각한다. 하지만 꼭 그렇지만은 않다. 수업 중에 아이들은 나의 설명을 들으며 고개를 끄덕이기도 하고 내가 이해가 됐냐고 물었을 때 "네."라고 대답도 한다. 이럴 때 "그럼 이것에 대해 한번 설명해 볼래?" 혹은 "지금까지 배운 내용을 정리해서 말해 볼까?"라고 질문하면 아이들은 갑자기 벙어리가 되어 버린다. 수학 문제를 풀 때도 마찬가지다. 내가 수학 시간에 생각열기 문제를 설명하고 활동들을 해결해 나가면서 아이들이 문제를 어떻게 푸는지 알게 됐나고 해도 마무리 문제를 못 푸는 아이들이 많다. 또 책을 열심히 읽고 있는 아이에게 다가가 "이 책을 읽고 어떤 생각을 했어?"라고 물으면 갑작스러운 질문에 당황하며 얼버무린다.

누군가의 말을 듣거나 글을 보고 이해하는 것과 내가 표현할 수 있는 것은 확실히 다른 문제이다. 말이나 글로 표현할 수 없다면 진짜 이해했다고 할 수 없다. 반드시 표현의 과정을 거쳐야 내 지식이 되고 내 생각이 되는 것이다.

이를 독서의 과정에 대입해 보자. 책을 읽으면서 아이들은 많은 생각을 하고 자신의 지식, 경험과 관련지으며 기존의 생각들을 발전시켜 나간다. 머릿속에서는 새로운 아이디어들을 계속해서 만들어 나갈 것이다. 이렇게 혼자 생각하고 고민하는 자체로도 의미가 있다. 하지만 거기에서 멈춘다면 책 속의 지식은 진짜 내 것이라고 할 수 없다. 표현의 단계까지 갈 때 진짜 책의 내용을 이해하게 되고 내 것으로 만들 수 있다.

표현하지 않는다면 나의 생각이 괜찮은지 아니면 잘못된 방향인지

검증해 볼 수도 없다. 내 생각은 결국 나의 지금까지의 경험과 지식에 의존하게 되므로 범위가 한정될 수밖에 없다. 좀 더 확장된 생각을 하고 내 생각이 옳은 것인지 제대로 판단하려면 사회 속에서 상호작용을 통해 검증을 받아야 한다. 이것이 읽은 후 표현 과정이 꼭 필요한 이유다.

수동적으로 받아들이는 것. 조용히 수용하는 것. 우리 교육이 지금까지 그랬고, 아이들의 독서 방식이 그랬다. 그래서인지 교실에서 아이들은 표현에 매우 서툴다. 표현하는 능력은 완전히 선천적인 것이 아니다. 물론 적극적이고 활달한 아이들이 표현의 속도와 양에서 우월하게 시작하겠지만 소극적이고 조용한 아이라도 엄마의 관심과 지도로 표현력을 충분히 키울 수 있다. 혼자 하는 독서의 과정에 말과 글로 표현하는 과정을 더해 효과를 배가 시켜야 한다.

나는 책에 대한 이야기를 나눌 기회를 자주 만든다. 책을 읽고 그에 대한 생각을 이야기해 보자는 말에 처음부터 자신의 생각과 느낌을 손들고 유창하게 발표하는 아이들은 그리 많지 않다. 많은 아이들이 적극적인 말하기 활동을 두려워하며 일부 아이들의 토론을 듣기만 하는 방관자로 전락한다. 하지만 여러 번 반복해서 독서 토론을 하다 보면 말을 잘 하는 아이들의 모습을 보면서 표현하는 법을 자연스럽게 배워 나간다. 그리고 다른 아이들의 의견을 잘 듣고 그 의견에 대해 비판하기도 하고 반박하며 의견을 교환해 나가게 된다. 그러다 보면 어느새 방관자였던 아이들도 하나 둘 토론의 주인공으로 편입된다. 표현도 연습이 필요하다. 기회만 있다면 누구나 자유롭게 표현이 가능하다.

국어 시간에 《집안치우기》책의 일부가 지문으로 나왔을 때 그와 비슷한 주제를 가진 앤서니 브라운의 《돼지책》을 함께 읽고 독서 토론을 한 적이 있다. 《돼지책》은 아빠와 아이들은 집안일을 나 몰라라 하고 엄마만 힘들게 집안일을 하는 상황에서 엄마가 갑자기 편지 한 장을 남기고 집을 나가게 되는데, 엄마의 부재로 아빠와 아이들이 엄마의 소중함을 느끼게 되고 집안일을 도와야겠다고 반성하는 내용이다.

이 책을 읽고 토론을 하면 보통은 엄마가 힘든 것을 알아 주지 않고 배려하지 않은 아빠와 아이들을 비판하는 내용의 의견이 대부분이다. 또 집안일은 엄마의 몫이 아니라 모두의 일이므로 함께 나누어 해야 한다는 결론이 나는 것이 일반적이다. 하지만 경은이는 특별한 의견을 말했다. "저는 엄마가 잘못했다고 생각해요. 엄마는 힘들면 가족들에게 힘든 점에 대해 말하고 아빠와 아이들이 어떻게 해 줬으면 좋겠는지 구체적으로 알려 줘야지, 갑자기 집을 나가버리면 어떻게 해요? 갑자기 엄마가 나가버려서 아빠와 아이들이 당황스러웠을 것 같아요."

이 발표를 들었을 때 나조차도 놀랐다. 보통 아이들은 집안일을 돕지 않은 아빠와 아이들의 잘못에 초점을 맞추는데 이 아이는 엄마의 의사소통 방식에 초점을 맞췄다. 평소 경은이는 다른 아이들이 생각하지 못하는 측면의 이야기를 해서 토론을 다른 방향으로 진행되도록 해주는 역할을 하곤 한다. 경은이는 다독의 습관이 있을 뿐 아니라 두 살 많은 오빠, 엄마와 함께 집에서 어릴 때부터 책을 함께 읽고 생각을 나누곤 했다고 한다. 이런 과정은 경은이를 참신하게 생각하고 전달력 있게 표현하도록 만들었다.

글로 하는 표현도 마찬가지다. 책을 읽고 글로 표현하는 것도 꾸준히 연습시키고 표현 방법을 지도해야 한다. 흔히 학교에서 독서록을 과제로 내주지만 아이들의 독서록을 읽다보면 제대로 써오는 아이들이 많지 않다. 대부분은 줄거리만 대충 쓴 다음 마지막은 '참 재미있었다.'로 끝낸다. 독서록을 쓰는 방법을 학기 초부터 안내해 주지만 그대로 적용하는 아이들은 별로 없다. 글로 표현하는 연습이 잘 이루어지지 않은 것이다. 교사와 엄마 모두 책 읽고 독서록을 쓰라고는 해도 정작 독서록을 어떻게 써야 하는 것인지에 대한 지도는 제대로 이루어지지 않았다.

독서록은 책을 읽고 자신의 생각과 느낌을 적는 것이다. 줄거리를 쓰는 것도 의미가 있지만 내용 속에서 내가 어떤 생각을 했고 어떤 감정을 느꼈는지를 글로 써보는 것이 중요하다. 내가 주인공이 되어 주인공이 어떤 기분이었을지 상상해서 느껴 보는 것도 좋고 주인공이 아닌 상대방의 입장에서 '이런 상황에서 어땠을까' 생각해 보는 것도 좋은 글감이다. 또 인상 깊은 장면과 대사를 써보는 것도 좋고 이야기의 뒷부분을 바꿔보거나 등장인물에게 편지를 써 볼 수도 있다. 일 년 정도 지도하면 말표현에 덜 적극적이었던 아이들도 글로는 잘 표현하게 된다. 또 전반적인 글의 내용이 깊이 있어지고 글도 길어진다.

말과 글을 통해 생각을 표현한다는 것은 책의 내용을 깊이 있게 이해하고 더 잘 알게 되는 것을 의미한다. 또한 표현함으로써 자신의 생각을 두루뭉수리가 아니라 특정 모양으로 구체화시킬 수 있게 된다. 말이나 글로 표현하려면 정확히 알아야 하고 표현하기 위해서는 더 집중해서 읽고 많이 생각할 수밖에 없다. 표현하는 연습은 표현력을 길러줄 뿐만 아니라 다음 독서를 할 때 태도를 더 진지하게 하도록 도와준다. 이 책에 대해 누군가와 이야기해야 할 목적이 있는 아이라면 그 책을 허투로 읽지는 않을 것이다. 또 말과 글을 통해 친구들과 생각을 교류하고 서로의 다른 부분에 대해 이야기하다 보면 자신이 생각하지 못한 것에 대해 배울 수도 있고 내 생각에서 더 확장된 생각으로 발전시켜 나갈 수 있다.

EBS 다큐멘터리 〈왜 우리는 대학에 가는가〉시리즈의 '말문을 터라' 편에서 예시바대학교 도서관의 모습을 담은 영상은 참 놀라웠다. 그 곳은 우리나라 대학교의 도서관처럼 조용하지 않고 둘씩, 셋씩 짝을 이뤄 뭔가에 대해 끊임없이 이야기를 나누고 있었다. 바로 탈무드를 읽고 그것에 대해 친구들과 토론을 하는 것이었다. 말 그대로 '공부하는 파트너를 가지는 것'이라는 뜻의 하브루타를 실천하고 있었다. 인터뷰에서 한 학생은 이렇게 말한다.

"누구에게나 마찬가지로 생각을 말로 표현하고 다른 사람에게 설명하다 보면 사고가 명확해지고 자신이 배우는 걸 기억하는 데 도움이 되는 것 같습니다."

그렇다. 표현할 수 없으면 제대로 모르는 것이다. 예시바 대학 학생의 말대로 혼자 생각할 때는 뭔가 알고 있다고 느끼지만 정작 말이나 글로 표현하면 앞뒤가 안 맞을 때도 있고 뭐라고 이야기해야 할지 모를 때도 있다. 유대인이 성공할 수 있었던 비결은 표현으로 생각을 정리하고 대화하며 서로를 통해 배울 수 있었기 때문임을 기억해야 한다.

표현의 과정이 중요한 만큼 아이들에게 독서 후의 표현에 대한 지도가 반드시 병행되어야 한다. 표현은 연습이 필요하다. 학교에서의 독서록과 가끔 있는 독서 토론 시간이 아니라 집에서 엄마와 조금씩, 편안한 분위기에서, 자유롭게, 지속적으로 이루어지는 것이 가장 좋다. 아이들이 자신의 생각에 꽃을 피우고 열매를 맺을 수 있도록 옆에서 끊임없이 도와줘야 한다. 가족이 함께하는 편안한 분위기 속에서 자기 생각을 이야기하는 것은 자신감을 심어주고 사고력과 표현력을 높여 줄 것이다. 아이들의 내면에 깊은 생각의 씨앗이 있는데 표현하는 방법을 몰라, 표현을 해 본 적이 없어 말하지 못한다면 얼마나 안타까운 일이겠는가.

# 초등독서 전략 여섯,
## 독후 활동으로 책 내용을 정리하라

책에서 보고 듣고 느끼는 것들이 아이들의 삶에 직접적으로 영향을 주고, 단 한 권만으로도 아이들이 바르게 생각하고 행동한다면 얼마나 좋겠는가. 하지만 그 영향력은 그리 길지 않다. 아이들은 하루에도 몇 권의 책을 읽는다. 아무리 똑똑한 아이라도 하루에 몇 권의 책을 읽을 때 내용을 모두 기억할 수는 없다. 또 책들의 내용이 헷갈릴 수도 있고 내용이 섞여서 제대로 기억을 못할 수도 있다. 실제 어른들도 책을 읽고 기억에 남는 게 없다고 이야기하는 사람들도 많다. 이것이 기억력의 한계이다.

인간의 기억력은 완벽하지 못하기 때문에 시간이 흐를수록 섬점 망각하게 된다. 이것은 에빙하우스의 '망각곡선'에서 잘 나타난다. 헤르만 에빙하우스는 최초로 인간의 기억 능력을 과학적으로 연구하였는데 그가 밝혀낸 수많은 이론 중 '망각곡선'은 우리 기억력의 한계를 잘 보여준다. 정보가 들어온 후부터 망각은 빠른 속도로 진행되며 학습한 뒤 20분이 지나면 약 58%의 기억만 남게 된다고 한다. 또 한 달이 지나면 학습량의 21%밖에 기억을 하지 못한다. 이러한 기억력의 한계를 극복할 수 있는 방법은 주기적인 반복 학습이다.

이것을 아이들의 독서에 적용한다면, 한 권의 책을 주기적으로 반복해서 읽으면서 기억에 오래 남도록 해 주는 것이 효과적인 방법이 될 것이다. 하지만 아이들은 새로운 것에 흥미를 보이는 특성을 가지며 주의 집중력이 길지 않다. 또 아이들에게는 몇 권의 양서를 반복해서 집중적으로 읽는 것도 중요하지만 다양한 책을 접해 보는 것도 필요하다. 그렇다면 오래도록 기억에 남길 수 있는 또 다른 방법은 무엇일까? 나는 '기록'을 추천한다.

학교에서 많이 활용되는 것은 '글'로 하는 기록이다. 흔히 독서록으로 많이 쓴다. 아이들이 가장 흔하게 쓰면서도 어려워하는 것이 독서록이다. 칸을 채워야 하는 부담감에 글씨를 최대한 크게 쓰기도 하고 뭘 써야할지 몰라서 대충 줄거리를 쓰다가 만다. 부담 없이 짧은 글이든, 자유롭게 낙서처럼 하든 상관없이 정리는 꼭 필요하다. 아무리 아이들이 싫어하더라도 기록하는 과정은 매우 중요하므로 독서와 함께 반드시 지도해야 한다.

손글씨로 정리하는 것이 충분히 연습되었다면 나는 방법을 조금 변형해 볼 것을 권하고 싶다. 글로 남기는 것을 굳이 종이에 한정짓지 않는 것이다. 우리 아이들 세대는 종이보다는 오히려 스마트폰과 컴퓨터가 더 익숙할지 모른다. 물론 종이에 사각사각 연필 소리 들으며 쓰는 것이 가장 좋은 방법이지만 다른 방법을 겸하는 것도 아이들에게 재미를 유발할 수 있다. 그래서 아이들이 재미도 느끼고 책 내용도 정리할 수 있도록 '블로그 글쓰기'와 '인터넷서점 서평쓰기'를 추천한다.

요즘 아이들은 신기하게 블로그도 잘 관리하고 SNS 활동도 활발하다. 아이들이 자신의 블로그를 만들고 자신이 읽은 책을 정리하는 메뉴를 만들도록 하자. 여기에 책을 읽고 나서 아이들이 책에서 인상 깊은 부분이나 자신의 생각, 느낌 등을 정리해서 쓰도록 하는 것이다. 별점으로 책에 대한 만족도를 표시해도 좋다. 블로그 공간을 이용한다면 아이들이 과제로서가 아니라 재미있게 책을 읽고 정리하는 글쓰기를 할 수 있을 것이다. 또 SNS에 간단히 책에 대해 정리해도 좋다. 블로그나 SNS 모두 같은 책을 읽은 다른 사람들과 책에 대해 소통할 수도 있으니 일석이조의 효과다. 이 활동은 초등학생들도 충분히 할 수 있다. 이 활동을 하기 위해 책을 더 읽고 싶어질 수도 있다. 더불어 블로그에 차곡차곡 모인 독서 글들은 아이들의 독서 포트폴리오로서 귀중한 자료가 될 수 있다. 다시 기억하고 싶을 때 쉽게 내 글을 찾아 볼 수 있음은 물론이다.

인터넷 서점에 가서 내가 읽은 책에 대한 짧은 서평을 쓰는 것도 재미있는 독후 활동이 될 수 있다. 서평은 독후감과 비슷하지만 다르다. 독후감은 책을 읽고 난 생각과 느낌을 독자의 입장에서 주관적으로 정리하는 것이라면 서평은 책의 내용을 보다 객관적으로 분석하고 비평하는 것이다.

인터넷 서점에 서평 쓰기는 아이들이 책을 아직 읽지 않은 사람들을 대상으로 책에 대한 객관적인 평가 글을 쓰는 것으로 신선하게 느껴질 수 있다. 아이들 책의 서평과 리뷰를 어른들이 쓰는 것보다는 실제 읽은 아이들이 아이들의 시선으로 쓴다면 더 의미 있는 글이 될 수 있다고 생각한다. 아이들은 어른들의 생각보다 훨씬 더 비판적이고 분석적인 생각을 잘 한다.


지금까지 소개한 방법들은 사실 고학년 아이들에게 더 적절할 수 있다. 컴퓨터나 스마트 폰을 익숙하게 다룰 줄 알아야 하고 비판적, 분석적 사고력을 요하는 활동이기 때문이다. 아이가 저, 중학년이라면 '독서 메모'를 활용해 보자.

책의 내용은 꼭 책을 끝까지 읽고 정리하지 않아도 된다. 책을 읽는 중간 중간에 인상 깊은 표현이나 배우고 싶은 주인공의 행동을 메모해두는 것도 책을 깊이 있게 읽는 방법이 될 수 있다. 독서 메모는 깔끔하게 하지 않아도 된다. 책을 읽으며 공책 등을 옆에 두고 바로 바로 적기만 하면 된다. 아이들이 자신의 언어로 간단하게 적어 두고 다 읽고 난 뒤 그것들을 연결해서 하나의 글이나 다른 결과물로 바꿀 수 있다. 이렇게 하면 책의 내용이 기억이 안 나서 다시 책을 들춰보지 않아도 된다.

더불어 책을 읽으면서 다시 보고 싶은 장에 포스트잇을 붙이거나 인상 깊은 부분에 밑줄을 쳐두는 것도 추천한다. 그리고 감상문을 책 이외의 종이나 공간이 아닌, 책에 기록하는 것도 좋은 생각 정리 방법이다. 밑줄 그은 부분 바로 옆에 그것을 읽고 든 생각이나 깨달음을 짧게 써두는 방식이다.

독서하고 정리하는 것은 남에게 보여 주기 위한 것이 아니라 나를 위한 것이므로 형식은 중요하지 않다. 어떤 책이든 글 주변에 여백이 있는데 그것을 충분히 활용한다면 아이들이 부담 없이 생각을 정리할 수 있을 것이다.

책의 내용을 정리하는 방법에 글쓰기만 있는 것은 아니다. 책의 종류에 따라 마인드맵으로 정리하는 것이 좋은 경우도 있다. 과학지식을 담은 책의 경우 위의 방법들보다는 내가 책을 읽고 알게 된 점들을 단어로 쓰고 그와 관련하여 생각나는 것들을 계속 가지치기로 확장해서 써봄으로써 내용을 정리하는 것도 효과적이다. 이런 방식은 과학 개념 사이의 관계를 파악하는 데도 도움이 된다.

그림이나 만화로 표현하는 방법도 있다. 역사책이나 위인전을 읽고 인상 깊은 장면을 4컷 만화로 그려보고 대사를 써보는 활동, 책 표지를 내 나름대로 꾸며 보는 활동, 책을 광고하는 그림을 그려보는 활동, 기억에 남는 장면을 그림으로 그리는 활동 등을 활용해 볼 수 있다. 시각적인 자극이 있을 때 기억에 오래 남는다. 아이들은 자신이 그림이나 만화로 표현하는 과정에서 다시 한번 책의 내용을 상기시킬 수 있고 결과물을 시각화할 수 있기 때문에 책을 오래 기억할 수 있게 된다.

모든 책을 정리할 필요는 없다. 정리의 분량을 정해 놓을 필요도 없다. 그런 것들로 인해 아이들은 독서를 또 다른 숙제로 여기게 될 것이다. 독후 정리는 개인의 성향과 필요에 따라, 상황에 따라 자유롭게 할 수 있도록 해야 한다. 절대 엄마가 전적으로 개입해서는 안 된다. 아이들은 독서를 하다가 감동이나 깨달음이 큰 책, 배움이 있는 책이 있다면 선택해서 독후 활동을 하면 된다. 책을 읽고 난 감정이나 깨달음은 글로 쓸 수도 있고 그림으로 그릴 수도 있으며 떠오르는 색깔로 남겨둘 수도 있다. 만화로 그리기, 표어나 광고 문구 만들기, 편지 쓰기 등 다양한 방법이 있다.

엄마는 아이들에게 이런 방법이 있다고 최초에 안내자 역할만 해주면 된다. 표현은 그냥 두었을 때 아이들이 더 창의적으로 잘한다. 지나치게 가이드라인을 제시하면 아이들의 창의성은 막힌다. 도덕적인 문제가 없다면 표현에 대한 평가도 금물이다. 엄마가 내가 책 읽고 정리해 놓은 것 자체에 칭찬을 해주고 응원을 아끼지 않는다면 아이들은 앞으로도 계속 내용을 정리하는 독서 습관을 가지게 될 것이다.

아이들의 독서에서 중요한 것은 '책을 읽고 무슨 생각을 했는지', 또 '그 책이 어떤 깨달음을 주었는지'이다. 책을 읽고 내용을 정리하다 보면 책의 내용이 머릿속에서 체계적으로 정리되기도 하고 깨달은 부분을 다시 되새기는 기회를 가질 수 있다. 또 어떻게 정리할지 고민하며 읽게 되기 때문에 집중하게 되고 깊이 있게 이해할 수 있다. 정리의 힘은 대단하다. 아이들이 자유롭게 그러나 반드시 책 내용과 자신의 생각을 정리할 수 있도록 지도하자. 책이 진짜 내 것이 될 수 있는 최선의 방법이다.

# 초등독서 전략 일곱,
## 스스로 질문하게 하라

2010년 서울에서 주요 20개국 정상회의가 있었다. 폐막식 기자회견장에서 버락 오바마 대통령은 개최국으로써 훌륭히 역할을 수행한 한국 기자들에게 질문을 할 수 있는 우선권을 주었다. 하지만 어색한 침묵만 흐를 뿐 아무도 질문을 하지 않았다. 재차 한국기자들에게 질문 우선권을 주지만 결국 아무도 질문하지 않자 다른 나라의 기자에게 질문권이 넘어갔다.

이 모습은 비단 기자들만의 모습은 아닐 것이다. 질문하지 않는 사회, 질문할 수 없는 사회. 이것이 우리의 모습이다.

나는 그 원인이 우리의 교육 방식에 있다고 생각한다. 학창시절 내가 받은 교육은 주입식 교육이었다. 교사 주도로 선생님이 준비한 지식과 기능들을 우리는 전달 받고, 지시 받은 대로 외우고, 기능을 반복 연습한다. 선생님의 말이 이해가 안 되거나 선생님의 말에 뭔가 잘못된 점이 있어도 결코 아무 말도 할 수 없다. 선생님이 말씀하시는 중간에 끼어드는 것은 매우 부담스러운 일이었다. 수업을 끊고 뭔가를 질문한다면 친구들이 나를 쳐다볼 것이고 내가 말도 안 되는, 혹은 초보적인 질문을 하면 친구들이 나를 우습게 볼 수도 있기 때문이다. 궁금한 것을 알고 싶은 마음보다 "나댄다.", "뭐 저런 질문을 하지?", "왜 쟤는 수업을 방해하지? 짜증나." 같은 말을 들을 것 같은 부담감이 더 컸던 것이다. 그리고 질문하는 것 자체가 내가 모른다는 것을 인정하고 드러내는 것이기 때문에 하기 쉽지가 않았다. 모두가 같은 생각이었을 것이다. 나뿐만이 아니라 모두가 질문하지 않았다.

지금은 교육 방식이 많이 바뀌었다. 아이들이 자유롭게 질문을 하도록 독려한다. 전처럼 교사와 학생의 수직적인 관계를 강요하지 않는다. 교사와 학생이 수평적 관계에서 부담 없이 대화하고 질문하도록 하려 노력한다. 교사의 주입식 전달보다는 학생들의 활동을 통한 자연스러운 배움을 지향한다. 이렇게 전보다 교육의 모습이 많이 달라진 것은 사실이지만 그렇다고 완벽히 바뀐 것도 아니다. 여전히 교사는 자신을 배움을 도와주는 조력자로서가 아니라 주도적으로 가르치는 역할을 하는 사람으로 여긴다. 또한 아이들도 스스로 질문을 통해 모르는 것을 알아가려는 적극적인 노력을 하기 보다는 교사의 설명에 의존하고 수동적으로 문제를 해결하려 한다.

수업 시간이 끝날 때쯤, 늘 하는 말이 있다.

"질문 있는 사람 있어요?"

이 말에 질문을 하는 경우는 많지 않다. 그럴 때마다 나는 늘 아이들에게 이야기한다.

"여러분은 학생이기 때문에 어떤 것에 대해 잘 모르는 것이 당연한 거예요. 모르는 것은 부끄러운 일이 아니에요. 다만 모르면서 질문하지 않는 것이 진짜 부끄러운 일입니다. 모르는 것이 있으면 절대 그냥 지나가지 말고 선생님에게 질문하세요. 혹시 선생님에게 질문하기 어려우면 옆에 친구에게라도 꼭 질문해서 알고 넘어가세요. 스스로 책이나 인터넷을 찾아 보고 알아가도 좋습니다."

이런 이야기를 하면 모두들 고개를 끄덕이고 질문을 할 것처럼 대답하지만 막상 수업 시간이나 쉬는 시간에는 질문하는 아이들은 별로 없다. 말문이 트여 4, 5살이 되면 세상에 대한 호기심이 생겨 뭐든 궁금하면 열심히 질문하던 아이들. 하지만 시간이 지나면서 질문을 막아버리는 엄마와 학교 교육의 영향으로 아이들은 점점 질문하기를 꺼려한다. 일방적으로 듣는 수업과 받아들이는 교육에 익숙해져가는 것이다. 이런 것들이 아이들의 스스로 질문하는 기회를 앗아간다. 스스로 질문하고 그에 대한 답을 찾아가는 것은 배움의 중요한 부분이다. 교사든 엄마든 수직적인 위치에서 지식을 주입하는 것이 아니라 아이들이 스스로 답을 찾아갈 수 있도록 도와주어야 한다. 소크라테스의 문답법이나 공자가 제자를 가르치던 방식처럼 말이다.

아이들의 삶 속에서 질문이 없다면 아이들은 자신의 삶에서의 주체가 아니라 객체가 될 것이고 올바르게 생각하고 현명하게 판단할 수 있는 삶을 시작조차 못하게 될 것이다. 우리 아이들을 능동적인 삶의 주인공으로 만들어 주려면 스스로에게 끊임없이 질문할 수 있는 아이로 키워야 한다. 스스로 계속 질문을 던지는 과정은 '독서'를 통해 자연스럽게 경험할 수 있다.

책을 읽으면서 아이들은 호기심이 생긴다. 이런 호기심이 질문의 시작이 된다. 왜 주인공이 그렇게 행동했을까? 이 단어의 뜻은 무엇일까? 이 인물은 어떤 성격일까? 어떻게 생겼을까? 이것 말고 다른 이유는 없었을까? 나라면 어떻게 했을까? 만약에 이런 일이 우리 집에서 일어난다면 어떨까? 이 글을 쓴 작가가 나에게 해주고 싶은 말은 무엇일까?

아무 생각 없이 책을 읽는 것은 불가능하다. 책을 읽으면서 우리는 내용에 대한, 혹은 그 이면의 어떤 것에 대한 호기심이 생기게 되고 관련된 질문을 머릿속에 자연스럽게 떠올리게 된다. 머리에 물음표가 떴을 때 우리는 생각을 시작하게 되고 그에 대한 답을 찾아 나간다. 답을 찾는 과정에서 꼬리에 꼬리를 물고 다른 질문을 하게 되고 또 그 답을 찾아나가는 반복 과정을 거치게 되는 것이다.

워낙 아이들이 질문을 잘 안하다보니 나는 질문하는 아이들을 많이 칭찬해 준다. 수업을 나 혼자 이야기하며 진행하는 것은 재미가 없다. 아이들이 질문을 하고 그에 대한 답을 같이 찾아갈 때 살아있는 수업이라 느껴진다.

많은 아이들 중 유난히 형진이는 질문을 자주 한다. 때론 엉뚱할 때도 있지만 수업 내용에 대해 뭔가를 생각한다는 것은 그만큼 몰입해서 수업에 참여한다는 것을 의미한다. 또 한 아이의 질문은 다른 아이들의 머리 위에도 물음표를 띄워주며 생각할 수 있는 기회를 마련해 주기 때문에 질문은 언제나 환영이다.

형진이는 다른 아이들과 뭐가 다른 것일까? 형진이의 가장 큰 장점은 책을 많이 읽는다는 것이다. 책을 읽으면서 모르는 단어가 있거나 궁금한 것이 생기면 형진이는 주저 없이 나에게 와서 질문을 한다. 그 아이가 독서하는 모습을 가만히 보자면 계속 책을 읽지 않고 어느 부분에서 뭔가를 생각하는 듯 하는 표정이 보인다. 골똘히 생각을 하다가 뭔가 해결됐다는 듯 하는 표정을 보이며 다시 책 읽기에 들어간다. 독서를 하면서 계속 스스로 질문하고 답을 찾아나가는 것이다.

형진이처럼 책을 읽으며 계속 질문하는 아이들은 자신의 문제에 대해서, 혹은 사회의 문제에 대해서도 질문을 던지고 적극적으로 답을 찾아나갈 수 있는 역량을 가지게 될 것이다. 평소 질문하지 않는 아이는 뭐든 소극적일 수밖에 없다. 늘 누군가 전해 주는 지식에만 의존해 왔기 때문이다. 질문의 시작인 호기심도 일어나지 않는다. 하지만 책을 읽게 되면 알고 싶은 것이 생기고 궁금한 것이 보인다. 억지로 질문해라, 질문해라 할 필요가 없다. 책을 읽으면 너무 당연하고 자연스러운 과정이 되기 때문이다.

　세계 정상이 모인 곳에서 자신이 궁금한 점을 당당하게 물을 수 있는 용기는 평소 질문의 습관에서 비롯된다. 내 아이를 질문의 기회를 받고도 창피해서, 뭘 질문해야할지 몰라서, 틀릴까봐 주저하고 있는 바보 같은 아이로 키울 것인가?

　어릴 때부터 가지고 있던 선천적인 호기심들을 계속 유지시키고 새로운 세상에의 호기심으로 자연스럽게 연결시켜 더 많은 질문을 하도록 할 수 있는 효과적인 방법이 독서이다. 질문하는 아이가 모르는 것을 알아갈 수 있으며 그에 따라 당연히 똑똑해질 수밖에 없다.

　시험은 잘 보는데 생각이 없는 아이로 키울 것인가? 진짜 공부 잘하는 실력이 있는 아이로 키우기 위해서는 주입식 교육을 할 것이 아니라 스스로 질문할 수 있게 독서를 권할 일이다. 독서를 통해 스스로 질문하는 능동적이고 적극적인 아이로 키우자.

## 전집과 낱권 중 어떤 것이 좋을까?

전집을 사주면 성의 없게 여겨지거나 아이의 교육에 관심 없는 것처럼 보일 거라 걱정하는 경우가 종종 있다. 개인적으로는 전집과 낱권이 큰 문제가 되지 않는다고 생각한다. 엄마가 좋은 책을 낱권으로 골라 번번이 아이에게 추천해 준다는 것은 아주 힘든 일이다. 이런 현실에서 무조건 낱권으로 사야 좋은 교육이고 성의 있다고 말할 수는 없다.

전집과 낱권의 책은 상황에 따라 유익한 경우가 다르다. 위인전이나 과학, 역사의 경우 전집으로 구비하는 것이 좋다. 책장에 한국 위인, 외국 위인에 대한 전집이 있으면, 꽂혀 있는 책 제목만 봐도 위인의 이름에 익숙해지고, 하나씩 꺼내보며 위인의 삶을 비교해 볼 수도 있다. 어릴 때 읽었던 위인 전집은 아이에게 꿈을 키우고 훌륭한 사람이 되고자 의지를 가져다주는 초석이 된다. 이런 이유로 위인 전집은 꽤 추천할 만하다.

또 요즘 나오는 과학, 역사책들은 전집류가 정리가 아주 잘되어 있다. 과학의 경우 낱권은 큰 주제를 다루고 있어 여러 가지 내용, 여러 가지 난이도로 구성되어 있기 쉽다. 하지만 전집은 큰 주제를 잘게 쪼개서 한 권씩 분권된 형태로, 알고 싶은 내용만 들어간 책을 고르기 쉽고 다양한 주제를 여러 권의 책에서 접할 수 있으므로 아이들의 호기심을 자극하고 채워 줄 수 있다. 역사책도 긴 흐름이 있기 때문에 전집류가 통일되고 자세히 알기 유리하다. 워낙 내용이 방대하여 한두 권에 담기도 어렵고, 시대마다 낱권의 책을 사는 것도 사실 무리이기도 하다.

하지만 문학책 등은 낱권으로 사는 것이 좋다. 출판사, 작가를 다양하게 접하고 주제도 다양하게 다뤄야 아이들의 감성을 높이고 다양한 사람들의 생각을 배울 수 있다.

전집을 사면 이상하게 다른 책을 잘 안 사게 되는데 그러면 아이들이 책을 통해 경험하는 폭이 전집으로 제한될 수 있다. 아이들이 마음껏 상상하고 그동안 미처 생각하지 못했던 것들을 발견하고 깨달을 수 있도록 다방면에서 자극해 줄 수 있는 낱권의 책을 골라 읽게 해 주는 것이 필요하다.

경우에 따라 더 도움이 되는 것이 있지만, 전집이든 낱권이든 책을 좋아하고 스스로 읽으려 한다면 전집이냐 낱권이냐가 중요한 것이 아니다. 낱권으로 골라줘야 한다는 부담을 내려놓고 아이들이 책을 좋아하도록 경험을 제공하는 데 초점을 맞추자.

# 4장

## 선행 학습이 필요 없는
## 교과서를 활용한 학년별 융합 독서 전략

# 학년별 교과과정으로
# 미리 배우는 선행 독서법

　엄마들은 잘하는 아이를 원한다. 잘한다는 것은 흔히 학교 시험을 잘 보거나 학교에서 인정받는 아이가 되는 것을 말한다. 학교에서 시험 문제를 출제하는 교사들은 교과서를 보면서 머리를 짜낸다. 교과서를 보고 시험 문제를 출제하는 것이니 학생들이 공부해야 할 대상은 사실 정해져 있다. 결국 공부의 기본은 교과서인 것이다. 교과서만 공부해도 잘 할 수 있는데 요즘 아이들은 너무 많은 문제집과 선행학습으로 엉뚱한 공부를 하는 건 아닌지 늘 걱정이다. 교과서는 최고의 진리를 담고 있는 책은 아니다. 하지만 아이들이 현재 알아야 할 기본적인 내용을 담고 있는 최선의 책이다. 교과서, 그리고 교과 내용과 관련된 독서만으로 효율적인 학습이 가능하다.

　현재는 2015 개정 교육 과정으로, 시대의 흐름과 변화에 맞춰 2년에 한 번씩 개정되고 있다. 다음 학기 교과서는 보통 그 전 학기가 끝나기 며칠 전에 배부한다. 방학동안 다음 학기 교과서를 활용한다면 시간을 알차게 보낼 수 있는데 새 학기 교과서의 존재가 그다지 중요하게 여겨지는 것 같지 않다. 선행 학습의 기본은 새 학기의 문제집이나 학원 교재가 아니라 '교과서'다. 교과서를 활용하는 독서 방법을 소개하고자 한다.

일단 엄마들이 교과서의 기본적인 구성을 알아야 한다. 독서의 기본인 읽기 기능을 주로 다루는 국어 교과를 예시로 살펴 보자. 우선 학기마다 국어 교과는 가, 나 두 권으로 나뉘어 있고 국어 교과서의 보조자료 형태로 국어활동 교과서가 더해진다. 각 학년마다 성취해야 하는 목표(성취 기준)가 있는데 그것을 달성하기 위해 단원이 구성되어 있다. 각 차시별 활동들을 단계적으로 밟아 나가면 최종적으로 성취 기준에 다다르게 된다.

새 교과서를 받으면 엄마들은 가정에서 아이들과 함께 교과서의 목차부터 차례대로 살펴봐야 한다. 무엇을 배울지가 단원명과 각 차시 맨 위에 '이야기를 읽고 사건의 흐름을 파악하는 방법을 알아 봅시다.'처럼 학습 문제 형태로 제시되어 있다. 이 문제들이 아이들이 방학 동안 책 읽기 전에 이 책을 어떤 방향에서 읽어아 할지를 정하는 데 도움을 주는 힌트들이다.

교과서에 수록된 책을 읽을 때 다음 학기에 제시되는 문제들을 목표로 삼아 연습해 본다면 이게 진짜 선행 학습이 되는 것이다. 직접적으로 교과서 내용을 공부하는 것은 다음 학기 아이들이 학교에서 배울 때 이미 배운 내용이기 때문에 흥미를 떨어트리고 학교 수업시간의 집중력을 흐리기 때문에 아이들에게 도움이 되지 않는다. 교과서에서 힌트를 얻어 그 방향으로 독서를 하는 것이 좋다.

또 교과 연계해서 할 수 있는 방법은 교과서에 수록된 지문의 원문을 읽어보는 것이다. 교과서에 실린 지문들은 책 한 권에서 일부를 발췌한 것이기 때문에 내용 전체를 이해하는 데는 한계가 있다. 아이들은 책 전체를 읽으면서 인물에 대해 이해를 깊이 할 수 있고 교과서의 일부 글로는 알 수 없는 내용을 파악함으로써 더 큰 깨달음과 감동을 얻을 수 있다. 또 자신이 읽은 책의 일부가 교과서에 나왔을 때 아이들은 자신감을 가지고 수업에 임할 것이고 교사의 설명도 더 쉽게 이해할 것이다.

많은 사람들이 잘 모르는 것이 있는데, 사실 국어 교과서 맨 뒤에 보면 교과서 수록 도서가 아예 정리가 되어 있다. 책 목록을 교과서를 뒤져가며 찾을 필요가 없다. 또 요즘은 인터넷서점에 들어가면 교과서 수록 도서를 세트로 묶어서 팔기도 하고 교과서 수록 도서라고 표시가 되어 있어서 쉽게 찾을 수 있다. 보통 교과서 수록 도서들은 학교 도서관에 많이 구비되어 있으니 이를 활용해도 좋다.

여기에서 한 가지 주의해야 할 점은, 교과서에서 배우기 전에 책 전체의 내용을 알면 안 되는 지문들이 있다는 것이다. 예를 들어 배울 내용이 '앞 뒤 내용을 예측해보기', '교과서 지문에서의 등장 인물 성격 파악해보기'라면 내용 전체를 아는 것이 오히려 아이들이 활동을 하는 데 방해가 될 수 있다. 이런 경우 아이들이 교과서 지문만으로 해결해야 하는데 책 전체의 내용을 가지고 접근하게 된다. 또 이미 결론을 아는 상태라면 창의적이고 확장된 사고를 하는 것을 방해할 수 있다. 그러므로 엄마들이 미리 교과서 수록 도서를 읽게 하려 한나면 교과서의 성취 기준들을 살펴보고 판단해야 한다. 물론 교과서에서 배우고 나서 전체를 읽는 건 언제나 좋다. 이미 읽은 책에 대해 흥미나 호기심이 떨어져서 수업 시간에 몰입도가 떨어지기도 하므로 학교에서 진도가 끝난 후 복습 차원으로 읽는 것도 아이의 이해를 돕는 데 효과적이다.

다른 독서 방법으로는 교과서에서 실린 지문에서 주제를 뽑아내는 방법이다. 예를 들어 4학년 1학기 국어-가 교과서에는 《가훈 속에 담긴 뜻》, 《동물이 내는 소리》, 《에너지를 절약하자》, 《돈은 왜 만들었을까?》, 《생태 마을 보봉》, 《독도를 다녀와서》 등의 지문이 실려 있다. 여기에서 주제만 정리하는 것이다. 엄마들은 아이들과 함께 교과서를 보며 '가훈', '동물', '에너지', '돈', '생태마을', '독도'와 같은 주제들을 종이에 적는다. 그런 다음 이 주제들 중에 아이들에게 알아 보고 싶은 것이 있는지 의견을 물어본다. 한 가지만 정해도 되고 관심 있는 순서를 정해도 된다. 주제를 정했으면 그것을 가지고 궁금한 점이나 생각

나는 것들을 마인드맵이나 브레인스토밍으로 자유롭게 써 본다.

예를 들어 '동물'을 주제로 정했다고 가정해 보자. '숲', '호랑이', '바다 물고기', '동물의 수명', '동물의 종류', '동물이 사는 곳', '애완동물' 등을 쓸 수 있을 것이다. 이렇게 여러 가지 생각들을 먼저 꺼내놓은 다음 도서관이나 서점에 가서 관련된 책을 찾아보는 것이다. 자신이 정한 주제를 가지고 책을 고른 것이기 때문에 막연히 책을 읽을 때보다 훨씬 더 관심을 가지고 집중해서 읽을 것이다.

다른 예로 4학년 1학기 국어-가 4단원 '일에 대한 의견'에 실린 《묵직한 수박 위로 나비가 훨훨!》이라면 '민화', '여성 미술가'와 관련된 책을 아이들과 함께 찾아서 읽어 보는 것도 좋은 공부가 될 수 있다. 직접적으로 교과서에 실린 지문의 책을 읽어 보는 것보다 어쩌면 이렇게 주제 중심으로 확장되는 공부를 독서로 해 나가는 것이 진짜 공부일 것이다. 어떤 책을 읽어야 할지 막연하게 서가에 설 필요 없다. 이렇게 주제 중심으로 책을 고른다면 읽을 책은 무궁무진하게 많아진다. 관련된 주제로 독서를 한 상태에서 교과서 지문을 읽었을 때는 내용 이해가 빨라질 것이고 머릿속에 구조화도 확실히 이루어질 것이다.

위에서 소개한 방법들은 교과서를 활용한 선행 독서법으로, 학원에서 달달 외우는 공부나 문제집을 푸는 것보다 훨씬 아이들에게 유용하다. 직접적인 방법보다 간접적인 독서의 방법으로 배경지식을 넓혀준다면 아이들은 나중에 크게 실력을 발휘할 것이다. 아이들이 교과와 관련된 독서를 통해 진짜 제대로 된 선행 학습을 하도록 도와주자. 다른 아이들보다 10m 더 앞에서 뛰어갈 수 있는 방법이다.

교과서는 아이들이 읽을 책에 대해 알려 주는 아주 좋은 힌트다. 교과서에 수록된 도서, 교과서에서 배우는 지문들과 관련된 주제들을 하나씩 책으로 찾아 읽는다면 아이들은 스스로 읽을 책의 방향을 정하고 책을 골라 읽는 경험을 할 수 있다.

또 하나의 주제와 관련된 다양한 소주제에 대해 탐색해봄으로써 지식을 확장하고 궁금증을 해소해 나가며 배움의 즐거움을 누릴 수 있을 것이다. 이런 자기 주도적 독서 습관은 학교에서의 학습 태도와 능력에도 직접적으로 영향을 미칠 것이고 좋은 성적으로 이어질 것이다. 교과서를 보라. 그리고 교과서와 관련된 독서를 하라.

# 2015 개정 교육 과정의 이해

　나는 학교에서 매년 다른 학년의 아이들을 맡는다. 초등학교 기간 몇 년 새 얼마나 달라질까 싶을지도 모르지만, 아이들의 성장 속도는 생각보다 빠르다. 작년에 맡았던 아이들이 다음 해에 찾아오면 몇 달 차이인데도 많이 달라진 모습에 신기하기도 하다. 아이들은 정말 빨리 자라고 변화한다. 눈에 보이지 않지만 매일매일.

　같은 초등학생이라도 학년에 따라 읽어야 할 책의 차이가 크다. 그래서 엄마들은 초등학교 전반의 독서 교육 방향과 흐름을 알고 각 독서 단계별로 어떻게 지도해야 할지 체계적인 독서 지도 전략을 짜야 한다. 숲도 볼 줄 알아야 하고 나무도 살필 줄 알아야 하는 것이다. 특히 사회, 과학 과목의 경우 배경지식에 따라 아이의 수업 이해도와 학습 능력은 현저하게 달라지므로 전략적인 독서가 반드시 필요하다. 엄마의 세심한 전략으로 내 아이 독서 교육을 제대로 해보자.

교육 과정은 아이들에게 무엇을, 어떻게, 왜, 어느 정도로 지도해야 할지에 대한 기본 설계에 해당된다. 국가가 시대의 흐름, 학습자의 요구, 사회의 변화에 따라 교육 과정을 개정하여 고시하게 되고, 시, 도교육청에서 교육 과정 편성 운영 지침을 마련하면 그에 따라 각 학교에서는 학교 교육 과정을 만들게 된다. 현재 우리 교육 과정은 2015 개정 교육 과정에 해당되며 학년 군 별로 순차 적용되고 있다. 2017년에는 1, 2학년군, 2018년에는 3, 4학년군의 교육과정 개정이 이루어졌고, 2019년에는 5, 6학년의 교육과정이 개정될 예정이다.

4차 산업혁명 시대로의 변화에 맞춰, 개정 교육 과정의 첫 번째 비전은 '바른 인성을 갖춘 창의 융합형 인재양성'이다. 자기관리 역량, 지식정보처리 역량, 창의적 사고 역량, 심미적 감성 역량, 의사소통 역량, 공동체 역량을 갖춘 사람을 의미한다. 다방면의 지식을 가지고 새로운 것을 창조해낼 수 있는 사람을 지향한다.

또 개정 교육 과정에서는 학습 경험의 질 개선을 위해 많이 알게 하고 경쟁을 부추기는 교육이 아닌, 배움을 즐기는 행복 교육으로의 전환을 추구한다. 학습 부담을 최소화하기 위해 교과별로 성취 기준을 축소했고 토의 토론 학습, 프로젝트 학습, 체험 학습, 탐구 학습 등 학생들이 적극적으로 참여할 수 있는 기회를 늘렸다. 또 질문과 토론을 통해 새로운 상황에서 다양한 방안을 모색할 수 있는 사고 능력을 기르기 위한 과정 중심의 활동들을 늘렸다. 평가 또한 수행 과정을 중심으로 할 수 있도록 개선했다.

개정 교육 과정이 비전으로 삼은 '창의 융합형 인재'는 다양한 지식을 알고 그 지식을 융합하여 새로운 아이디어를 낼 수 있어야 한다. 다양한 분야의 지식을 얻고 창의적으로 조합하여 새로운 생각을 만들어 낼 수 있는 가장 좋은 루트는 '독서'다. 이번 개정 교육 과정에서 중점으로 두는 몇 가지 중 하나가 '한글과 독서 교육 강화'다. 2018년 개정된 3, 4학년 국어 교과서에는 독서 단원이 신설되었다. 국어 교과서 맨 앞부분에 독서의 전, 중, 후 단계에서의 활동을 배우게 된다. 또 학생 스스로 책을 골라 '한 학기에 한 권 읽기' 활동을 하게 된다. 본격적인 독서 교육이 학교 안에서 이루어지는 것이다. 짧은 교과서 글의 한계에서 벗어나 온전한 책 한 권을 읽음으로써 책에 대한 관심을 가지고 생각의 범위를 확대해 나가는 데 도움을 줄 것이다.

또 대입 수시의 학생부종합전형에서는 자기소개서와 독서 활동 중심의 면접으로 변하였고 수능의 국어 과목 독서 부분은 매우 어렵게 출제되고 있다. 이제 공부하다가 여유 시간에 책을 읽어서는 성적도, 시대의 흐름도 잡을 수 없다. 독서 여부가 성적을 좌우하고 미래의 성공 여부를 가른다. 독서로 공부해야 하는 시대다. 반드시 독서를 중심에 두고 아이들의 생활을 구성해야 한다.

# 1학년,
## 새로운 환경에 적응하고
## 규칙을 알아가는 시기

처음 학교라는 곳에 입학하여 새로운 환경을 맞이한 아이들에게는 모든 것이 낯설고 알아가야 할 것 투성이다. 유치원에 비해 규칙도 엄격해지고 반 친구들 인원도 많아져서 적응하는 시간이 필요하다. 또 누군가 도와주는 생활에서 벗어나 조금씩 스스로 할 수 있는 것들을 늘려나가야 한다. 처음에 입학한 아이들은 유치원 아이들과 다를 것 없이 자유롭고 자기중심적이지만 1학년 한 해가 지나면서 많이 다듬어지고 정돈되어 간다.

교과서는 '국어, 수학, 통합 교과(봄, 여름, 가을, 겨울), 안전한 생활'로 이루어져 있다. 통합 교과는 놀이를 통해 학습하는 과목이고, 수학을 제외한 교과서의 내용은 한글 익히기, 습관과 규칙 형성이 대부분이다. 많은 엄마들이 아이에게 한글을 익히게 한 상태에서 학교에 입학시키지만 교육 정도에 따라, 아이의 발달 상황에 따라 한글을 잘 모르는 상태에서 입학하기도 한다. 한글을 아는 상태에서 입학하면 배우는 과정이 훨씬 쉽게 느낄 수 있겠지만 한글을 읽고 쓰지 못 한다고 해서 지나치게 걱정할 필요는 없다. 느리더라도 차근차근 단계적으로 해 나간다면 한글을 못하는 아이는 없다.

1학년 아이들은 적응에 필요한 책들을 읽게 하는 것이 좋다. 또 규칙이나 시간 개념을 알 필요가 있으니 관련 책들이 도움이 된다. 자기중심적인 경향이 강한 시기이므로 친구 관계에서 어떻게 행동해야 할지 아는 것도 필요하다. 이 시기에는 습관 형성도 중요한 과제다. 시간을 알고 자신의 생활을 시간에 맞게 조절할 수 있는 습관, 정리정돈 습관, 말 습관, 건강한 생활 습관 등이 길러질 수 있도록 힘써야 한다. 좋은 책들이 습관 형성에 가이드가 될 것이다.

1학년은 자음과 모음, 받침 있는 글자, 문장부호 등에 대해 배운다. 이런 수준에서는 그림책이 효과적이다. 적당한 길이의 글과 함께 그림이 섞여 있어 부담 없이 책을 읽어 나갈 수 있다. 아이들은 그림과 실제, 그리고 단어를 연결해서 학습하게 되기 때문에 그림책의 그림은 실제 대상을 왜곡하지 않은, 현실에 가까운 것이 좋다. 또 내 아이의 한글 읽기 수준에 따라 한 쪽에 몇 줄 정도 들어간 그림책을 선택할지 결정해야 한다. 물론 문학성과 교훈은 기본이다.

## 📚 좋은 습관을 키워 주는 1학년 추천 도서

| 도서명 | 저자 | 출판사 |
| --- | --- | --- |
| 《나의 첫 사회생활》 | 김정화 | 길벗스쿨 |
| 《인생을 바꾸는 습관》 | 이민규 | 끌리는책 |
| 《왜 나만 시간이 없어》 | 박윤경 | 리틀씨앤톡 |
| 《아주 무서운 날》 | 탕무니우 | 찰리북 |
| 《칠판 앞에 나가기 싫어》 | 다니엘 포세트 | 비룡소 |
| 《벗지 말걸 그랬어》 | 요시타케 신스케 | 스콜라 |
| 《처음 정리 생활》 | 다쓰미 나기사 | 책속물고기 |
| 《초등학교 입학을 축하합니다!》 | 최옥임 | 키즈엠 |
| 《건강을 책임지는 책》 | 채인선 | 토토북 |
| 《딱 5분만 더 놀면 안 돼요?》 | 은희 | 키위북스 |
| 《만지지마, 내 거야》 | 유희정 | 휴먼어린이 |
| 《여섯 가지 습관으로 최고의 아이가 되는 법》 | 먼로 리프 | 밝은미래 |
| 《친구관계, 이것만은 알아 둬!》 | 박현숙 | 팜파스 |
| 《어린이를 위한 생각 정리의 힘》 | 김현태 | 참돌어린이 |
| 《왜 마음대로 하면 안 돼요?》 | 양혜원 | 좋은책어린이 |
| 《학교 가기 조마조마》 | 어린이통합교과연구회 | 상상의집 |
| 《1학년이 꼭 읽어야 할 교과서 안전백과》 | 유시나 | 효리원 |
| 《몸: 잘 자라는 법》 | 전미경 | 사계절 |
| 《학교에 갈 때 꼭꼭 약속해》 | 박은경 | 책읽는곰 |
| 《신호등이 깜빡깜빡》 | 박신식 | 소담주니어 |
| 《쿠키 한 입의 인생 수업》 | 에이미 크루즈 로젠탈 | 책읽는곰 |
| 《미리 보고 개념 잡는 초등 띄어쓰기와 받아쓰기》 | 이재승, 이정호 | 미래엔아이세움 |
| 《초등학생을 위한 맨 처음 어휘 맞춤법 띄어쓰기》 | 김영주 | 휴먼어린이 |

1학기 국어 - 나 '8. 소리 내어 또박또박 읽어요' 단원에서 '음독'에 대한 내용을 다룬다. 띄어 읽으면 좋은 점을 배우고 글을 띄어 읽는 연습을 하며, 문장부호가 있을 때 어떻게 읽으면 되는지 연습한다. 또 '7. 생각을 나타내요' 단원에서는 문장을 소리 내어 읽는 연습을, 2학기 국어-가 '5. 알맞은 목소리로 읽어요' 단원에서는 소리 내어 시, 이야기 읽기를 해 보고 좋아하는 글을 찾아 친구에게 읽어 주는 활동을 한다.

보통 책을 읽으라고 하면 조용히 눈으로 읽는 것을 생각하지만 1학년 아이들은 소리 내어 읽도록 하는 것을 추천한다. 아직 묵독이 어려운 시기이므로 억지로 조용히 책을 읽으라고 하지 말고 자유롭게 소리 내어 읽게 하는 것이 좋다. 어차피 묵독을 하게 될 텐데 음독을 가르쳐야 하는가에 대해 의문이 들 수도 있다. 하지만 고학년 국어 수업 시간에 지문을 돌아가면서 읽다 보면 잘 읽지 못하는 학생들이 꽤 많다. 읽을 때 자주 끊기고 더듬거리며 적당한 곳에서 끊어 읽지 않아 자연스럽지 못하다. 저학년 때 충분한 음독 연습이 안 되었기 때문이다. 음독을 하면 문장을 어디에서 끊어 읽어야 하는지 알 수 있고 받침이 있는 단어들을 정확히 읽을 수 있으며 조사를 빠트리지 않게 된다.

엄마의 책 읽어 주기는 음독에 큰 도움이 된다. 엄마가 정확한 발음과 생생한 목소리, 풍부한 감정을 담아 읽어 준다면 아이들은 자연스럽게 따라하고 배우게 될 것이다. 거꾸로 엄마에게 책을 읽어 주게 하여 음독을 연습할 수 있게 해도 좋다. 이 때 그냥 흘려듣지 말고 발음이 되지 않는 받침이 있는지, 조사를 빠트리고 읽는 곳은 없는지, 호흡이 자연스러운지, 어색하게 끊어 읽고 있지는 않은지 파악하여 올바르게 읽을 수 있도록 알려줘야 한다.

글자와 문장부호를 배우는 단계여서 아직 문장을 길게 쓰기 어려우므로 독후 활동은 짧은 문장으로 해야 한다. 느낌 말하기, 재미있는 부분을 찾아 말하기, 새롭게 알게 된 점 말하기, 재미있게 읽은 책을 친구나 동생에게 소개하기 등이 교과서에서 다루어지는 만큼, 평상시 독서를 하면서 연습하는 것이 좋다. 2학기 국어-나 '10. 인물의 말과 행동을 상상해요' 단원과 연계하여, 책을 읽고 책 속 인물의 모습이나 재미있는 장면을 상상해서 말해 보거나 그림으로 그려보는 것도 아이들에게 재미있는 독후 활동이 될 것이다.

1학년 아이들은 상상력이 매우 풍부해서 인물이나 사건, 생각들을 자신만의 언어로 이야기할 때가 많다. 독후 활동을 할 때 아이들이 어른의 시선으로는 잘 이해가 안 가고 엉뚱해 보여도 존중해 주어야 한다. 자유로운 표현을 보장해 주어야 흥미를 잃지 않을 수 있다.

# 2학년,
# 호기심이 폭발하는 시기

학교에서 1학년과 2학년은 저학년으로 묶이지만 차이는 꽤 크다. 2학년은 학교생활에서 훨씬 체계가 잡힌 모습을 보이며 규칙을 알고 생활한다. 또 1학년 때처럼 알아듣기 힘든 자기 언어로 이야기하기보다는 현실적으로 생각하고 실제적으로 표현하기 시작한다. 1학년 때 독서를 꾸준히 해 온 아이들은 2학년이 되면 새로운 책에 대한 호기심이 많아진다. 이런 아이들에게는 다양한 분야의 책을 접하게 하는 것이 호기심을 충족시켜 주는 데 좋다. 물론 아직 읽기가 완벽하게 유창하지 않기 때문에 책은 읽기 쉬운 수준이어야 한다.

교과서는 1학년과 마찬가지로 '국어, 수학, 통합 교과(봄, 여름, 가을, 겨울), 안전한 생활'로 이루어져 있다. 통합교과는 주제별 통합으로 이루어지는데, 아이들이 주제에 따라 흥미를 가지고 적극적으로 활동을 해 나가려면 역시 책을 다양하게 읽고 호기심을 갖게 하는 것이 필요하다. 또 수학에서는 사칙연산을 배우기 시작한다.

1학기 국어-가는 '1. 시를 즐겨요' 단원에서 시 속의 인물의 마음을 상상해 보기 활동, '3. 마음을 나누어요' 단원에서 마음을 표현하는 단어들을 익힌 후 글을 읽고 인물들의 마음을 생각해 보고 표현하는 활동이 나온다. 그리고 1학기 국어-나에서는 글쓴이의 마음을 짐작하며 읽기 활동, 인물의 마음을 상상하며 이야기 읽기 활동이 나온다.

이 시기의 아이들은 학교에서 친구들과의 관계를 본격적으로 시작하기 때문에 다른 사람의 마음을 공감하고 이해할 수 있는 능력이 무엇보다 필요하다. 그러므로 마음을 감화시켜 줄 수 있는 책을 읽어야 한다. 생활 동화, 창작 동화 등을 많이 읽게 해서 다양한 등장인물의 마음을 생각해 보고 이해하는 경험을 해 볼 것을 권한다. 이렇게 독서를 통해 얻은 공감 능력은 아이들의 사회성을 기르는 데 크게 도움이 될 것이고 누군가에게 인정받고 싶어하는 이 시기 아이들의 욕구를 채워줄 것이다.

### 📖 사회성을 돕는 2학년 추천 도서

| 도서명 | 저자 | 출판사 |
| --- | --- | --- |
| 《가방 들어주는 아이》 | 고정욱 | 사계절 |
| 《줄무늬가 생겼어요》 | 조세현 | 비룡소 |
| 《마법의 설탕 두 조각》 | 미하엘 엔데 | 소년한길 |

| | | |
|---|---|---|
| 《화요일의 두꺼비》 | 러셀 에릭슨 | 사계절 |
| 《짜장 짬뽕 탕수육》 | 김영주, 고경숙 | 재미마주 |
| 《행복한 늑대》 | 엘 에마토크리티코 | 봄볕 |
| 《내 동생 싸게 팔아요》 | 임정자 | 미래엔아이세움 |
| 《욕심쟁이 딸기 아저씨》 | 김유경 | 노란돼지 |
| 《잔소리 없는 날》 | 안네마리 노르덴 | 보물창고 |
| 《까막눈 삼디기》 | 원유순 | 웅진주니어 |
| 《발레 하는 할아버지》 | 신원미 | 머스트비 |
| 《비닐봉지 하나가》 | 엄혜숙 | 길벗어린이 |
| 《멋진 여우 씨》 | 로알드 달 | 논장 |
| 《청와대로 간 토리》 | 홍민정 | 단비어린이 |
| 《세상에서 제일 잘난 나》 | 김정신 | 소담주니어 |
| 《까만 나라 노란 추장》 | 강무홍 | 웅진주니어 |

　아이들의 순수한 마음을 자극하고 상상의 나래를 마음껏 펼 수 있는 동화들도 좋은 자극이 될 수 있다. 가슴 뛰는 꿈을 가지도록 도와줄 수 있는 책도 좋다.

📖 상상력을 돕는 2학년 추천 도서

| 도서명 | 저자 | 출판사 |
|---|---|---|
| 《책 먹는 여우》 | 프란치스카 비어만 | 주니어김영사 |
| 《요시타케 신스케 그림동화 시리즈》 | 요시타케 신스케 | 주니어김영사 |
| 《엉뚱한 수리점》 | 차재혁 | 노란상상 |
| 《헛다리 너 형사》 | 장수민 | 창비 |
| 《얘야, 아무개야, 거시기야》 | 천효정 | 문학동네이야기 |

| 《내 꿈은 방울토마토 엄마》 | 허윤 | 키위북스 |

감정은 어른에게도 숙제지만 아이들도 마찬가지다. 아이들이 조금씩 커지면서 다양한 감정을 경험하게 된다. 스스로의 감정에 대해, 그리고 다른 사람의 감정에 대해 이해할 수 있는 책들이 아이들의 마음 성장에 기여할 것이다. 또 감정을 적절히 표현하는 방법도 책을 통해 배운다면 자신의 감정을 다스리는 데 도움이 될 것이다.

📖 감정의 이해를 돕는 2학년 추천 도서

| 도서명 | 저자 | 출판사 |
| --- | --- | --- |
| 《아홉 살 마음 사전》 | 박성우 | 창비 |
| 《나는 나의 주인》 | 채인선 | 토토북 |
| 《눈물바다》 | 서현 | 사계절 |
| 《변신돼지》 | 박주혜 | 비룡소 |
| 《눈을 감아 보렴!》 | 빅토리아 페레스 에스크리바 | 한울림스페셜 |
| 《나를 표현하는 열두 가지 감정》 | 임성관 | 책속물고기 |
| 《42가지 마음의 색깔》 | 크리스티나 누녜스 페레이라, 라파엘 R. 발카르셀 | 레드스톤 |

독후 활동은 1학기 국어-가 '3. 마음을 나누어요' 단원, 국어-나 '8. 마음을 짐작해요' 단원과 관련지어, 책에 등장하는 인물의 마음을 짐작해 보기도 하고 읽고 난 생각과 느낌을 말이나 글로 표현해 봐도 된다. 2학기 국어-나 '7. 일이 일어난 차례를 살펴요' 단원에서 이

야기를 읽고 인물의 모습을 상상하고 사건이 일어난 차례대로 정리하는 방법을 배우게 되므로, 인물의 모습을 상상해서 그림으로 표현하거나 책을 읽고 줄거리를 순서에 맞게 정리해 볼 수 있다. 또 '9. 주요 내용을 찾아요' 단원과 관련지어서는 책을 읽고 주요 내용이 무엇인지 짧게 정리해 보는 것도 좋다. 또 등장인물에게 하고 싶은 말을 편지로 쓰거나 인터뷰의 형태로 등장인물의 마음을 상상해서 표현해 보는 것도 추천하고 싶은 활동이다.

# 3학년,
# 또래 관계 형성과 학습이
# 본격적으로 시작되는 시기

3학년은 아이들이 학교에서 큰 변화를 겪는 시기다. 주당 수업 시간 수가 3시간 정도 많아지고 통합 교과가 사라진다. 대신 사회, 과학 같은 과목이 생겨 각 분야에 대한 공부가 본격적으로 시작된다. 사회, 과학은 과목 특성상 주제에 대해 얼마나 알고 있느냐가 흥미도와 집중도를 결정하고 이해 여부를 판가름한다. 이 시기에 어떻게 지도하느냐에 따라 독서 능력이 달라진다.

3학년 사회 과목은 사회 교과서와 시 단위 지역 교육청에서 발간한 지역 교과서(예. 우리고장 화성오산)로 구성되어 있다. 1학기 주제는 '우리 고장, 교통 · 통신' 등이다. 1학기 1, 2단원 우리 고장과 관련된 내용의 참고 도서는 사실 시중에 거의 없다. 수많은 지역을 다 다룰 수는 없기 때문이다. 읽을거리는 책만이 아니라 신문이나 인터넷 글까지도 포함하는 것이므로 더 넓은 범위에서 자료를 찾아 읽어볼 수 있도록 하자.

각 지역별 정보는 시군구 홈페이지에 가서 글을 읽는 것이 정확하고 자세하다. 화성시의 경우, 화성시청 홈페이지에 가면 '화성시 소개' 메뉴에 화성시 연혁이 있어서 시의 명칭이 어떻게 변화했는지 알 수 있고 화성시 행정지도가 전체, 각 동별로 탑재되어 있어 다운받을 수 있다. 또 '문화관광' 메뉴에 지역의 문화, 역사 관광지 정보가 있으므로 교과서 관련해서 검색해 보고 설명 글을 읽어보면 많은 도움이 될 것이다. 또 '화성시 향토박물관'처럼 지역에 따라 지역 박물관이 있기도 한데, 지역 박물관에는 그 지역의 역사가 전시되어 있으므로 아이들과 꼭 가보도록 하자.

우리 지역의 지도를 살펴 보는 것은 교과서에 나온 국토지리정보원 누리집의 디지털 영상지도뿐만 아니라 네이버 지도, 다음 지도 등에서도 가능하다. 방법도 간단하니 가족과 함께 아이들이 지도 읽기를 해본다면 아는 것과 실생활을 연결 짓는 데 큰 도움이 될 것이다.

이 단원들은 이론적인 것을 읽어서 아는 것도 중요하지만 실제 보고 듣고 경험해 보는 것이 중요하므로 가족들과 집 주변에서 점점 확장하여 걸어 보거나 자전거로 다녀 본다면 지리를 익히고 견문을 넓힐 수 있다. 차로 다니면서 보는 것은 시야가 제한되므로 추천하지 않는다.

## 📖 3학년 1학기 사회 과목 연계 추천 도서

| 도서명 | 저자 | 출판사 | 교과 단원 |
|---|---|---|---|
| 《3단계로 배우는 3학년 사회 교과서》 | 박신식 | 다봄 | 3학년 전반 |
| 《만화 나의 문화유산 답사기》(지역별로) | 유홍준 원저 | 녹색지팡이 | 3-1-2 |
| 《옛날의 교통 통신》 | 햇살과나무꾼 | 해와나무 | 3-1-3 |
| 《세상을 움직이는 교통 이야기》 | 정미애 | 다림 | 3-1-3 |
| 《(말 달리고 횃불 피우고) 옛 교통과 통신》 | 이향숙 | 주니어RHK | 3-1-3 |
| 《옛 사람들의 교통과 통신》 | 우리누리 | 주니어중앙 | 3-1-3 |

2학기 사회 주제는 '환경에 따라 다른 의식주 모습, 시대에 따라 다른 의식주 모습, 가족의 형태와 역할 변화' 등이다. 3학년 학생들의 호기심의 범위가 '나'에서 시작해 점차 내 주변, 다른 고장, 옛날의 모습, 다른 가족 등으로 확대되는 것이 반영되었다. 아이들이 다양한 방면의 책을 두루 읽음으로써 세상의 정보에 열린 마음을 가질 수 있도록 해야 한다. 교과서의 주제를 바탕으로 관련된 책을 찾아서 읽는 것은 학교 공부에 많은 도움이 될 것이다.

## 📖 3학년 2학기 사회 과목 연계 추천 도서

| 도서명 | 저자 | 출판사 | 교과 단원 |
|---|---|---|---|
| 《농촌체험》 | 최아람 | 주니어김영사 | 3-2-1 |
| 《또랑또랑 사회탐구동화 08. 산골 아이 찬이의 하루》 | 최수복 | 한국차일드아카데미 | 3-2-1 |
| 《교과서 으뜸 사회탐구 08. 깔깔이와 진군이의 어촌이야기》 | 김영란 | 한국헤르만헤세 | 3-2-1 |
| 《소중한 생활사 박물관》 | 권소연 | 계림 | 3-2-2 |

| 《모양도 쓸모도 제각각 조상들의 도구》 | 이영민 | 주니어RHK | 3-2-2 |
|---|---|---|---|
| 《조상들은 어떤 누구를 썼을까》 | 우리누리 | 주니어중앙 | 3-2-2 |
| 《우리나라 오천년 이야기 생활사<br>1-의식주 이야기》 | 원영주 | 계림 | 3-2-2 |
| 《사라져가는 세시풍속》 | 이동렬 | 상상스쿨 | 3-2-2 |
| 《우리나라 세시풍속》 | 이태희 | Homebook | 3-2-2 |
| 《(청사초롱이랑 꽃상여랑)관혼상제 이야기》 | 햇살과나무꾼 | 해와나무 | 3-2-2, 3 |
| 《이웃집에는 어떤 가족이 살까?》 | 유다정 | 스콜라 | 3-2-3 |
| 《어쩌다 우린 가족일까?》 | 장지혜 | 나무생각 | 3-2-3 |
| 《세상의 모든 가족》 | 알렉산드라 막사이너 | 푸른숲주니어 | 3-2-3 |

과학 과목 주제는 '물질, 동물, 자석, 지구, 지표(흙), 물질의 상태, 소리' 등이다. 처음으로 과학의 구체적인 분야를 배우게 되는 때이므로 호기심을 자극하는 많은 책을 접하게 해야 한다. 배경지식이 어느 정도 있어야 어려움 없이 새로운 과학 지식을 받아들일 수 있고 배경지식이 있는 아이들이 호기심도 갖는다.

### 3학년 과학 과목 연계 추천 도서

| 도서명 | 저자 | 출판사 | 교과 단원 |
|---|---|---|---|
| 《교과서 속 기초탐구》 | 이대형 | 한울림어린이 | 3-1-1 |
| 《브리태니커 만화백과: 물질과 변화》 | 봄봄스토리 | 미래엔아이세움 | 3-1-2 |
| 《별난과학 물질 이야기》 | 로지 맥코믹,<br>로버트 롤랜드 | 그린북 | 3-1-2 |
| 《손에 잡히는 과학 교과서 11-여러 가지 물질》 | 강현옥 | 길벗스쿨 | 3-1-2 |
| 《초등학생을 위한 맨처음 과학2:<br>물질 세계의 비밀을 밝혀라》 | 김태일 | 휴먼어린이 | 3-1-2 |

| | | | |
|---|---|---|---|
| 《관찰하고 탐구하고 1. 동식물이 한살이》 | 프랑수아즈 드 기베르 외 | 내인생의책 | 3-1-3 |
| 《애벌레가 들려주는 나비 이야기》 | 노정임 | 철수와영희 | 3-1-3 |
| 《세밀화로 보는 호랑나비 한살이》 | 권혁도 | 길벗어린이 | 3-1-3 |
| 《땅 위 땅 속》 | 주청쭝 | 현암주니어 | 3-1-3 |
| 《(알을 낳는 동물) 톡톡 누가 있을까?》 | 김현태 | 한국톨스토이 | 3-1-3 |
| 《신비한 동물의 세계》 | 클라우디아 톨 | 크레용하우스 | 3-1-3 |
| 《신비한 자석의 세계》 | 대한과학진흥회 | 스완미디어 | 3-1-4 |
| 《자석과 전자석, 춘천가는 기차를 타다》 | 장병기 | 북멘토 | 3-1-4 |
| 《길버트가 들려주는 자석 이야기》 | 정완상 | 자음과모음 | 3-1-4 |
| 《우리가 사는 지구의 비밀》 | 캐런 브라운 | 샤파리 | 3-1-5 |
| 《저학년이 보는 지구 이야기》 | 김은경 | 토피 | 3-1-5 |
| 《어린이를 위한 지구 탐험》 | 앙겔라 바인홀트 | 크레용하우스 | 3-1-5 |
| 《지구, 스스로 해보는 지구 환경 활동》 | 캐슬린 레일리 | 우리교육 | 3-1-5 |
| 《동물 박물관》 | 제니 브룸 | 비룡소 | 3-2-2 |
| 《동물 백과사전》 | 리처드 워커, 바바라 테일러 | 비룡소 | 3-2-2 |
| 《놀라운 생태계, 거꾸로 살아가는 동물들》 | 햇살과 나무꾼 | 논장 | 3-2-2 |
| 《우리와 함께 살아가는 동물 이야기》 | 한영식 | 미래엔아이세움 | 3-2-2 |
| 《흙 속 세상은 놀라워》 | 이완주 | 시공주니어 | 3-2-3 |
| 《지구의 주인 흙》 | 폴레 부르주아 | 주니어김영사 | 3-2-3 |
| 《아보가드로가 들려주는 물질의 상태 변화 이야기》 | 최원호 | 자음과 모음 | 3-2-4 |
| 《맛있는 과학 2-고체, 액체, 기체》 | 문희숙 | 주니어김영사 | 3-2-4 |
| 《쿵! 소리로 깨우는 과학》 | 안토니오 피세티 | 다림 | 3-2-5 |
| 《공기를 타고 달리는 소리》 | 이재윤 | 웅진주니어 | 3-2-5 |
| 《공기를 통해 전달되는 소리》 | 최원석 | 아이앤북 | 3-2-5 |

3학년은 일단 학교생활에 안정적으로 적응한 상태이므로, 수준을 높여 도덕적 가치, 인성에 대한 책을 읽게 하는 것도 아이를 성장시키는 데 도움이 된다. 요즘 학교폭력 사건이 시작되는 학년이 많이 낮아져 3학년 때부터 크고 작게 일어나고 있다. 왕따 사건도 3학년 때부터 많이 일어난다. 그만큼 인성에 대한 교육이 중요한 시기다. 자신의 감정과 다른 사람의 감정을 살필 수 있도록 책을 통해 여러 가지 감정을 간접 경험하게 해야 한다. 또 다양한 가치에 대해 책을 통해 접하고 인성을 갖춘 아이로 성장할 수 있도록 도와주자.

### 📖 인성을 잡아 주는 3학년 추천 도서

| 도서명 | 저자 | 출판사 |
| --- | --- | --- |
| 《나는 엄마를 기다려요》 | 김리라 | 별숲 |
| 《최악이야!》 | 하나다 하토코 | 책빛 |
| 《엄마, 쉬고 싶어요》 | 이상배 | 좋은꿈 |
| 《배떼기》 | 권정생 | 창비 |
| 《리디아의 정원》 | 데이비드스몰, 사라스튜어트 | 시공주니어 |
| 《아주 특별한 우리 형》 | 고정욱 | 대교출판 |
| 《꼴찌라도 괜찮아》 | 유계영 | 휴이넘 |
| 《프린들 주세요》 | 앤드루 클레먼츠 | 사계절 |
| 《만복이네 떡집》 | 김리리 | 비룡소 |
| 《나쁜 어린이 표》 | 황선미 | 이마주 |
| 《엄마 사용법》 | 김성진 | 창비 |
| 《공감 씨는 힘이 세!》 | 김성은 | 책읽는곰 |
| 《빛나는 아이》 | 자바카 스텝토 | 스콜라 |

| 《어린이 인성 사전》 | 김용택 | 이마주 |
| 《엄마의 걱정 공장》 | 이지훈 | 거북이북스 |
| 《사마귀 대왕》 | 마이클 모퍼고 | 노란상상 |
| 《어린이를 위한 그릿》 | 전지은 | 비즈니스북스 |
| 《다 함께 마니또》 | 박현숙 | 키위북스 |

이 시기는 1, 2학년 때와 달리 그림보다는 글이 많은 책을 점차 읽어야 한다. 하지만 자칫 아이들이 독서에 어려움을 느끼게 되면 독서를 하지 않게 될 수도 있으니 책 속의 글량은 아이의 수준에 맞게 적절한 책이어야 한다. 아이들에게 호기심을 일으키고 지적인 자극을 줄 수 있는 책은 아이의 현재 수준보다 살짝 높은 책이다. 완전히 새로운 이야기가 있는 책 보다는 아는 내용과 새로운 내용이 섞인 책이 좋다. 엄마의 책 읽어 주기도 계속되어야 한다. 아이가 거부하기 전까지는 언제라도 읽어 주는 것이 좋다.

3학년 1학기 국어-나 '7. 반갑다, 국어사전' 단원에서는 모르는 단어의 뜻을 사전에서 찾아보는 방법에 대해 배우게 되므로 책을 읽다가 모르는 단어가 나왔을 때 사전 등을 찾아보게 하는 것도 교과와 연계된 좋은 독서 중 활동이 될 것이다. 또 '10. 문학의 향기' 단원과 연계하여 책을 읽고 재미나 감동을 느낀 부분을 찾아보고 엄마나 친구가 고른 부분과 비교해 보는 활동, 재미있고 감동받았던 책을 가족이나 친구에게 추천하는 활동도 해봄직하다.

# 4학년,
# 자기주도적인 생활이 시작되는 시기

　아이들은 점차 엄마에게 의존하던 생활에서 벗어나 스스로 할 일을 해 나가게 된다. 교과의 난이도는 높아져 수업 내용을 이해하는 데 어려움을 겪기도 하고 실력 차이가 커지기도 한다. 상대적으로 여자아이들이 2차 성징을 빨리 겪게 되는데, 특히 여름방학 후 여학생들은 사춘기적 특징을 보이기 시작한다. 또 친구 관계를 중시하고 또래집단이 형성되며 주목받는 아이와 뒤로 물러서는 아이가 확실히 구분된다. 이런 시기일수록 학교생활에 자신감을 가질 수 있도록 다방면에서 채워 주는 것이 중요하다. 특히 3학년 때와 마찬가지로 배경지식이 수업에의 흥미를 좌우하므로 많은 독서를 통해 배경지식을 쌓아야 한다.

　4학년 사회는 사회 교과서, 도 단위 지역 교과서(예. 경기도의 생활)로 이루어져 있다. 사회 과목은 '지도, 우리 지역의 중심지·문화유산·역사적 인물, 공공기관, 주민 참여, 촌락과 도시, 생산과 교환, 다양한 문화' 등의 내용이 다루어진다. 어려운 주제이므로 미리 관련 책들을 읽어두면 생소한 느낌이 줄어들어 수업 시간에 내용 이해가 훨씬 잘 될 것이다.

1학기 첫 단원에 나오는 '지도'는 3차원의 공간을 2차원인 평면에 기호와 그림으로 간단히 나타내는 것으로 아이들이 처음 접하면 방위부터 헷갈리고 축척, 등고선 등을 어려워하므로 미리 책으로 접하는 것이 좋다. 책을 읽고 직접 우리 지역을 탐방해 보는 것도 좋은 공부가 된다. 가족과 책 한 권을 공유하고 체험해본다면 아이에게 정서적으로 매우 좋고 의사소통 능력을 기를 수 있으며 학교에서 자신 있게 발표를 할 수 있는 등 일석삼조의 효과가 있다.

사회 1학기 '2. 우리가 알아보는 지역의 역사' 단원은 3학년 때 고장의 문화유산에 대해 배운 것에서 범위를 확장해 우리 지역의 문화유산과 인물에 대해 탐구한다. 이 또한 지역적인 특성을 가지므로 책을 통해 찾아보긴 어렵고 인터넷 누리집을 이용하여 읽어 보는 것이 좋다. 경기도의 경우 '경기관광포털(http://ggtour.or.kr)'에 가면 다양하게 검색이 가능하다. 다른 지역도 도청이나 시청의 누리집을 통해 관광포털로 이동이 가능하니 활용하기 바란다. 지역의 역사적 인물도 경기도의 경우 〈경기일보〉 누리집에 '경기도를 빛낸 역사인물' 기사로 연재되고 있어 쉽게 찾아서 읽을 수 있다.

| 도서명 | 저자 | 출판사 | 교과 단원 |
|---|---|---|---|
| 《이곳저곳 우리 동네 지도대장 나기호가 간다!》 | 김평 | 가나출판사 | 4-1-1 |
| 《초등 지리 바탕 다지기-지도편》 | 이간용 | 에듀인사이트 | 4-1-1 |
| 《백두에서 한라까지 우리나라 지도 여행》 | 조지욱 | 사계절 | 4-1-1 |
| 《지도 요리조리 뜯어보기》 | 권수진, 김성화 | 미래엔아이세움 | 4-1-1 |
| 《우리 땅 기차 여행》 | 조지욱 | 책읽는곰 | 4-1-1 |
| 《어린이를 위한 우리나라 지도책》 | 이형권 | 미래엔아이세움 | 4-1-1 |
| 《출동! 도와줘요 공공기관》 | 손혜령 | 아르볼 | 4-1-3 |
| 《안드로메다에서 찾아온 사회 개념1》 | 김진욱 | 동아사이언스 | 4-2-1 |
| 《왜왜왜 우리가 사는 도시 탐험》 | 페르리샤 멘넨 | 크레용하우스 | 4-2-1 |
| 《대한민국 도시 탐험》 | 한화주 | 미래엔아이세움 | 4-2-1 |
| 《또랑또랑 사회탐구동화 6, 7, 8》 | 신정민 외 | 한국차일드아카데미 | 4-2-1 |
| 《주머니에서 짤랑대는 나의 경제》 | 펠리시아 로, 게리 베일리 | 개암나무 | 4-2-2 |
| 《영차영차 생산과 산업, 나누어서 척척 분업》 | 전혜은 | 북멘토 | 4-2-2 |
| 《술렁술렁 제4차 산업 혁명이 궁금해!》 | 글터 반딧불 | 꼬마이실 | 4-2-3 |
| 《양성평등, 나부터 실천해요》 | 서지원 | 풀빛 | 4-2-3 |
| 《어린이를 위한 양성평등 이야기》 | 이혜진, 김영호 | 파라주니어 | 4-2-3 |
| 《다문화 백과사전》 | 채인선 | 한권의책 | 4-2-3 |
| 《달라도 괜찮아 더불어 사는 다문화 사회》 | 스토리베리 | 뭉치 | 4-2-3 |

과학 과목에서는 '지층과 화석, 식물, 무게, 혼합물 분리, 물의 상태 변화, 그림자와 거울, 화산과 지진, 물의 순환' 등의 주제로 교과서가 구성되어 있다. 직접 실험해 보고 체험해 보는 것이 가장 좋지만 책을 통해 간접적으로 접할 때는 자세한 사진과 그림 자료가 이해에 큰 역

할을 하므로, 책을 고를 때 그 부분을 고려해야 한다. 과학의 경우 새로운 개념을 배울 땐 학습 만화도 괜찮다. 'Why'시리즈 같은 경우 아이들의 호기심을 충족시켜 줄 수 있는 유익한 책이다.

예전 교육 과정에 비해 학업 부담을 줄이기 위해 내용이 많이 간소화되어 한 단원의 내용을 다루는 단독 책이 없는 경우가 많다. 과학 전집의 경우 주제가 세분화되어 있어서 한 단원의 내용이 한 권으로 정리된 경우가 있어 다음 추천 도서 목록에 담았다.

### 📚 4학년 과학 과목 연계 추천 도서

| 도서명 | 저자 | 출판사 | 교과 단원 |
|---|---|---|---|
| 《화석과 지층》 | 황근기 | 왓스쿨 | 4-1-2 |
| 《스미스가 들려주는 지층 이야기》 | 김정률 | 자음과모음 | 4-1-2 |
| 《좌충우돌 암석 대모험》 | 맥밀란교육연구소, 트레이시 미셸 | 을파소 | 4-1-2 |
| 《돌은 살아 있다!》 | 다이에나 허츠 애스턴 | 현암사 | 4-1-2 |
| 《식물로 세상에서 살아남기》 | 신정민 | 풀과바람 | 4-1-3 |
| 《씨앗은 어떻게 자랄까?》 | 한영식 | 다섯수레 | 4-1-3 |
| 《파브르 식물 이야기1》 | 장 앙리 파브르 | 사계절 | 4-1-3 |
| 《식물은 떡잎부터 다르다고요?》 | 노정임 | 현암사 | 4-1-3 |
| 《내일은 실험왕 34-무게와 균형》 | 홍종현 | 미래엔아이세움 | 4-1-4 |
| 《깜짝 놀라운 과학 24권-혼합물과 화합물》 | 강민희 | 주니어김영사 | 4-1-5 |
| 《자신만만 원리 과학: 혼합물은 어떻게 분리할까요?》 | 편집부 | 천재교육 | 4-1-5 |
| 《맛있는 과학14-혼합물》 | 민주영 | 주니어김영사 | 4-1-5 |
| 《눈으로 보는 과학 15-혼합물》 | 교원 | 교원 | 4-1-5 |

| | | | |
|---|---|---|---|
| 《이렇게나 똑똑한 식물이라니!》 | 김순한 | 토토북 | 4-2-1 |
| 《식물이 좋아지는 식물 책》 | 김진옥 | 다른세상 | 4-2-1 |
| 《신기하고 특이한 식물 이야기》 | 이광렬 | 오늘 | 4-2-1 |
| 《우리와 함께 살아가는 식물 이야기》 | 한영식 | 미래엔아이세움 | 4-2-1 |
| 《물 한 방울》 | 월터 윅 | 소녀한길 | 4-2-2 |
| 《놀라운 물!》 | 앤터니아 버니어드, 폴라 에이어 | 주니어RHK | 4-2-2 |
| 《물발자국 이야기》 | 이수정 | 가교 | 4-2-2 |
| 《지구온난화와 탄소배출권》 | 스토리베리 | 뭉치 | 4-2-2 |
| 《빛의 신비》 | 환경과학문고 편찬회 | 한국독서 지도회 | 4-2-3 |
| 《그림자 친구가 생겼어요》 | 정설아 | 한국슈타이너 | 4-2-3 |
| 《빛과 놀아요》 | 정성욱 | 스콜라 | 4-2-3 |
| 《부글 부글 땅속의 비밀 화산과 지진》 | 함석진, 신현정 | 웅진주니어 | 4-2-4 |
| 《별동별 아줌마가 들려주는 화산 이야기》 | 이지유 | 창비 | 4-2-4 |
| 《재미있는 화산과 지진 이야기》 | 이충환 | 가나출판사 | 4-2-4 |
| 《뱀이 하품할 때 지진이 난다고?》 | 유다정 | 씨드북 | 4-2-4 |
| 《세상을 돌고 도는 놀라운 물의 여행》 | 멜컴 로즈 | 사파리 | 4-2-5 |
| 《물은 어디서 왔을까?》 | 신동경 | 길벗어린이 | 4-2-5 |
| 《물은 돌고 돌아》 | 미란다 폴 | 봄의정원 | 4-2-5 |
| 《물에서 생명이 태어났어요》 | 게리 베일리 | 매직사이언스 | 4-2-5 |

4학년부터는 학업의 중요성이 강조되면서 아이들의 학습적인 부분만 주목할 수 있는데 정서적인 면에서의 균형도 맞춰줘야 한다. 감성을 풍부하게 할 수 있는 문학 작품을 읽거나 인물의 감정에 대해 생각해 볼 수 있는 동화들은 아이들의 정서적인 면을 성숙시키는 데 큰 도움이 될 것이다.

## 📖 정서 함양을 위한 4학년 추천 도서

| 도서명 | 저자 | 출판사 |
|---|---|---|
| 《괭이부리말 아이들》 | 김중미 | 창비 |
| 《바람을 가르다》 | 김혜온 | 샘터 |
| 《피노키오 짝꿍 최점순》 | 류근원 | 좋은꿈 |
| 《미움받아도 괜찮아》 | 황재연 | 인플루엔셜 |
| 《어린이를 위한 바보 빅터》 | 호아킴 데 포사다, 레이먼드 조 | 한국경제신문사 |
| 《양파의 왕따일기》 | 문선이 | 파랑새어린이 |
| 《배려의 여왕이 할 말 있대》 | 신지영 | 한겨레아이들 |
| 《초정리 편지》 | 배유안 | 창비 |
| 《아낌없이 주는 나무》 | 셀 실버스타인 | 시공주니어 |
| 《샬롯의 거미줄》 | 엘윈 브룩스 화이트 | 시공주니어 |
| 《달빛 마신 소녀》 | 켈러 반힐 | 양철북 |
| 《잘못 뽑은 반장》 | 이은재 | 주니어김영사 |
| 《엘 데포》 | 고정아 역 | 밝은미래 |
| 《잊을 수 없는 외투》 | 프랭크 코트렐 보이스 | 논장 |

독후 활동으로는 4학년 1학기 국어-가 '1. 생각과 느낌을 나누어요' 단원과 관련지어, 책을 읽고 난 후의 깨달음이나 인물에 대한 생각, 느낌을 친구들과 이야기 나누어 볼 수 있다. 또 '2. 내용을 간추려요' 단원과 연계하여 책을 읽고 인물과 사건 중심으로 내용을 간추려 보는 것노 좋다. '5. 내가 만든 이야기' 단원과 관련지어서, 책을 읽다가 중간에 덮고 뒷부분의 이야기를 상상해서 써 본 후 실제 책 뒷부분과 비교해 보는 활동을 해 볼 수 있다. '10. 인물의 마음을 알아봐요' 단

원과 관련해서 책을 읽고 등장인물이 그 상황에서 어떤 마음이었을지 생각해 보고 공감해 보는 것도 유익하다.

또 책을 읽고 난 후의 생각과 느낌을 자신의 SNS에 올려 보거나 서평으로 써도 좋은 경험이 될 것이다. 독서 토론 또한 빼놓을 수 없는 좋은 독후 활동이다. 자신의 생각이 분명해지는 시기이므로 엄마가 시간을 내어 함께 독서 토론을 한다면 아이의 생각주머니는 놀랄 정도로 커질 것이다.

# 5학년,
## 역사 학습과 사춘기가 시작되는 시기

　고학년의 첫 시작이다. 아이들은 4학년 겨울방학만 지나도 많이 성숙해진다. 성장이 빠른 아이들과 느린 아이들의 차이가 외적으로, 내적으로 큰 시기다. 여자 아이들은 생리를 시작하면서 행동이 조심스러워지고 자기만의 세계에 들어가기도 한다. 남자 아이들은 성장과 함께 움직임에 더 몰두하고 신체 활동을 활발히 한다.

　사춘기에 접어들면서 또래와의 갈등이 빚어지기도 하고 부모와의 관계가 안 좋아지기도 하는 시기이다. 이때 인성 동화나 고전 읽기를 하면 아이들의 마음을 부드럽게 하고 갈등에서 벗어나는 데 도움을 줄 수 있다. 또 다양한 창작 동화와 전래 동화, 명작들도 아이들의 상상력을 자극하고 다양한 감정을 이해하는 데 도움이 된다. 다음 책들은 5학년부터 6학년까지 읽으면 좋은 책들이므로 참고하길 바란다.

### 📖 마음을 부드럽게 만들어 주는 5학년 추천 도서

| 도서명 | 저자 | 출판사 |
|---|---|---|
| 《공자 아저씨네 빵가게》 | 김선희 | 주니어김영사 |
| 《아름다운 아이》 | R.J.팔라시오 | 책과콩나무 |
| 《꽃들에게 희망을》 | 트기나 폴러스 | 시공주니어 |
| 《책과 노니는 집》 | 이영서 | 문학동네어린이 |
| 《갈매기에게 나는 법을 가르쳐 준 고양이》 | 루이스 세뿔베다 | 바다출판사 |
| 《할머니와 수상한 그림자》 | 황선미 | 스콜라 |
| 《초등학생을 위한 나의 라임오렌지나무》 | J.M. 바스콘셀로스 | 동녘 |
| 《샬롯의 거미줄》 | 엘윈 브룩스 화이트 | 시공주니어 |
| 《엘 데포》 | 고정아 역 | 밝은미래 |
| 《우리들의 일그러진 영웅》 | 이문열 | 다람 |
| 《열세 살에 마음 부자가 된 키라》 | 보도 셰퍼 | 을파소 |
| 《너도 하늘말라리야》 | 이금이 | 푸른책들 |
| 《몽실언니》 | 권정생 | 창비 |
| 《톨스토이 할아버지네 헌책방》 | 권안 | 주니어김영사 |
| 《사람이 좋아지는 관계》 | 이민규 | 끌리는책 |
| 《사라, 버스를 타다》 | 윌리엄 밀러 | 사계절 |
| 《기호 3번 안석뽕》 | 진형민 | 창비 |
| 《어린이를 위한 청소부밥》 | 토드 홉킨스(레이 힐버트) | 위즈덤하우스 |

또 성에 대한 내용을 다룬 책도 읽게 해야 한다. 성에 대한 정확한 정보와 신체 변화에 대한 이해가 있어야 현명하게 사춘기를 보낼 수 있다.(p218 성교육 추천 도서 참고)

국어 교육 과정에서는 본격적인 토론 활동이 등장한다. 논리적 사고력이 크게 향상되는 시기로, 나름의 비판 능력을 가지게 되며 근거를 들어 말할 수 있다. 자기 자신의 의견을 말하고 다른 친구의 의견에 반박하면서 생각을 분명히 정리할 수 있다. 독후 활동으로 토론 활동을 본격적으로 활용해야 한다. 가족들이 적극적인 토론 파트너가 되어 주면 금상첨화다. 다음 도서들은 5~6학년 대상으로 토론하기 좋은 추천 도서다.

### 📖 논리적 사고력을 향상시키는 5학년 추천 도서

| 도서명 | 저자 | 출판사 |
| --- | --- | --- |
| 《행복한 왕자》 | 오스카 와일드 | 창비 |
| 《여자의 일생》 | 기드 모파상 | 미래엔아이세움 |
| 《시애틀 추장의 편지》 | 시애틀 추장 | 고인돌 |
| 《질문으로 시작하는 초등 논쟁 수업》 | 신지영, 김열매 | 북멘토 |

　사회 과목은 '국토, 무역, 경제, 문화' 등의 주제로, 범위가 넓고 깊다. 실제 사회 문제와 교과서 속 개념들을 연결시켜 생각한다면 큰 공부가 될 것이다. 매일 신문을 헤드라인 읽기부터 시작해서 점차 기사 읽는 연습을 하는 것을 추천한다. 일반 신문은 어려워서 아예 읽기를 포기할 수 있으므로 어린이 신문을 읽게 하는 것도 좋다. 내가 읽은 내용이 교과서에 나올 때 배움에 대한 즐거움은 커질 것이다. 경제 단원은 용어가 어렵고 아이들이 와 닿지 않아 이해하기 힘들어하므로 특히 책을 통해 배경지식을 쌓을 수 있도록 하자.

| 도서명 | 저자 | 출판사 | 교과 단원 |
|---|---|---|---|
| 《초등 지리 바탕 다지기- 국토지리 편》 | 이간용 | 에듀인사이트 | 5-1-1 |
| 《질문을 꿀꺽 삼킨 사회 교과서 – 한국지리 편》 | 박정애 | 주니어중앙 | 5-1-1 |
| 《재미있는 한국 지리 이야기》 | 이광희, 주다현 | 가나출판사 | 5-1-1 |
| 《구석구석 우리나라 지리여행》 | 양승현 | 아이앤북 | 5-1-1 |
| 《똑똑한 지리책1-자연지리》 | 김진수 | 휴먼어린이 | 5-1-2 |
| 《환경 정의》 | 장성익 | 풀빛 | 5-1-2 |
| 《결코 가볍지 않은 동물 환경 보고서》 | 홍예지 | 풀과바람 | 5-1-2 |
| 《환경아, 놀자》 | 환경교육센터 | 한울림어린이 | 5-1-2 |
| 《더불어 사는 행복한 경제》 | 배성호 | 청어람주니어 | 5-1-3 |
| 《우리 동네 경제 한 바퀴》 | 이고르 마르티나슈 | 책속물고기 | 5-1-3 |
| 《꼬물꼬물 경제 이야기》 | 석혜원 | 뜨인돌어린이 | 5-1-3 |
| 《어린이 대학: 경제》 | 이정진 | 창비 | 5-1-3 |
| 《재미나고 신나는 경제여행》 | 김인철 | 종합출판범우 | 5-1-3 |

5학년에서 가장 큰 특징 중 하나는 역사를 배우기 시작한다는 것이다. 역사는 전체적인 흐름을 알아야 하는 동시에 세부적으로는 사건과 인물들을 알아야 한다. 역사와 관련된 책은 시중에 다섯 권에서 열 권 정도의 시리즈로 잘 정리된 것들이 많이 나와 있다. 역사는 과거의 일로, 아이들이 상상하는 데 한계가 있으므로 사진과 그림이 많이 들어간 책이 좋다. 학습만화도 유익하다. 아이들이 떠올리기 힘든 이미지를 그림으로 표현하고 사건에 대해 대화글로 쉽게 설명해주므로 생소한 역사를 배우는 데 많은 도움이 된다.

5학년 역사는 '선사시대'부터 '임진왜란, 병자호란'까지 다루어진다. 처음에는 세세하게 외우지 않고 일단 전체의 흐름을 이해할 수 있도록 책 전체를 읽고나서 세세한 내용을 알아 보는 것이 좋다. 역사 관련 책들은 거의 시리즈로 나오므로 5~6학년 전체로 볼 수 있는 책을 추천하였다.

### 📚 5학년 역사 관련 추천 도서

| 도서명 | 저자 | 출판사 | 분류 |
|---|---|---|---|
| 《용선생 만화 한국사 1~12》 | 강신영 외 | 사회평론 | |
| 《한국사편지 1~5》 | 박은봉 | 책과함께어린이 | |
| 《설민석의 한국사 대모험 1~5》 | 설민석, 스토리박스 | 아이휴먼 | |
| 《그림으로 보는 한국사 1~5》 | 김현숙 외 | 계림 | |
| 《역사야, 나오너라!》 | 이은홍 | 푸른숲주니어 | |
| 《한국사를 이끈 리더 1~10》 | 초등역사교사모임 | 아르볼 | |
| 《꼬마 역사학자의 한국사 탐험》 | 윤준기 | 토토북 | |
| 《술술 넘어가는 우리 역사 1~5》 | 한우리역사독서연구회 | 해와나무 | |
| 《초등학생을 위한 역사를 빛낸 100명의 정치인》 | 장현주 | 소담주니어 | |
| 《한국대표 역사 인물사전》 | 송은명 | 홍진P&M | |
| 《지도로 보는 우리 역사》 | 안미연 | 현암주니어 | |
| 《꿈꾸는 수렵도》 | 권타오 | 샘터 | 고구려 |
| 《나는 비단길로 간다》 | 이현 | 푸른숲주니어 | 발해 |
| 《승정원 일기, 왕들의 살아 있는 역사》 | 김종렬 | 사계절 | 조선 |

과학은 '온도와 열, 태양계, 식물, 용액, 날씨, 산과 염기, 속도, 신체' 등에 대해 다룬다. 배경지식을 쌓을 수 있도록 관련 책을 많이 읽고

실생활과 관련지어 공부할 수 있도록 엄마가 옆에서 조언을 해줘야 한다. 또 고학년으로 올라갈수록 통합 탐구 과정에 대해 정확히 알고 있어야 과학 실험들을 이해하고 배우는 데 도움이 된다.

### 📖 5학년 과학 과목 연계 추천 도서

| 도서명 | 저자 | 출판사 | 교과 단원 |
|---|---|---|---|
| 《교과서 속 통합탐구》 | 이대형 | 한울림어린이 | 통합 탐구 |
| 《열과 온도 이야기 33가지》 | 임재욱 | 을파소 | 5-1-1 |
| 《오르락내리락 온도를 바꾸는 열》 | 임수현 | 웅진주니어 | 5-1-1 |
| 《열과 온도의 비밀》 | 김정환 | 상상의집 | 5-1-1 |
| 《켈빈이 들려주는 온도 이야기》 | 김충섭 | 자음과모음 | 5-1-1 |
| 《움직이는 태양계》 | 김아림 | 아이위즈 | 5-1-2 |
| 《우리가 정말 알아야 할 우리 태양계》 | 이향순 | 현암사 | 5-1-2 |
| 《별가족, 태양계 탐험을 떠나다》 | 김지현 | 토토북 | 5-1-2 |
| 《초등학생이 알아야 할 우주 100가지》 | 알렉스 프리스 | 어스본코리아 | 5-1-2 |
| 《조지의 우주를 여는 비밀 열쇠》 | 스티브 호킹 | 주니어 RHK | 5-1-2 |
| 《별똥별 아줌마가 들려주는 우주 이야기》 | 이지유 | 창비 | 5-1-2 |
| 《브리태니커 만화 백과: 우주》 | 봄봄스토리 | 미래엔아이세움 | 5-1-2 |
| 《별아저씨의 별난 우주이야기2: 태양과 그 행성들》 | 이광식 | 들메나무 | 5-1-2 |
| 《신비하고 아름다운 우주》 | 캐서린 바, 스티브 윌리엄스 | 노란돼지 | 5-1-2 |
| 《식물이 좋아지는 식물 책》 | 김진옥 | 다른세상 | 5-1-3 |
| 《파브르 식물 이야기1》 | 장 앙리 파브르 | 사계절 | 5-1-3 |
| 《식물로 세상에서 살아남기》 | 신정민 | 풀과바람 | 5-1-3 |
| 《신통방통 플러스 식물 이야기》 | 최수복 | 좋은책어린이 | 5-1-3 |
| 《내일은 실험왕 37: 용해와 용액》 | 스토리a. | 미래엔아이세움 | 5-1-4 |

| | | | |
|---|---|---|---|
| 《깜짝 놀라운 과학-혼합물과 화합물》 | 강민희 | 주니어김영사 | 5-1-4 |
| 《재미있는 날씨와 기후 변화 이야기》 | 김병춘, 박일환 | 가나출판사 | 5-2-1 |
| 《두 얼굴의 하늘 날씨와 재해》 | 신방실 | 아르볼 | 5-2-1 |
| 《보고 듣고 생각하는 날씨의 과학》 | 파올로 소토코로나 | 책속물고기 | 5-2-1 |
| 《날씨에 관한 모든 것》 | 다이에나 크레이그 | 내인생의책 | 5-2-1 |
| 《똑똑 융합과학 씨, 산과 염기를 찾아요》 | 전화영, 성혜숙 | 스콜라 | 5-2-2 |
| 《루이스가 들려주는 산, 염기 이야기》 | 전화영 | 자음과모음 | 5-2-2 |
| 《맛있는 과학 8-산, 염기, 지시약》 | 심영미 | 주니어김영사 | 5-2-2 |
| 《힘과 속력이 뭐야?》 | 송은영 | 여우오줌 | 5-2-3 |
| 《내일은 실험왕28-속도와 속력》 | 스토리a. | 미래엔아이세움 | 5-2-3 |
| 《초등학생이 알아야 할 우리 몸 100가지》 | 알렉스 프리스 | 어스본코리아 | 5-2-4 |
| 《똑똑한 우리 몸》 | 모텐 뭉크빅 | 산하 | 5-2-4 |
| 《마빈의 인체탐험》 | 잭 챌로너 | 생각하는아이지 | 5-2-4 |
| 《똑똑한 우리 몸 설명서》 | 황근기 | 살림어린이 | 5-2-4 |
| 《우리 몸은 작은 우주야》 | 조대연 | 해와나무 | 5-2-4 |

　독후 활동은 국어 1학기-가 '1. 인물의 말과 행동' 단원과 연계하여, 책을 읽고 난 후에 인물에 대한 평가를 내려 보고 친구나 가족과 비교해 보는 활동, 만약 나라면 어떻게 했을지에 대한 토론을 추천한다. 이런 활동들은 아이들의 논리적, 비판적 사고력을 키워주는 데 큰 도움이 될 것이다. 또 나와 다른 생각을 가진 사람과의 대화를 통해 다양한 의견을 열린 마음으로 받아들일 수 있게 될 것이고 의사소통 능력을 기를 수 있다. '4. 작품에 대한 생각' 단원과 연계해서는, 작품에 대한 생각을 말이나 글로 표현해 보고 인터넷 서평들과 비교해 보

는 것을 추천한다.

또 국어 1학기-나 '9. 추론하며 읽기' 단원과 연계하여, 책을 읽을 때 드러나지 않은 내용을 추론하여 보기, 책 표지/제목/차례 등을 보고 독서 전에 책의 내용을 추론해 보고 실제 책을 읽으며 확인하는 활동을 함께 하면 좋다. 또 '12. 문학에서 찾는 즐거움' 단원에 있는 책 소개하기 활동을 해 보는 것도 좋은 독후 활동이다.

국어 2학기-가 '1. 문학이 주는 감동' 단원에서는 독서감상문 쓰는 방법에 대해 자세히 배우게 된다. 이 단원을 배운 뒤 아이들이 독서감상문을 배운대로 충실하게 쓸 수 있도록 가정에서도 지속적인 지도가 필요하다. 2학기-나 '7. 인물의 삶 속으로' 단원에서 인물이 처한 환경을 파악하고 그 속에서 인물을 이해해 보는 과정을 경험하므로, 책을 읽을 때 인물을 평가할 때 상황까지 고려하여 총체적으로 판단하여 글로 써 볼 수 있도록 해야 한다. 또 '10. 글을 요약해요' 단원에서 요약하는 방법을 배우므로, 독서 후 줄거리를 체계적으로 정리하는 연습도 좋다. 이전에는 대충 두서없이 정리하는 형태였다면 5학년에서는 방법을 배우므로 흐름에 맞게 체계적으로 정리하는 것도 좋은 독후 활동이 될 것이다. '11. 문학 작품을 새롭게' 단원과 연계해도 새로운 독후 활동이 가능하다. 등장인물의 다양한 입장에서 인터뷰를 해 본다든가, 다른 이의 관점에서 이야기를 다시 써 보는 활동은 아이들이 학교에서 매우 재미있어 하는 활동이므로 독후 활동으로 적극 활용해 보자.

# 6학년,
## 교과 범위가 세계로 확대
## 그리고 절정의 사춘기

6학년은 초등학교에서 최고 학년답게 많이 성장한 상태다. 몸은 2차 성징을 겪으며 남자답게, 여자답게 변해가지만 아직 마음은 몸을 따라가지 못해 아이 같다. 외모를 중시하는 경향을 보이며 여자아이들의 경우 화장이나 유행하는 옷에 많은 관심을 갖는다. 어른보다 중학교 선배들을 무서워하기도 하고 중학생들의 유행을 그대로 따라하는 것으로 자신이 앞서 나간다고 여기기는 때다. 또 이성에의 관심이 커져서 누구를 좋아한다거나 사귄다는 말이 나오기도 한다. 교사에게 반항적인 말투와 표정을 짓기도 하고 크고 작은 학교폭력도 잦게 일어난다. 사춘기를 겪는 아이들이 많기 때문에 매우 조심스럽게 다뤄야 하며 절대 엄마가 마음대로 하거나 명령조로 이야기해서는 안 된다. 이유, 근거를 논리적으로 말해야 수긍을 한다. 아이들이 말도 안 되는 논리로 자신의 의견을 피력할 때도 힘이나 화가 아닌, 인내와 대화로 대응해야 한다. 사춘기여서 반항적이고 방어적으로 보일지라도 아직 아이는 아이다. 내면에는 아직 아이답고 순수한 마음이 있으니 이를 잘 살려 이끈다면 조심스러운 이 시기를 잘 보낼 수 있다.

사회 과목은 '역사, 정치, 인권, 세계, 지구촌'으로, 범위가 한층 넓어진다. 1학기 사회는 조선 후기부터 근현대사까지 다룬다. 5학년 때와 마찬가지로 전체의 흐름을 보고 세세한 내용을 이해할 수 있도록, 외우지 않고 책을 처음부터 끝까지 본 후 사건, 관련된 인물 등에 대해 책을 찾아 읽을 수 있도록 해야 한다.

또 근현대사의 경우 그 때의 역사가 현재 어떻게 영향을 미치고 있는지 안다면 평소 사회의 일들에 대한 이해를 깊이 있게 할 수 있다. 예를 들어 일제식민지 시대의 역사에 대해 배우면서 현재 우리나라와 일본과의 갈등 관계의 뿌리를 이해할 수 있으며, 우리나라가 일제 치하에서 해방될 때부터 남북이 분단될 때의 과정을 알게 되면서 왜 현재 주한미군이 존재하는지를 이해하고 미국과의 관계에서 주체적인 태도의 필요성을 생각해 볼 수 있다. 또한 1960년대부터의 민주주의의 발전 과정을 배움으로써 현재의 우리나라 정치에 대해 객관적인 태도를 가질 수 있다.

2학기 사회에서는 정치와 세계의 여러 나라에 대해 배우게 된다. 정치단원은 아이들이 꽤 어려워하는 단원이다. 삼권분립, 정부 기관, 법, 국민의 권리와 의무 등의 내용은 단어 자체가 생소하고 아이들에게는 먼 세상의 이야기로 느껴지기 마련이다. 하지만 이 단원이야말로 아이들이 민주시민으로서 발돋움하는 데 꼭 필요한 내용이다. 반드시 다양한 책을 통해 배경지식을 쌓아야 아이들이 공부할 때 쉽게 접근할 수 있다. 정치에 대한 공부를 통해 용어를 알게 되면 평소 신문이나 뉴스를 볼 때 더 잘 이해할 수 있고 더 흥미롭게 보고 들을 것이다. 학급에서 이 단원을 배운 뒤 아이들과 최신의 기사들에 대해 이야기하면 훨씬 순조롭고 아이들의 눈빛이 반짝인다.

### 📖 6학년 사회 과목 연계 추천 도서

| 도서명 | 저자 | 출판사 | 교과 단원 |
|---|---|---|---|
| 《재미있는 선거와 정치 이야기》 | 조항록 | 가나출판사 | 6-2-1 |
| 《열두 살에 처음 만난 정치》 | 신재일 | 주니어김영사 | 6-2-1 |
| 《꼬불꼬불 나라의 정치 이야기》 | 서해경,이소영 | 풀빛미디어 | 6-2-1 |
| 《그래서 이런 정치가 생겼대요》 | 우리누리 | 길벗스쿨 | 6-2-1 |
| 《더불어 사는 행복한 정치》 | 서해경,이소영 | 청어림주니어 | 6-2-1 |
| 《만화 아리스토텔레스 정치학》 | 손영운 | 주니어김영사 | 6-2-1 |
| 《세계사가 속닥속닥 정치와 민주주의》 | 이정화 | 북멘토 | 6-2-1 |

세계지도를 방에 붙여놓고 관심이 있는 나라를 골라 그와 관련된 책을 찾아 읽어 보는 것도 재미있게 할 수 있는 독서 활동이다. 학급에서는 사회과부도의 세계지도를 활용하는데, 각 나라의 위치를 하나씩 손으로 짚어가고 펜으로 표시하며 그 나라에 대해 배워나가는 과정을 아이들은 너무 재미있어 한다.

방학 과제로 관심 있는 나라에 대한 책을 읽어보도록 하는데, 각자 관심 있는 나라를 찾아 그 나라를 소개한 책을 읽기도 하고 그 나라 출신의 작가가 쓴 책을 읽기도 한다. 책을 통해 만나게 되는 세계는 아이들의 시야를 넓히고 지구촌에 대한 개념을 세우는 데 큰 도움이 될 것이다. 특히 다문화 사회를 살아가는 아이들에게 열린 마음을 갖게 한다. 더불어 책을 읽고 나서 세계의 문화를 체험할 수 있는 다문화박물관이나 세계문화체험관 등을 견학한다면 아이들에게 더없이 좋은 공부가 될 것이다.

### 📖 6학년 세계지리 과목 연계 추천 도서

| 도서명 | 저자 | 출판사 | 교과 단원 |
|---|---|---|---|
| 《MAPS》 | 알렉산드라 미지엘린스카 외 1인 | 그린북 | 6-2-2,3 |
| 《손으로 그려봐야 세계지리를 잘 알지》 | 구혜경, 정은주 | 토토북 | 6-2-2,3 |
| 《세계지리, 어디까지 아니?》 | 이승숙 | 고래가숨쉬는 도서관 | 6-2-2,3 |
| 《재미있는 세계지리 이야기》 | 김영 | 가나출판사 | 6-2-2,3 |
| 《한입에 꿀꺽! 맛있는 세계지리》 | 류현아 | 토토북 | 6-2-2,3 |
| 《초등학생이 꼭 읽어야 할 세계지리》 | 헤더 알렉산더 | 사계절 | 6-2-2,3 |
| 《초등지리 바탕다지기-세계지리 편》 | 이간용 | 에듀인사이트 | 6-2-2,3 |

과학 과목은 '자전, 공전, 달, 생태계, 렌즈, 기체, 생물, 전기, 계절, 불' 등에 대해 나온다. 사실 이런 주제들은 아무리 엄마가 어른이라도 개념을 설명하는 데 한계가 있다. 책에는 아이들이 궁금해 하는, 그리

고 알아야 할 정보가 아이들 수준에 맞게 잘 설명되어 있다. 아이들과 관련된 책을 읽으며 함께 알아가는 것도 엄마에게 또 다른 배움의 기회가 될 수 있다. 그런 엄마를 보며 아이들이 더 긍정적인 생각을 하게 될 것이다. 과학 개념들을 다룬 책들은 실험 장면이나 실제 사진, 그림 표현이 명확히 되어 아이들의 이해를 도울 수 있어야 한다. 그림보다는 실제 장면이 많은 것을 추천한다. 어려운 과학 개념일 때는 만화로 된 것을 읽으며 접근하는 것도 괜찮다.

### 📖 6학년 과학 과목 연계 추천 도서

| 도서명 | 저자 | 출판사 | 교과 단원 |
|---|---|---|---|
| 《별아저씨의 별난 우주이야기1: 달과 지구》 | 이광식 | 들메나무 | 6-1-1 |
| 《내일은 실험왕 27 낮과 밤》 | 스토리a | 미래앤아이세움 | 6-1-1 |
| 《(지구의 하나뿐인 위성) 달》 | 최영준 | 열린어린이 | 6-1-1 |
| 《암스트롱이 들려주는 달 이야기》 | 정완상 | 자음과모음 | 6-1-1 |
| 《태양계야, 진실을 말해줘!》 | 이재윤 역 | 나는별 | 6-1-1 |
| 《별빛유랑단의 반짝반짝 별자리 캠핑》 | 별빛유랑단 | 창비 | 6-1-1 |
| 《봄 여름 가을 겨울 별자리 이야기》 | 지호진 | 진선출판사 | 6-1-1 |
| 《여보세요, 생태계씨! 안녕하신가요?》 | 윤소영 | 낮은산 | 6-1-2 |
| 《EBS 어린이지식e 9. 자연과 생태계》 | EBS지식채널 e제작팀 | 지식플러스 | 6-1-2 |
| 《생태계를 지키는 아이들을 위한 안내서》 | 김남길 | 풀과바람 | 6-1-2 |
| 《왜 생태계가 파괴되면 안 되나요?》 | 채화영 | 참돌어린이 | 6-1-2 |
| 《환경아, 놀자》 | 환경교육센터 | 한울림어린이 | 6-1-2 |
| 《올록볼록 거울과 렌즈》 | 전경아 | 한국셰익스피어 | 6-1-3 |

| | | | |
|---|---|---|---|
| 《각도로 밝혀라 빛!》 | 강선화 | 자음과모음 | 6-1-3 |
| 《레일리가 들려주는 빛의 물리 이야기》 | 정완상 | 자음과모음 | 6-1-3 |
| 《HOW? 기체의 비밀을 밝힌 보일》 | 손영운 | 와이즈만북스 | 6-1-4 |
| 《공기야 놀자》 | 이선경, 이은진 | 미래엔아이세움 | 6-1-4 |
| 《프리스틀리가 들려주는 산소와 이산화탄소 이야기》 | 양일호 | 자음과모음 | 6-1-4 |
| 《작은 생물 이야기》 | 지태선 | 미래아이 | 6-2-1 |
| 《노벨상 수상자가 들려주는 미생물 이야기》 | 아서 콘버그 | 톡 | 6-2-1 |
| 《곰팡이와 버섯》 | 학생과학문고 편찬회 | 한국독서 지도회 | 6-2-1 |
| 《숲 속의 버섯 초록 융단 이끼》 | 예정화, 김영이 | 한국슈타이너 | 6-2-1 |
| 《미생물 탐정과 곰팡이 도난사건》 | 김은의 | 스콜라 | 6-2-1 |
| 《꼬불꼬불 세균대왕 미생물이 지구를 지켜요》 | 김성화, 권수진 | 풀빛 | 6-2-1 |
| 《슝 달리는 전자 흐르는 전기》 | 곽영직 | 웅진주니어 | 6-2-2 |
| 《맥스웰이 들려주는 전기 자기 이야기》 | 정완상 | 자음과모음 | 6-2-2 |
| 《패러데이 박사님, 전기가 뭐죠?》 | 손정우 | 북멘토 | 6-2-2 |
| 《맛있는 과학 30: 계절, 낮과 밤》 | 민주영 | 주니어김영사 | 6-2-3 |
| 《원리과학 48-낮과 밤은 왜 바뀔까?》 | 두산동아 | 두산동아 | 6-2-3 |
| 《화르르 뜨겁게 타오르는 불》 | 성혜숙 | 웅진주니어 | 6-2-4 |
| 《인류를 구한 화끈한 불 이야기》 | 탄야 로이드 키 | 밝은미래 | 6-2-4 |
| 《Why? 불과 연소》 | 송희석 | 예림당 | 6-2-4 |

국어 1학기-나 교과서 '8. 책 속의 지혜를 찾아서' 단원에서는 관심과 목적에 맞게 읽을거리를 찾는 방법과 도서관에서 찾아 읽는 방법이 안내되어 있다. 이론적 내용과 더불어 도서관에 가서 읽을거리를 스스로 찾기 활동이 나오므로 실제 엄마와 함께 지역 도서관에 가서 자신의 흥미와 관심에 맞게 책을 골라 읽어 볼 것을 추천한다. 아는

것은 행함으로써 완성된다. 머리로만 아는 것이 아니라 몸으로 직접 해봐서 완전히 아는 것으로 만들 수 있도록 도와 주자.

독후 활동으로는 이야기 속 인물의 성격 표현하기, 이야기 속 인물과 나의 성격 비교하기, 이야기 뒷부분 바꾸어 써보기, 책에 대해 자신의 생각 정리하고 토론하기, 글쓴이의 관점 파악하기, 글쓴이에게 전하고 싶은 마음을 글로 표현하기, 주인공 가상 면담하기, 이야기와 현실세계의 비슷한 점 찾아보기 등이 이 시기 아이들에게 적합하다.

# 초등 고학년을 위한 주제별 추천 도서

### 사춘기(4~6학년 대상)

사춘기로 불안정한 상태인 아이들은 감정을 다스릴 수 있도록 성장의 과정, 감정과 관련된 책을 읽어야 한다. 내 감정의 변화, 성장 과정의 일들에 대해 안다면 좀 더 편안한 상태로 사춘기를 보낼 수 있을 것이다. 또 성에 대한 이야기를 다룬 책들도 접하는 것이 좋다. 성에 대한 지식이 있어야 자신의 변화에 대해 당황하지 않을 수 있고 마음의 준비를 할 수 있다. 학교에서 성교육을 하긴 하지만 몇 시간 안에 담을 수 없는 내용들은 책을 통해 더 잘 전달할 수 있다. 우리나라 정서에서 아이들에게 엄마가 직접 성교육을 하는 것은 어색하고 어려울 수 있다. 직접적으로 설명해 주지 못하는 부분까지 그림과 함께 아이들에게 친절히 설명해 주는 책들이 시중에 많이 나와 있다. 언제까지 "나중에 크면 알게 될 거야." 하면서 미루지 말자. 특히 성과 관련된 사건들이 많이 일어나는 세상에서 아이들을 보호하고, 아이들이 올바른 성지식을 가지고 현명하게 행동할 수 있도록 책을 매개로 성교육을 꼭 해줘야 한다.

### 📖 사춘기 성교육에 좋은 추천 도서

| 도서명 | 저자 | 출판사 | 대상 |
|---|---|---|---|
| 《엄마 씨앗 아빠 씨앗》 | 티에리 르냉 | 파랑새어린이 | 중학년 |
| 《너의 사춘기를 응원해》 | 펠리시티 브룩스 | 크레용하우스 | 중학년 |
| 《(행복한 사춘기를 위한 넓고 깊은 성 지식) 성교육 상식사전》 | 다카야나기 미치코 | 길벗스쿨 | 고학년 |
| 《성교육을 부탁해》 | 이영란 | 풀과바람 | 고학년 |
| 《엄청 민망한 사춘기 성교육》 | 엘렌 코엔 | 생각의집 | 고학년 |
| 《사춘기 내 몸 사용 설명서》 | 안트예헬름스 | 조선북스 | 고학년 |
| 《구성애 아줌마의 뉴 초딩 아우성》 | 구성애 | 올리브M&B | 고학년 |
| 《(톡톡 튀는 소녀를 위한) 성교육수첩》 | 최봉선 | 푸른뜰 | 여아 |
| 《소녀를 위한 성교육 매직 다이어리》 | WLL어린이지육연구소 | 이종주니어 | 여아 |
| 《당황하지 않고 웃으면서 아들 성교육하는 법》 | 손경이 | 다산에듀 | 남아 |

### 진로, 직업(3~6학년 대상)

진로에 대한 고민으로 불안한 아이들이 자신의 꿈을 찾을 수 있도록 성공한 사람들의 이야기를 읽게 하는 것이 좋다. 그런 사람들의 이야기를 읽으며 자신이 이루고 싶은 목표가 생긴다면 좀 더 의욕적으로 행동할 것이다.

다양한 직업에 대해 소개한 책도 이 시기에 읽으면 좋다. 아이들은 아직 경험의 폭이 넓지 않아 부모와 주변 사람의 직업 이외에 많은 지식을 가지고 있지 않다. 직업을 탐색하는 시기인 만큼 다양한 직업들을 소개하고 미래에 생길 수 있는 직업들에 대해 다룬 책들을 읽는다면 직업의 세계를 폭넓게 이해할 수 있다. 또 그 속에서 내가 하고 싶은 분야를 찾아가는 데 도움이 될 수 있다.

### 📖 진로와 직업 탐색에 도움을 주는 추천 도서

| 도서명 | 저자 | 출판사 |
|---|---|---|
| 《직업 이야기 51》 | 김한준 | 을파소 |
| 《처음 만나는 직업책》 | 이경석 | 미세기 |
| 《EBS 어린이지식e 직업멘토 시리즈》 | 김진수 | 지식플러스 |
| 《와글와글 직업 대탐험》 | 김선희 | 길벗스쿨 |
| 《직업 옆에 직업 옆에 직업》 | 권지현 역 | 미세기 |
| 《내 직업은 직업발명가》 | 강승임 | 책속물고기 |
| 《살아있는 직업그림사전》 | 스즈키 노리타케 | 청어람아이 |
| 《로봇시대 미래 직업 이야기》 | 김은식 | 나무야 |
| 《(인공지능으로 알아보는)미래 유망 직업》 | 김일옥 | 뭉치 |
| 《미래 직업, 어디까지 아니?》 | 박영숙 | 고래가 숨쉬는 도서관 |
| 《어린이를 위한 미래직업100》 | 최정원 | 이케이북 |

### 미래 교육

2018년부터 초중고 소프트웨어교육이 정규 교과로 단계적으로 들어오고 있다. 4차 산업혁명 교육은 국가경쟁력과도 밀접히 관련되므로 미국과 유럽의 경우 이미 몇 년 전부터 코딩교육을 진행하고 있다.

학교에서 이루어지는 코딩교육은 분명 시간적으로, 질적으로 한계가 있을 것이다. 사교육 시장도 커지고 있는 상황에서 이 분야에 대한 교육을 손 놓고 있을 수는 없다. 다양한 책이 시중에 나와 있으니 그 중에서 한 권이라도 읽게 한다면 아이들의 미래 적응 능력과 컴퓨터적 사고 능력을 한 차원 높여 줄 수 있으리라 생각한다.

📚 미래 적응 능력을 향상시켜 주는 추천 도서

| 도서명 | 저자 | 출판사 |
| --- | --- | --- |
| 《도구와 기계의 원리 NOW》 | 데이비드 맥컬레이, 닐 아들레이 | 크래들 |
| 《언플러그드 놀이》 | 홍지연, 신갑천 | 영진닷컴 |
| 《(어린이를 위한)인공지능과 4차 산업혁명 이야기》 | 김상현 | 팜파스 |
| 《4차 산업혁명을 이끄는 170가지 질문》 | 마르틴 라퐁, 오르텅스 드 샤바네 | 계수나무 |
| 《이젠 4차 산업 혁명! 로봇과 인공지능》 | 이한음 | 아르볼 |
| 《놀이와 게임으로 만나는 코딩 세계》 | 짐 크리스티안 | 미디어숲 |
| 《스크래치 주니어로 배우는 맨 처음 코딩》 | 고정아 | 뭉치 |
| 《비주얼 코딩 스크래치 & 파이썬》 | 캐롤 보더먼 등 | 청어람미디어 |
| 《엔트리와 함께하는 어린이 코딩》 | 이철현, 김동만 | 미래엔아이세움 |
| 《모두의 엔트리 with 엔트리파이선》 | 김슬기, 김성훈, 곽혜미 | 길벗 |
| 《송쌤의 엔트리 코딩 학교》 | 송상수 | 제이펍 |
| 《로봇 시대 미래 직업 이야기》 | 김은식 | 나무야 |

지금까지 학년별 특성과 교과서 구성에 따라 읽으면 좋은 책, 독후 활동 등에 대해 소개했다. 학년별 보통의 읽기 수준을 기준으로 서술

한 것이기 때문에 내 아이의 읽기 수준과 차이가 있을 수 있다. 그러므로 학년의 독서 추천 내용을 참고하되 너무 얽매이지 말고 내 아이의 수준을 정확히 파악하여 단계적으로 독서 지도를 해 나감이 옳다. 엄마의 정확한 판단과 독서 처방이 아이의 미래를 바꾼다. 아이들의 몸은 저절로 자랄지는 몰라도 생각의 그릇은 저절로 커지지는 않는다. 학년별 독서 전략으로 아이를 효과적으로 크게 키우자.

## 독서에 유용한 사이트들

독서IN www.readin.or.kr

한국출판문화산업진흥원에서 운영하는 사이트다. 독서인/캘린더에는 전국 독서문화 일정 정보를 검색 가능하다. 독서인/추천도서에는 공공도서관 인기도서, 기관별 추천도서 등을 한 번에 검색 가능하다. 최신소식, 칼럼, 추천도서 정보가 이메일로 신청 가능하다. 지역별로 참여/독서문화캠프를 운영한다.

행복한 아침독서 www.morningreading.org

매월 발행되는 〈아침독서신문〉, 월간 〈그림책〉 등으로 정보 얻을 수 있다. 정기 구독도 가능하다. 연재, 서평, 특별기고 등의 정보가 있다. '행복한 책 읽기' 코너에 추천도서가 수록되어 있다. '보물창고' 코너에 책둥이, 아침도서 추천도서 목록 등의 정보가 매달 업그레이드된다.

서울특별시교육청 어린이도서관 http://childlib.sen.go.kr/

'자료대출베스트' 코너에서는 기간별로 많이 대출된 인기 있는 도서 검색 가능하다. 전자책 대출, 반납, 예약 등이 가능하다. '사서 추천 도서 코너'에 월별 추천 도서를 게시한다. '주제별 독서정보'코너에 우리아이 독서 메뉴에 유용한 책 정보가 있다.

### 국립어린이청소년도서관 www.nlcy.go.kr

자료 찾기 내 사서 추천 도서 목록이 매월 업그레이드 된다. 국내외문학상 도서 목록이 수상별로 있다. 방학 때마다 독서 교실을 운영하며 작가와 함께 그림책 읽는 아이 프로그램을 운영한다. 독서문화활동지원 내 독서칼럼 및 웹툰이 있어 학부모에게 읽을거리를 제공한다.

### 경기도사이버도서관 www.library.kr

전자책 대여가 가능하다.

### 책으로 따뜻한 세상 만드는 교사들 www.readread.or.kr

초등학생 대상의 추천 도서는 아니지만 중, 고등학생, 일반인 대상의 추천 도서 목록이 있다. 조금 수준이 높은 초등학생들은 이 사이트의 추천 도서를 읽는 것이 가능하다.

### 어린이도서연구회 www.childbook.org

어린이, 청소년 추천 도서 목록을 다운로드 받을 수 있다. 연령별 추천 도서가 정리되어 있다.

# 5장

## 독서 능력과 학습 능력을 동시에 높이는 단계별 독서 전략

# 0단계,
# 책 읽기를 시작하지 않은 단계

| 아이의 유형 | 엄마의 유형 |
| --- | --- |
| - 책을 읽으라고 하면 읽는 척 하고 다른 일을 한다.<br>- 책 읽을 때 멍 하고 다른 생각을 한다.<br>- 책 읽는 것을 숙제로 여긴다.<br>- 책을 보면서 낙서를 자주 한다. | - 책을 거의 읽지 않는다.<br>- 스마트폰으로 주변 엄마들과 단체 채팅을 많이 한다.<br>- 아이가 책을 읽기는 원하나 구체적인 방법을 시도하지 않는다. |

아직 독서 생활을 본격적으로 시작하지 못한 유형의 아이들이 여기에 해당된다. 엄마의 반성과 적극적인 노력이 절실하다.

책에 대해 전혀 흥미가 없는 아이들에게 그것을 이끌어내기는 참 힘들다. 하지만 아직 그 잠재력을 모르는 만큼 일단 불만 붙여 놓으면 놀랄 정도로 가속도가 붙어서 책에 빠질 수 있다는 가능성이 있는 상태이기도 하다. 나그네의 옷을 벗겼던 힘을 기억하는가. 그 힘은 바람이 아니라 햇볕이다. 포기하지 않고 엄마가 꾸준히 아이에게 햇볕을 비춘다면 아이는 언젠가 옷을 벗을 것이다. 아이에 대한 믿음을 가지고 칭찬과 격려로 아이를 변화시킬 준비를 하자.

위와 같은 유형의 아이들은 책의 즐거움을 느끼는 경험이 필요하다. 아이들은 재미만 있으면 적극적으로 움직인다. 책에 대한 긍정적인 생각을 갖고 재미를 느낄 수 있는 계기를 마련해 줘야 한다. 이런 아이들의 경우 엄마들도 그동안 제대로 된 노력을 안 했을 확률이 크다. 엄마가 적극적으로 노력해야 하는 유형인만큼 다음에 제시하는 몇 가지 방법을 참고하여 아이의 독서 습관을 길러주기 위해 행동으로 실천하길 바란다.

**솔루션1** 도서관이나 서점에 자주 데려가라. 그리고 아이가 책을 고르게 하라.

아이들은 부모와 함께하는 시간을 매우 소중하게 여긴다. 월요일 아침에 주말에 뭘 했는지 이야기를 나누다 보면 여행을 가든 집에서 음식을 해 먹었든 가족과 함께 한 아이들은 목소리를 높여 즐겁게 이야기한다. 반면 가족들과 함께 있어도 각자의 생활을 하고 함께 한 일이 없는 아이들은 크게 이야기하는 아이들을 부러운 눈으로 바라본다.

일단 책을 가까이 하려면 거부감을 없애고 친근감을 느끼게 하는 것이 첫걸음이다. 주말에 아이를 데리고 가까운 도서관이나 서점에 가보자. 가족과의 시간이 소중한 만큼 가족과 함께 가는 도서관과 서점은 아이들에게 긍정적인 장소로 인식된다. 주말에 서점에 가본 적이 있는지 모르겠다. 실제 가보면 생각보다 많은 엄마들이 아이들과 함께 와서 책을 구경하며 읽고 있다. 서점의 아이들 책 코너에 자리가 없을 정도다. 도서관도 다르지 않다. 아빠와 함께 온 아이들도 꽤 많다.

이런 유형의 아이들은 처음에는 서점과 도서관에 가도 책에 관심이 없을 것이다. 뛰어다니며 놀기만 할지도 모른다. 하지만 절대 조급하게 생각해선 안 된다. 뛰어 놀고 관심 없어 보일지 몰라도 환경에 노출된 아이와 전혀 아닌 아이들은 다르다. 도서관과 서점에 즐거운 공간, 재미있는 공간이라는 인식이 생기면 책에 대한 관심이 생길 가능성이 커진다. 또한 많은 친구들과 어른들이 여가 시간에 책을 읽기 위해 이렇게 도서관과 서점에 와서 있는 것을 보는 것만으로도 의미가 있다.

그 다음은 아이가 책을 골라보도록 한다. 책 고르기는 아이들이 책에 흥미를 가질 수 있는 첫 단추다. 엄마가 산더미처럼 빌려온 책들, 책장 가득 메운 몇 십 권짜리 전집, 매달 배달되는 책꾸러미 등은 그중 우연히 아이들의 흥미를 자극할 책이 있을 수 있지만 선택의 주체가 아이가 아니라는 점에서 좀 더 적극적인 방법이 필요하다. 읽는 이는 아이다. 아이가 고른 책이어야 본인의 흥미와 적성에 맞춰 잘 고를 수 있으며 끝까지 읽고자 하는 마음이 생기게 된다.

아이의 독서를 조급하게 생각해선 안 된다. 아이들의 변화가 비록 눈에 보이지 않을지라도 채근하거나 강제로 책을 읽게 하는 순간 아이의 책에 대한 관심은 더 멀어진다는 것을 기억하자. 즐거운 공간으로서 자리매김하는 것에 의의를 두자. 일단 책을 가까이 하고 친근하게 생각하기 시작하면 성공이다. 아이들과 일주일에 한 번, 혹은 한 달에 두 번 정도 대형서점과 도서관에 가자. 집에서 뒹굴고 아이들과 텔레비전을 볼 시간에 조금만 엄마가 노력하면 된다.

### 솔루션2 주변 환경을 독서 모드로 정리하라.

다른 무엇보다 책이 좋을 수 있을까? 책에 대한 즐거움을 느끼고 책의 유익함을 제대로 체감한 사람이라면 모를까, 사실 아이들이 그 어떤 것보다도 책을 좋아하는 것은 아직은 무리다. 이런 아이들에게 환경 조성은 무엇보다 중요하다. 집에 왔는데 아빠는 텔레비전을 보고 있고 엄마는 핸드폰으로 채팅을 하고 있고 형은 컴퓨터 게임을 하고 있다면 아이가 과연 책을 읽을 수 있을까? 아직 어린 아이들에게 텔레비전, 핸드폰, 컴퓨터 게임보다 책이 더 재미있기는 어렵다. 인위적인 환경의 조성이 필요하다. 집안을 점검해 보고 아이들이 책 읽기에 적합한 환경인지를 살펴 보자.

- 우리 집에 아이들 수준에 맞는 책이 얼마나 있는가?
- 책들은 주로 어디에 어떻게 배치되어 있는가?
- 아이들의 동선에 텔레비전, 컴퓨터, 게임기 등이 있지 않은가?
- 가족들의 여가 생활은 어떤가?

**솔루션3 부모가 먼저 아이의 책을 읽자.**

특히 평소에 책을 읽지 않는 엄마라면 이 방법을 더욱 추천한다. 내 아이가 읽을 책으로 가볍게 독서를 시작해 보자. 어른 수준에 맞지 않는 책이라고 우습게 생각해서는 안 된다. 아이들 책에서도 어른이 느낄 수 있는 감성이 있고 깨달음이 있다. 어린이의 시선과는 또 다른 느낌을 어른들은 가질 수 있다. 나도 3살 아이에게 책을 읽어 주면서 학급 아이들에게 해 줄 이야기의 소재를 찾기도 하고 수업 아이디어를 얻기도 한다. 배우고자 하는 자세를 가진다면 모든 것이 배움의 대상이 될 수 있다.

또 부모가 책을 읽는 모습을 보여 주는 것은 아이에게 시각적인 효과가 있다. 독서록, 독서장제 때문에 숙제로만 여겨졌던 독서를 우리 엄마, 아빠가 여가시간에 하고 있다면 아이들은 책에 대해 이전과 다른 생각을 갖게 될 것이다. 엄마, 아빠 수준의 책을 읽는 모습을 보여 주는 것도 좋지만 아이와 같은 책을 읽는다면 아이들은 더 친근감 있게 책을 대한다. 또 가족과 책의 내용에 대해 공유하고 공감할 수 있기 때문에 훨씬 책을 좋아하게 될 것이다. 미리 엄마가 읽고 괜찮은 책인지 점검해 볼 수 있는 장점도 있다.

**솔루션4 엄마와 아빠가 책을 읽어 주고 또 거꾸로 아이가 책을 읽어 주자.**

학교에서 아이들 수준보다 조금 높은 책이거나 함께 생각해 보고 싶은 내용의 책일 때는 내가 앞에서 책을 읽어 준다. 나 또한 처음에는 고학년에게 책을 읽어 주며 과연 들을까 의심을 하기도 했다. 하지만 아이들은 읽는 것보다 듣는 것을 더 편안해 했으며 귀를 쫑긋하고 열심히 들었다. 책 읽어 주기는 한글을 모르는 아이나 저학년에만 해당되는 것이 아니다. 저학년이든 고학년이든 지식 전달의 의미를 넘어서 아이에게 큰 영향을 줄 수 있다.

특히 아빠의 책 읽어 주기는 아이와의 유대 관계를 강화하고 책에 대한 긍정적인 인식을 심어줄 수 있는 강력한 방법이다. 아빠가 바쁘다는 핑계로, 혹은 육아를 엄마의 몫으로 생각해서 책 읽어 주기를 자신의 역할이 아니라고 생각한다면 큰 오산이다. 아이에 대한 것은 부모 모두의 공동 역할이다.

아빠의 책 읽어 주기는 엄마와 또 다른 효과를 낼 수 있다. 엄마의 책 읽기가 감성적으로 접근한다면 아빠의 책 읽기는 보다 논리적으로 접근하는 경향이 있다고 알려져 있다. 그러므로 부모가 함께 책을 읽어준다면 아이에게 다양한 자극을 줄 수 있다. 실제 학교에서 보면 아빠와의 유대 관계가 좋은 아이는 매우 안정되어 있고 자신감이 있다. 아빠와의 친밀도는 아이의 사회성과 논리적 사고력을 키워주는 데 분명 도움이 된다.

책을 읽어 주기 위해서는 무릎에 앉히든 옆에 앉든 부모와 가까이 앉을 수밖에 없다. 바쁜 일상 속에서 제각각 자기 생활을 하는데 급급하여 대화조차 제대로 하지 못하는 요즘 가족들에게 짧은 시간이라도 하루에 한 번씩 아이에게 책을 읽어 주는 것은 의미를 가진다. 이런 시간은 아이에게 부모와 함께 한다는 안정감과 사랑을 느낄 수 있는 소중한 시간이 될 것이다. 또 이 시간은 아이가 책에 대해 가까이 여기는 계기가 될 것이다. 어렵게 생각하지 말고 일단 시작하자. 하루에 5분도 좋고 이틀에 한 번도 좋다. 꾸준히 읽어 준다면 분명 아이는 변한다.

거꾸로 아이가 엄마, 아빠에게 책을 읽어 주게 하는 것도 색다른 방법이다. 뭔가를 받던 입장에서 주는 입장으로 바뀌었을 때 아이들은 흥미를 느낀다. 소꿉놀이를 할 때도 엄마, 아빠, 선생님의 역할을 맡으면 으쓱하고 마음가짐이 달라지는 것처럼 아이가 책을 읽어 주는 행동은 독서에 대한 주인 의식을 갖게 할 것이다.

### 솔루션5 어릴 때 읽었던 쉬운 책부터 비틀어서 접근해 보자.

책에 흥미가 없는 아이들은 책을 여가나 취미가 아닌 숙제, 짐으로 여기기 마련이다. 이럴 때 학년 추천 도서를 읽으라고 던져주는 것은 아이가 책에 흥미를 느끼는 데 전혀 도움이 되지 않는다. 0단계의 아이들에겐 책에 대한 재미를 느끼게 하는 것이 최우선이다.

아이들이 어릴 때 엄마에게든 유치원에서든 들어서 누구나 알만한 내용의 책들로 시작해 보는 것을 추천한다. 예를 들어 《흥부전》,《심청전》,《신데렐라》,《인어공주》 등과 같은 책들이다. 아이들은 내용을 아는 책이기 때문에 일단 거부감이 없을 것이다.

이런 책을 읽되 조금 다른 방식으로 읽게 하면 어떨까? 쉬운 책을 읽되 주인공을 바꿔 보는 것이다. 보통은 제목에 있는 인물이 주인공이라고 생각한다. 예를 들어 《흥부전》의 주인공은 흥부라고 생각하는데 색다르게 '놀부'나 '제비'를 주인공으로 생각해 보도록 하는 것이다. 놀부의 입장, 제비의 입장에서 책을 읽어보면 흥부가 주인공이라고 생각했을 때와 다른 느낌을 가지게 될 것이다. 주인공을 바꿨을 때의 생각이나 느낌을 가족과 이야기해 보거나 책 제목을 바꿔 보는 것도 좋은 방법이다.

쉬운 책부터 시작해서 기존의 것을 비틀어보는 활동을 해 보는 것은 아이들이 책에 대한 흥미를 갖는 데 도움을 줄 수 있다. 아이들은 아는 것에 편안함을 느끼고 새로운 것에 호기심을 느낄 것이다. 이 활동은 0단계에서뿐만 아니라 독서능력이 갖추어진 다음 단계들에서도 활용할 수 있는 좋은 독후 활동들이다. 이를 통해 다양한 시각을 가질 수 있고 생각하는 능력을 기를 수 있다.

# 1단계,
# 책을 읽기 시작하는 단계

| 아이의 유형 | 엄마의 유형 |
| --- | --- |
| – 책을 고르는 데 시간이 많이 걸린다.<br>– 책을 오래 읽지 못한다.<br>– 만화책을 주로 읽는다.<br>– 좋아하는 특정 책만 주로 읽는다.<br>– 독서록 쓰기를 너무 싫어한다. | – 책에 관심은 있으나 거의 읽지 않는다.<br>– 아이 독서에 관심은 있으나 별다른 노력을<br>  하지 않는다.<br>– 주변 엄마들의 정보에 의존한다.<br>– 책을 사주고 싶은데 어떤 책을 사줘야 할<br>  지 모르겠다.<br>– 책을 전집으로 구입한다. |

　책에 대해 동기 유발이 된 아이들이 여기에 해당된다. 하지만 아직 스스로 찾아 읽을 정도는 아니니 엄마의 적극적인 노력이 계속되어야 한다. 위의 유형을 가진 아이와 엄마를 위해 몇 가지 방법을 제안하니 각 가정의 실정에 맞게 변형해서 활용해 보면 좋을 것이다.

## 솔루션1 도서관 홈페이지를 자주 보고 프로그램에 참여해 보자.

각종 포털, 쇼핑 사이트는 자주 가지만 도서관 홈페이지를 얼마나 방문하는지 모르겠다. 도서관 홈페이지에는 아이의 독서 지도를 어떻게 시작해야 할지 막막한 엄마들을 위한 정보가 꽤 많이 있다. 시작이 두려운 엄마라면 먼저 도서관 홈페이지에 들어가 보기를 권한다.

도서관 홈페이지에 가면 새로 들어온 신간 소식도 있고 추천 도서 목록도 있다. 어떤 책을 읽게 해야 할지 고민된다면 도서관에 있는 신간 목록, 추천 도서 목록을 활용해 보자. '서울특별시교육청 어린이도서관' 홈페이지(www.childlib.sen.go.kr)에는 저자 강연회, 문화가 있는 날 행사 등의 프로그램에 대한 정보가 실려있다. 또 신착 도서, 사서 추천 도서, 대출 베스트 등의 메뉴를 통해 최신 책 정보를 쉽게 얻을 수 있다.

또 요즘은 어린이도서관이 주변에 생각보다 많다. 지역 어린이도서관 홈페이지에 들어가서 운영되고 있는 문화 프로그램에 참여해 보자. 프로그램들은 놀이를 통해, 혹은 흥미로운 소재들을 가지고 아이들에게 책 이야기를 해주는 것들이 많기 때문에 아이들을 책 세상으로 더 빨리 이끌 수 있다.

예를 들어 수원 지역의 바른샘어린이도서관 홈페이지(www.suwonlib. go.kr/bkid)에는 아이들이 그림책을 읽으며 체험하고 생각할 수 있는 4주 프로그램인 '책 단추 스토리텔링' 참가자를 모집하고 있고 가족 단위로 참여할 수 있는 '할매랑 나랑 쿡쿡쿡' 프로그램 신청자를 모집

하고 있다. 모두 인터넷으로 접수를 받고 있는데 조금만 관심을 기울이면 이런 도서관 프로그램을 무료로 쉽게 이용할 수 있다.

조용한 가운데 딱딱한 의자에 앉아서 지루하게 읽는 책이 아니라 놀면서 즐기면서 읽을 수 있는 책이라면, 아이는 좋아할 수밖에 없을 것이다. 주변의 도서관 홈페이지를 즐겨찾기 해두고 주기적으로 들어가서 정보를 확인하자.

**솔루션2 막막할 땐 교과서 연계 도서와 수록 도서, 교육청과 각 기관의 권장 도서, 추천 도서 목록 등을 참고하자.**

정보가 능력인 세상이다. 하지만 수많은 책들 속에서 양서를 찾아내는 것도 사실 엄마 입장에서 쉬운 일은 아니다. 이럴 땐 서점과 도서관에서 헤매지 말고 먼저 교과서 연계 도서, 교과서 수록 도서부터 시작하자. 교과서 수록 도서는 교과서 맨 뒤에 보면 리스트로 나와 있다. 그 책만 읽어도 예습의 효과가 있기 때문에 아이들이 학교에서 자신감 있게 수업을 들을 수 있다. 수업 시간의 집중은 자연스럽게 성적으로 연결될 것이다. 복습으로 읽혀도 좋다. 한학기가 끝나고 교과서 수록도서, 연계도서를 찾아 읽어본다면 한 학기 동안 배운 내용을 폭넓게 정리할 수 있을 것이다.

더 많은 도서 정보가 필요하다면 교육청과 각 기관이 매년 발표하는 추천 도서들을 참고하면 된다. 이에 대한 정보는 교육청이나 기관의 각 사이트에서 확인이 가능하다. 이런 사이트들을 찾아보는 것조차 귀찮다면 YES24나 인터파크도서 등의 인터넷서점 사이트에 학년별 추천 도서가 분류되어 있으니 참고하면 된다. 최신의 책은 아니어도 스테디셀러로 꾸준히 팔리고 있는 책들은 양서일 가능성이 크다. 그런 책들을 골라 아이들과 함께 읽는다면 잘 모르는 엄마들도 아이의 독서 지도에 쉽게 성공할 수 있다.

엄마와 아이가 직접 아이에게 맞는 책을 찾아 읽는다면 금상첨화지만 시작 단계라 잘 모를 땐 기관과 전문가의 정보를 따라 보는 것도 괜찮다. 손 놓고 있는 것보다 정보를 얻고 실천하는 엄마의 아이는 그만큼 달라지리라 믿는다.

**솔루션3 책을 읽기 전에 나만의 표시를 해 보자.**

책을 읽기 전 나만의 표시를 하는 것은 아이들에게 '이 책은 내 것'이라는 의미부여를 하는 것과 같다. 책을 구입했을 때, 처음 만난 날을 기억하며 표지 넘기면 있는 여백에 날짜와 구입 장소를 적는 것도 좋다. 또 책의 첫 한 두 장의 여백에 이 책을 읽을 때의 감정, 책에 대한 기대, 제목을 보고 어떤 내용일 것 같은지에 대한 예상 등을 나름대로 적고 책을 읽기 시작한 날짜와 함께 서명을 하는 것도 좋은 방법이다. 또 적는 내용이 이 책을 통해서 얻고 싶은 것, 알고 싶은 것 등 목표에 관한 것이라면 목적 있는 독서가 가능해지니 아이들에게 더 좋은 효과를 낼 수 있다.

누구나 내 것일 때 더 애착을 느끼고 깊이 빠진다. 내가 고른 책에 이런 표시를 하고 읽기 시작한다면 이미 책과 친해진 느낌을 가지고 독서를 시작할 수 있어 흥미와 몰입도를 배가시킬 수 있다. 일단 마음에서 가까워진 책에 빠져들어 읽는다면 생각의 나래를 더 활짝 펴고 유연한 사고를 할 수 있음은 당연하다. 창의성은 편안한 상태에서 더 많이 발휘되기 때문이다.

**솔루션4 학교 도서관 학교의 사서 선생님과 친해지자.**

무조건 처음부터 끝까지 엄마 힘으로만 할 필요는 없다. 멀티플레이어가 되기 힘든 현실에서 전문가가 되려고 노력할 시간에 전문가의 도움을 받는 것도 좋은 방법이다. 전문가를 멀리서 찾을 필요 없다. 아주 가까이, 내 아이의 학교에 있기 때문이다. 바로 도서관 사서 선생님이다.

사서 선생님은 책에 관련해서 많은 정보를 가지고 있고 아이들이 어떤 책을 좋아하는지 잘 알고 있는 전문가다. 직접 찾아가기 어렵다면 학교에서 도서관 사서 도우미를 모집할 때 신청하는 것도 사서 선생님을 만날 방법이 될 것이다. 사서 도우미를 부담스러워 하는 경우가 있는데 오히려 사서 선생님과 좋은 관계를 형성하고 학교 아이들을 직접 만나 소통할 수 있는 좋은 기회이다. 담임 교사보다 부담도 덜하니 대화하기 훨씬 편하고 독서에 관한 조언과 책 추천도 받을 수 있으니 일석이조다.

나 또한 책 추천을 받거나 독서 교육에 있어서의 조언을 얻을 때 학교 사서 선생님과 많은 대화를 한다. 이런 전문가가 근처에 있으면 당연히 가까이해야 한다. 사서 선생님과 서로 존중하고 배려한다면 좋은 관계를 형성할 수 있으며 많은 도움을 받게 될 것이다. 지금도 늦지 않았다. 학교 도서관의 문을 웃는 얼굴로 두드려 보자.

### 솔루션5 아이를 평가하려고 하지 말자.

책을 즐기지 않는 아이들의 많은 수는 책 읽기를 과제로 여긴다. 아직 책에 완전히 빠지지 못한 이 유형의 아이들은 이 단계에서 한 단계 도약해야 책을 손에서 놓지 않는 아이로 거듭날 수 있다. 흥미를 잃지 않는 방법은 공부처럼 접근하지 말고 책 읽는 자체로 끝내는 것이다. 어른들은 아이들이 책을 읽고 내용을 이해했는지 살피기 위해 내용을 질문하기도 하고 책을 읽고 독서록을 쓰게 한다. 책을 읽을 때마다 확인받고 자신의 생각을 글로 써야한다면 그 자체로 아이에게 과제고 스트레스일 수 있다. 그러니 처음에는 그냥 책을 읽는 중간에, 혹은 읽은 후에 하는 자연스러운 말들로 내용확인과 아이의 독서록을 대신하는 것이 좋다.

단, 책에 대한 아이의 생각과 느낌에 평가를 해서는 안 된다. 그냥 있는 그대로 존중해야 한다. 아이가 자신의 생각과 느낌을 말했을 때 엄마가 "아니야, 이 책은 ○○을 교훈으로 말하고 있잖아."라고 틀린 것처럼 반응하면 아이는 마치 시험문제를 틀린 양 자신감이 없어질 것이다. 아이는 어른이 보지 못하는 새로운 세상을 책을 통해 보고 느낀다. 대단한 존재로서 아이를 믿고 책의 내용을 확인하는 것은 잠시 미루자.

### 솔루션6 적절한 보상을 해 주자.

보상에는 두 가지 종류가 있다. 하나는 선물, 돈, 사탕, 장난감 등의 물질적인 것에 의한 외적 보상이고, 다른 하나는 칭찬, 성취감, 스스로의 만족감 등의 내적 보상이다. 학교에서 보면 아이들은 물질적인 것에 많이 약하고 자극이 쉽게 된다. 게임을 하거나 활동을 할 때 사탕을 걸면 눈빛이 변하며 적극적으로 참여한다. 내적 보상인 칭찬도 흔히 쓰는 보상 방법이다. 아이들이 어떤 행동을 했을 때 칭찬해 주면 입 꼬리가 올라가며 씩 웃고 기분 좋아 하는 것이 온몸으로 느껴진다. 칭찬은 고래도 춤추게 하고 아이를 기쁘게 한다.

이런 보상을 적절히 사용하여 아이들을 독서의 세계에 빠지게 하는 것은 어떨까? 사실 가장 좋은 것은 내적 보상으로 유인하는 것이다. 하지만 일단 책을 읽어야 칭찬을 해 줄 텐데 그런 순간을 기다리기 어렵다면 외적 보상도 어느 정도 활용하는 것을 추천한다. 물론 "책 읽으면 레고 장난감 사줄게."와 같은 식으로 접근하는 것보다는 아이의 흥미와 관심을 자극할 만한 책 선물을 미리 해 주어 독서 기회를 만들거나 책을 읽는 모습을 보였을 때 흥미로운 책을 선물하는 방법을 추천한다.

꼭 물질이 아니어도 동기부여를 할 수 있는 것은 많다. 아이들과 함께 이야기하다 보면 가족과의 시간을 보내고 싶은 아이들도 참 많다. 가족 여행이나 가족끼리 운동을 하는 등의 활동도 아이에겐 보상이 될 수 있다. 아이가 원하는 것을 살펴 독서의 세계로 이끌 수 있는 다양한 보상을 개발하고 활용하자.

### 솔루션7 독서 기록은 간단하게라도 꼭 하자.

책을 읽고 정리하는 것도 습관이다. 아이가 책 읽는 것을 크게 좋아하지 않는다고 해도 책을 읽고 간단한 정리는 반드시 해야 한다. 그래야 나중에 그 기록을 보고 '내가 이런 책을 읽었구나.'라고 생각하며 기억을 더듬어보고 성취감을 느낄 수 있다. 거창하게 몇 줄 이상, 몇쪽 이상을 쓸 필요는 없다. 이 단계의 아이들은 부담스럽지 않은 선에서 정리하도록 해야 한다. 줄거리나 내용을 정리하지 말고 책 제목, 지은이, 읽은 날짜, 느낀 점 정도만 2~3줄 적는 것이 좋다. 그 조차 어려워하는 아이라면 책 제목, 지은이, 읽은 날짜라도 적게 하자. 책을 읽었다는 성취감과 만족감은 아이가 다음 책을 읽는 데 큰 힘이 될 것이다. 물론 단계적으로 발전함에 따라 글의 양은 점점 길어져야 한다.

# 2단계,
# 책에 흥미를 느끼는 단계

| 아이의 유형 | 엄마의 유형 |
|---|---|
| - 책을 읽기 시작하면 끝까지 읽는다.<br>- 책을 읽을 시간을 주면 좋아한다.<br>- 책을 읽고 독서록을 쓴다.<br>- 책의 유익함과 재미를 안다. | - 아이의 독서에 관심을 계속 가진다.<br>- 요즘 내 아이가 어떤 책을 주로 읽는지 알고 있다.<br>- 전집이 아닌 좋은 책 낱권을 골라 사준다.<br>- 도움되는 사이트, 카페(블로그) 등에 가입하여 정보를 얻는다. |

책에 대한 재미를 느끼고 좋아하는 아이들이 이 유형이다. 책 읽는 것을 과제가 아니라 여가생활로 생각한다. 이 단계의 아이들은 좀 더 흥미를 끌어올리고 다양한 활동으로 독서에 변화를 줄 필요가 있으며 여러 분야의 책으로 시야를 넓히는 것이 필요하다. 또 체계적인 독서 지도에 들어가야 한다.

**솔루션1 도서관의 책 분류 규칙을 알려 주자.**

이제 아이가 스스로 책을 골라 읽을 수 있도록 기초를 마련해 줘야 한다. 그 시작이 도서관 장서 규칙을 아는 것이다. 6학년 1학기 국어 시간에 잠깐 배우긴 하지만 아이들이 필요할 때 자유롭게 찾게 하기 위해서는 자세한 안내가 필요하다.

도서관 벽에 보면 한국십진분류법(KDC)에 의한 분류가 나와 있고 이 분류는 책 배치와 책등에 반영된다. 책등 밑에 보면 '670.4, 김95ㅇ' 같은 숫자와 문자로 된 이름표(청구기호)가 있는데 '670.4'는 '분류기호'로 책의 종류와 위치를 알려 주고, '김95ㅇ'은 '도서기호'로 책의 지은이에 대한 정보와 책 제목을 담고 있다. 더 자세히 살펴 보자. '670.4'의 경우 600대이므로 대주제는 '예술', 670이므로 중주제는 '음악' 관련 책이고, 일의 자리가 0인 것으로 보았을 때 소주제는 음악의 특정 분야가 아닌, '음악 전반'에 관한 책임을 알 수 있다. 또 '김95ㅇ'을 보면 저자의 성이 김씨이고 '95'로 저자의 이름이 '호'로 시작한다는 것을 알 수 있다.(리재철의 한글순도서기호법에 의함) 마지막 'ㅇ'은 책의 제목 첫 자음을 의미한다.

도서관에서 도서이름표의 의미를 완전히 이해하고 책을 고르는 사람은 많지 않을 것이다. 아이들에게 청구기호의 의미를 알려 주고 책이 어떻게 배치되어 있는지 안 후에 읽을 책을 고르게 하자. 막연히 서가에 빼곡하게 차 있는 책 속에서 읽을 책을 고르는 것보다 의미를 알고 찾으니 재미있지 않을까? 찾고 싶은 책의 부류에 정확히 가서 찾아 책을 고를 시간에 책을 읽을 수 있도록 도와 주자.

### 솔루션2 책을 고르는 방법을 알려 주자.

책을 고를 줄 모르는 아이들에게는 제목과 표지, 표지의 글, 뒷면의 추천 글, 저자의 소개, 목차 등을 보고 선택할 수 있다는 것을 자세하게 알려 줘야 한다. 그냥 고르라고 하면 어떤 책을 골라야 할지 망설이거나 만화책, 학습 만화를 고를 가능성이 크다. 이런 책들은 절대 읽지 말아야 하는 것은 아니지만 독서 초반부터 읽는 것은 잘못된 독서 습관이 생기게 할 수 있으므로 지양해야 한다.

엄마가 올바르게 선택하는 방법에 대한 가이드라인만 잘 세워주고 옆에서 도와준다면 아이들은 자신에게 딱 맞는 책을 고를 수 있는 능력을 키워갈 것이다. 일단 책은 아이들이 고르게 해야 한다. 마음이 갈 때 몸도 따라 간다. 직접 고른 책이라면 아이들은 적극적으로 읽을 것이고 열린 마음으로 책을 받아들일 것이다.

### 솔루션3 한 저자가 쓴 책들을 같이 읽고 가족들과 대화해 보자.

책을 마구잡이로 읽는 것도 좋지만 작가별로 분류해서 집중적으로 읽어보는 것도 좋은 방법이다. 학교에서 내가 아이들에게 읽어 주는 책 중에는 한 작가의 시리즈가 있다. 바로 앤서니 브라운의 동화책 시리즈다. 《돼지책》, 《기분을 말해봐》, 《우리아빠가 최고야》, 《우리 엄마》, 《난 책이 좋아요》 등의 그림책들이 아이들과 함께 읽는 책들이다. 유아용 그림책이라 별 내용이 있을까 싶을 수도 있다. 하지만 짧은 글과 그림들에 많은 생각을 하게 하는 메시지가 담긴 책들이라 나는 아이들과 책을 읽고 많은 대화와 독후 활동을 한다. 아이들과 나는 앤서니 브라운의 책을 읽으며 다양한 생각들을 나누고 더 나아가 앤서니 브라운이라는 작가를 검색해 보고 어떤 사람일지 상상해 보기도 한다. 책 한 권을 읽는데서 끝나는 것이 아니라 한 작가의 여러 가지 책들을 읽으며 그의 생각을 알아보고 더 많은 책들을 또 찾아 읽는 것은 큰 공부이며 적극적인 독서의 한 방법이 될 수 있다.

아동 문학가 권정생의 책들도 내가 학교에서 함께 읽는 책들이다. 그림책 《강아지똥》, 《몽실언니》, 《엄마 까투리》, 《빼떼기》 등의 책을 읽으면 생명을 소중히 여기는 작가의 생각을 알 수 있고 어려움 속에서도 이겨내고자 하는 이야기들에서 교훈을 얻을 수 있다.

고정욱의 《가방 들어주는 아이》, 《아주 특별한 우리 형》, 《안내견 탄실이》 등은 장애우를 소재로 한 이야기 책으로, 장애우에 대한 태도와 생각을 일깨워 주고 싶어 하는 작가의 생각을 읽을 수 있다. 한 작가가 쓴 책들은 비슷한 분위기와 메시지를 주는 경우도 있고 자신이 살아온 사회 배경이 반영되기도 한다. 작가의 책들을 통해 경험해 보지 못한 시대의 상황을 이해하거나 작가의 생각에 공감해 본다면 더없이 좋은 책 읽기가 될 것이다.

한 작가의 작품들을 읽는 활동은 가족들과의 대화로 더 풍성해질 수 있다. 책에 대한 생각은 그 사람의 나이, 흥미, 경험, 지식에 따라 달라질 수 있다. 그리 길거나 어려운 글들이 아니므로 함께 읽고 그에 대한 각자의 생각을 나눠 본다면 아이들은 더 넓고 깊은 생각을 해 볼 수 있다. 단, 여기서도 아이의 반응에 평가를 내리거나 엄마의 의견이 답인 것처럼 이야기해서는 안 된다. 아이와 동등한 입장의 독자로서 책에 대해, 작가에 대해 이야기를 나눠 보자.

**솔루션4 독후 활동을 다양하게 해 보자.**

독서록만 독후 활동으로 생각하던 아이들에게는 뭔가 변화가 필요하다. 독후 활동은 다양하게 있는데 학교나 가정에서 독서록만 주로 활용하다 보니 독서에 대한 흥미가 높아지기 어렵다. 뭘 시켜야 하나 고민하지 말고 쉬운 것부터 시작하자.

내가 아이들과 국어 시간에 이야기 글이 나올 때 자주 하는 방법은, 내용을 주고받으며 줄거리를 정리하는 것이다. 첫 문장을 내가 시작한다. 그러면 아이 한 명이 그 다음 내용을 한 문장으로 이야기하고 그 다음 아이들이 순서대로 내용을 한 문장씩 계속 이어나간다. 중간에 한 아이가 이야기 중 뭔가를 빠트리면 아이들은 자연스럽지 않은 이야기 전개에 웃기도 하고 알아서 내용을 채워 넣는다. 부모와 번갈아가며 이 활동을 해 보는 건 어떨까. 책에 대한 집중력을 높이고 함께 내용을 정리할 수 있는 좋은 독후 활동이다.

책을 읽고 표지를 꾸며보는 것도 좋다. 제목도 나름대로 바꿔 보고 표지의 그림이나 문구들도 내용을 잘 드러낼 수 있게 창의적으로 꾸며 본다. 혹은 책 속에서 인상 깊었던 장면을 그려 봐도 좋다. 이 활동은 주로 동화책에 활용한다. 종이 한 장, 색연필 등의 색칠도구만 있으면 집에서 간단히 할 수 있는 독후 활동이다. 그림을 그리고 꾸미면서 아이들은 그 시간에 다시 한 번 책의 내용을 머릿속으로 생각해보게 된다.

설명하는 글의 경우에는 책을 읽고 '알게 된 점'과 '알고 싶은 점'을 써 보게 한다. '알게 된 점'을 하나씩 쓰면서 책의 내용을 다시 짚어 볼 수 있고 '알고 싶은 점'을 쓰면서 다음 독서의 대상을 찾는 데 활용할 수 있다.

### 솔루션5 말로 표현해 보는 것은 아이에게 소중한 경험이 된다.

교사나 엄마의 설명을 듣거나 책을 읽을 때 이해되는 것이 내가 누군가에게 이야기하려고 하면 잘 안 될 때가 많다. 표현을 할 때 책 속의 지식이 내 것이 될 수 있으며 표현을 독서의 다음 단계로 여기고 독서를 할 때 더 집중해서 읽을 수 있다.

같은 책을 읽고 친구들과 그 내용에 대해 서로 질문하거나 인물에 대한 평가를 토론 형태로 해 보는 것도 좋다. 또 읽은 책의 내용이나 자신의 생각을 동생에게, 엄마에게 말로 표현하도록 하는 것도 자연스럽게 책에 대한 생각을 정리해 나갈 수 있는 길이다. 말을 할 때는 앞뒤가 맞게 이야기해야 하기 때문에 머릿속에 산재된 내용들과 생각들을 나름대로 정리할 수밖에 없다.

어떤 식으로든 표현함으로써 독서가 완성될 수 있다. 표현의 과정에서 아이들은 책의 내용을 한 번 더 생각해 보게 될 것이다. 그것만으로도 표현은 유익하다.

### 솔루션6 책의 지은이나 출판사 등의 정보까지 두루 살펴 보자.

사실 책 제목은 기억해도 작가나 출판사까지 눈여겨보는 아이는 많지 않다. 독서록 공책을 사면 지은이, 출판사 쓰는 칸이 있지만 아이들은 책 제목만 쓸 뿐이다. 책만 제대로 읽으면 되지 지은이, 출판사를 알 필요가 있을까 하는 엄마들도 있을 수 있다. 책 한 권 읽는 것에서 끝난다면 크게 상관없지만 조금 더 확장된 독서로 나아가고 싶다면 지은이, 출판사까지 확인하도록 지도해야 한다.

지은이는 보통 표지에 이름만 있고 책날개에 지은이에 대한 설명이 나와 있다. 지은이의 직업이나 하고 있는 일, 저서에 대한 정보를 보면 책에 대한 이해를 더 깊이 할 수 있다. 지은이의 소개 글 중에 관심 가는 것이 있다면 관련 도서를 찾아 보거나 지은이의 다른 저서를 찾아 볼 수도 있다.

《어린이를 위한 마시멜로 이야기》를 읽고 나면 지은이인 '호아킴 데 포사다'가 세계적으로 유명한 작가이자 대중연설가인 것을 알게 된다. 이 때 이런 대중연설가에 누가 있는지 찾아볼 수도 있고 포사다의 다른 저서인《바보 빅터》,《어린이를 위한 99℃ 이야기》를 읽어 볼 수도 있다.

또 출판사마다 책을 출간하는 방향이 있고 추구하는 목표가 있다. 그러므로 책을 읽을 때 출판사를 체크하다 보면 나와 잘 맞고 내가 재미를 느끼는 책을 많이 출간하는 출판사를 알 수 있다. 물론 초등학생들에게는 어려운 일이다. 하지만 꾸준히 관심을 가지다 보면 가능하다. 출판사를 보는 안목을 가지고 있는 것은 평생을 독서를 할 아이들이 어른이 되어 책을 고르는 지기만의 기준을 가지는 데 큰 도움이 될 것이다.

# 3단계,
# 책 읽기 안정 단계

| 아이의 유형 | 엄마의 유형 |
|---|---|
| – 책을 거의 매일 읽는다.<br>– 더 많은 책과 더 많은 독서 시간을 원한다.<br>– 좋아하는 책 분야가 뚜렷이 있다.<br>– 책 읽기를 취미로 하며 책을 읽고 난 후에 생각과 느낌을 잘 표현한다. | – 도서관과 서점에 자주 간다.<br>– 아이와 아이의 독서에 대해 자유롭게 이야기한다.<br>– 집에서 책 읽는 모습을 아이에게 자주 보여준다.<br>– 독서 모임에 관심을 가지고 있으며 참여하기도 한다. |

책 읽기가 안정된 아이들이다. 평생을 독서하며 살아갈 내 아이를 위해 다양한 독서의 세계를 접하게 해 주고 체계적인 독서 경영을 해 나갈 수 있도록 도와줘야 할 단계이다. 이 단계의 아이들과 엄마에게 도움이 될 만한 활동을 소개한다.

**솔루션1 연간 독서 계획을 세워 달력에 표시하자.**

계획과 목표를 세우는 것은 의지와 열정을 불러 일으킨다. 아이의 독서에도 목표와 계획을 세워 보는 것이 어떨까? 목표와 계획은 머릿속에 있는 것보다 눈에 보이는 곳에 적어놓고 계속 볼 때 효과가 배가된다. 간단히 탁상용 달력을 활용하면 된다.

아이의 연간 학사 일정을 대략 알 수 있으니 그것을 고려해서 계획을 짜면 좀 더 실천 가능한 계획을 세울 수 있다. 매일의 독서량을 정해놓는 것은 아이에게 부담이 된다. 그냥 '1월' 옆에 '10권 목표'라고 써 놓은 정도면 충분하다. 또 더 세분화하여 주마다 옆에 '2~3권'이라고 써도 좋다. 읽는 책마다 두께와 난이도가 달라 걸리는 시간이 달라지므로 융통성 있게 실천할 수 있도록 계획을 세우자.

또 그 달의 독서 주제를 정해 달력에 표시할 수 있다. 아이가 최근 관심 가지는 주제, 엄마가 권하고 싶은 주제, 계절, 계기교육, 교과서 속 주제 등에서 읽을거리를 다양하게 정해본다. 아이가 관심을 가지는 주제는 빈 종이에 엄마와 브레인스토밍, 혹은 마인드맵 방식으로 써나가고 그 안에서 읽을거리를 엄마와 함께 골라보면 엄마가 권하고 싶은 주제도 어느 정도 반영될 수 있다. 또 달력에 작게 쓰인 특정 날짜들의 정보들을 보며 주제를 정해 보면 계기교육 관련 주제도 쉽게 정할 수 있다. 교과서에서는 국어 지문이나 사회, 과학의 단원 명 등에서 관련된 주제를 찾으면 된다.

따로 도구나 종이를 준비할 필요 없이 탁상 달력에 계획을 기록하므로 간편하며 매일 보면서 동기부여를 받을 수 있다. 독서량, 독서 주제까지 모두 계획 세우기가 어렵다면 둘 중 하나만이라도 목표를 세워 보자. 계획을 세운 사람이 세우지 않은 사람보다 실천할 확률이 높다. 아이와 함께 한 해의 독서 계획을 세워 보자.

**솔루션2 변화를 주어 다양하게 읽을 수 있는 방법을 알려 주자.**

책을 모두 읽고 나서 책에 대한 내 생각과 느낀 점, 인상 깊었던 부분을 찾아 표현하려 하는데 내용을 잊어버려서 난감할 때가 있다. 독서 감상문을 쓰든 누군가와 책에 대해 이야기를 나누든, 꼭 책을 다 읽고 쓸 필요는 없다. 읽으면서 기억에 남기고 싶은 부분을 밑줄을 긋거나 그 옆에 자신의 생각과 느낌, 깨달음을 간단히 써 보자. 색깔 있는 펜으로 밑줄을 긋고 글씨를 쓰면 자칫 펜 색깔 때문에 정작 중요한 원문의 글이 가려지고 눈에 띄지 않을 수 있으니 검은색으로 표시하기를 추천한다. 아이들은 평소에 사용하는 연필이나 샤프로 편안하게 표시하면 된다.

포스트잇으로 나중에 정리하고 싶은 장을 표시해 놓아도 좋다. 이렇게 표시를 해두면 같은 책을 다시 읽을 때 표시한 부분을 한 번 더 유심히 볼 수 있고 표시된 부분만 발췌독을 할 수 있어 효율적이다. 아이들이 같은 방식으로 매번 처음부터 끝까지 읽도록 하지는 말자.

또 한 가지, 책을 꼭 앞에서부터 차례대로 읽을 필요가 없다는 것도 아이들에게 새로운 독서 아이디어를 줄 수 있다. 소설책이 아니라면 각 장의 내용은 독립적이다. 그러므로 목차를 보고 가장 재미있고 읽기 쉬워 보이는 장부터 읽고 범위를 확장해 나간다면 좀 더 빠르고 효과적인 독서를 할 수 있다.

책 한 권 전체를 한 번에 읽지 않아도 된다. 현재의 상태에 따라 잘 안 읽히는 책이 있을 수 있다. 그런 책은 잠시 쉬고 다른 책으로 새로운 마음으로 시작한다면 분위기도 환기되고 지속적인 녹서를 해나갈 수 있는 긴장감을 줄 것이다. 물론 읽기 시작한 책은 끝을 봐야 한다. 한 번 읽기 시작한 책은 다른 책들과 섞어서, 혹은 뒤로 미루더라도 끝까지 읽어 마무리하는 것이 좋다. 어른들은 중간에 그만둬도 상관없지만 아이들에겐 완독이 필요하다. 한 권의 책을 끝까지 읽는 것은 아이들에게 성취감과 자신감을 줄 수 있으며 아이들이 앞으로 다양한 분야의 독서에 도전해 나가는 데 밑거름이 되기 때문이다.

**솔루션3 독서 후에 제대로 된 글을 남기도록 하자.**

독서를 할 때 책을 읽으면 여러 가지 지식을 얻고 감동을 느끼고 반성도 한다. 하지만 이 깨달음과 여운이 그리 길지 않다. 눈으로 읽는 것이 독서의 50퍼센트라면 나머지는 표현으로 채워진다. 눈으로만 읽는 독서를 하고 있다면 반쪽짜리 독서를 하고 있는 셈이다. 글로 표현하는 것은 책의 내용을 다시 한 번 떠올려 보면서 자신의 생각을 천천히 정리하고 마음 깊이 새길 수 있는 방법이다. 우리는 글로 표현함으로써 독서를 완성시킬 수 있다.

책을 읽고 일단 책 뒷면 여백에 책을 읽고 난 느낌과 생각, 깨달음 등을 글로 남기게 하자. 내 발자국을 마지막 장에 찍을 때 진짜 내 책으로 완성된다. 나중에 다시 그 책을 읽을 때 썼던 글을 보면서 그 때와 지금의 생각을 비교해볼 수도 있다. 또 인물이나 작가에게 편지쓰기, 친구나 동생에게 추천하는 글을 써도 좋다.

안타깝게도 많은 아이들이 독서 후의 글쓰기를 어려워하고 귀찮아한다. 하지만 귀찮다고 필요한 것을 안 할 수는 없다. 아이가 책의 내용을 눈으로 보고 글로 쓴다면 여러 가지 감각을 활용하는 효과가 있다. 또한 말은 한 번 뱉으면 수정이 어렵지만 글은 어색하거나 틀린 부분이 있으면 언제든 수정이 가능하므로 아이들이 덜 부담스럽게 접근할 수 있는 독후 활동이라 할 수 있다. 글을 쓰는 습관을 제대로 들이면 책을 읽으면서 정리하고, 정리하면서 책을 더 깊이 이해하는 효과를 얻을 수 있다.

# 4단계,
## 책 읽기를 즐기는 단계

| 아이의 유형 | 엄마의 유형 |
|---|---|
| - 책을 매일 읽고, 오래 읽는다.<br>- 책 읽을 때는 푹 빠져서 어떤 소리가 들려도 잘 모른다.<br>- 읽는 책의 분야가 다양하고 또래 아이들보다 더 수준 높은 책을 읽는다.<br>- 독서로 인한 내적 보상(스스로의 만족감)만으로도 동기유발이 가능하다. | - 아이와 함께 도서관과 서점에 정기적으로 자주 가서 시간을 보낸다.<br>- 아이가 충분히 독서 독립을 하여 아이와 각자 독서를 한다.<br>- 여가 시간에 책을 읽는 가정의 문화를 가지고 있다.<br>- 책 속에서 힐링을 하고 삶의 지혜를 얻는다.<br>- 연 계획에 독서의 목표가 있다. |

책 읽기를 즐겨하고 더 높은 단계의 도약이 가능한 유형이다. 위의 특징을 가진 아이들과 엄마들에게 다음의 몇 가지 방법을 추천한다.


**솔루션1 좋은 책을 필사하도록 해 보자.**

필사는 손으로 베껴 쓰는 활동을 말한다. 눈으로만 하는 독서에서 벗어나 손으로 쓰는 독서를 하는 것이다. 컴퓨터와 스마트폰이 이렇게 발달한 세상에 살면서 미디어 매체로 기록하면 되지 왜 굳이 손으로 쓰냐고 할 수도 있다. 하지만 손으로 쓰는 것은 보이지 않지만 아주 큰 효과를 가져 온다. 손으로 쓰는 것은 시간이 걸리지만 그 시간 동안 문장의 의미를 계속 되뇌고 생각할 수 있는 기회를 확보하는 것과 같다. 필사를 하면서 생각하는 것은 내면의 힘을 키워주고 아이들이 그 문장의 의미를 깊이 체득하는 데 큰 도움을 준다.

또한 어휘력이 부족하거나 맞춤법과 띄어쓰기를 헷갈려하는 아이들이 자연스럽게 그것을 배울 수 있는 기회가 된다. 반복해서 읽고 쓰고 생각하기 때문에 집중력이 생기고 오래 기억할 수 있는 것도 또 다른 장점이다. 학교에서 잘못한 아이들에게 명심보감을 반복해서 쓰게 하는 것도 아이들의 생각과 행동 변화를 위한 목적이다. 물론 필사는 생각할 시간이 확보되도록 천천히 써야 한다.

아침마다 아이들과 필사를 해 보았다. 다수와 함께 하기에는 짤막한 것이 적절하다고 판단되어 단편으로 된 책을 골라 필사를 했다. 내가 칠판에 그 전날이나 아침 일찍 책의 일부를 쓰면 아이들은 아침에 와서 공책에 똑같이 쓰곤 했다. 그리고 그 밑에 그에 대한 자신의 반성이나 느낀 점을 간단히 쓰는 방식이었다. 처음엔 아이들이 지루해하지는 않을지 걱정 반으로 시작했으나 기우였다. 마음에 와 닿는 문구가 있으면 여러 번 읽어 외우는 아이들도 있고 일기에 필사한 문구에 대해 쓰는 아이도 있었다.

손으로 쓰는 것은 단순히 읽는 것보다 훨씬 강력하다. 교사가 하루 분량을 정해서 간단히 하루에 5~10분 필사하는 것만으로도 아이들은 책을 천천히, 그리고 깊이 있게 읽었고 여러 번 되뇌었다. 교사와 학생이 무언가를 공유하는 경험은 교육의 효과를 더 높인다. 어른보다 사고가 유연하고 배움의 속도가 빠른 우리 아이들에게 필사의 효과는 기대 이상일 것이다. 또 모방은 창조의 이미니다. 필사를 하면서 작가의 생각을 깊이 이해하다 보면 어느새 독창적이고 특별한 나만의 생각을 갖게 될 것이다.

이덕무는 《사소절》 중 '교습'에서 "무릇 책은 눈으로 보고 입으로 읽는 것이 마침내 손으로 써보는 것만은 못하다. 대개 손이 움직이면 마음이 반드시 따라가게 마련이다. 스무 번을 보고 외운다 해도 한 차례 베껴 써 보는 효과만 못하다."라고 했다. 그만큼 필사는 독서를 완성시켜 준다. 가정에서도 조금만 노력하면 충분히 할 수 있다. 주변에 좋은 책들이 너무 많다. 특히 고전의 경우 빠르게 읽는 것보다는 천천히 읽으며 의미를 되뇌기 좋은 책이므로 필사 대상으로 적합하다. 《논어》, 《맹자》, 《도덕경》, 《효경》, 《채근담》, 《사소절》 등에 도전해 보자. 이런 책들은 어른도 깨닫는 것이 많다. 아이들과 함께 쓰면서 아이와 책을 공유하고 엄마와 아이 모두 각자의 마음을 정돈하자.

**솔루션2 독서와 관련된 체험 활동을 해 보자.**

독서를 눈으로 하면 머릿속에 남는 것도 있고 남지 않고 흘러가는 내용도 많다. 하지만 체험 활동을 하면 마음에 확 와 닿고 기억에 각인된다. 독서를 좀 더 효과적으로, 좀 더 영향력 있게 하려면 독서를 체험 활동과 연결해 보는 것을 추천한다.

나의 경우 현장 학습 때 전후에 활용하는 방법이다. 현장학습 장소가 정해지면 나는 2주 전부터 장소와 관련된 책을 읽고 배경지식을 어느 정도 쌓게 한다. 이전에 그냥 현장 학습을 가보니 단순히 과자 먹고 놀다 오는 시간에 그치고 말아 안타까웠다. 평소에 와보기 힘든 곳에 와서 정말 가치 있는 것을 보면서도 아무런 감흥이 없는 아이들을 보며 다음부터는 의미 있는 현장 학습, 배움이 있는 현장 학습을 만들기 위해 지도해야겠다고 생각했고 그 답으로 독서를 생각했다. 책에서 이미 봐서 알고 있는 내용이 장소에서 보이고 들리니 아이들은 귀를 쫑긋 열고 눈을 반짝인다. 해설사 선생님의 이야기도 열심히 듣고 문제도 맞추려고 열성적이다.

아는 만큼 보이고 적극적으로 변한다. 독서만 했다면 그냥 잊혀질 내용들이 체험으로 직접 보고 느끼면서 머리와 가슴에 깊이 새겨진다. 현장학습 후의 독서도 다른 장점이 있다. 체험하면서 이해가 안 되거나 궁금했던 것들을 찾아보는 독서는 아이가 스스로 나서서 읽을거리를 찾아 궁금증을 해결해나가는 과정이다. 이런 경험들은 앞으로 아이가 살아가면서 필요한 정보를 찾고 마음의 안정을 느끼기 위해 스스로 독서를 해 나갈 초석이 될 것이다.

**솔루션3 신문 등 다양한 읽을거리로 독서를 확장해 보자.**

독서를 책에 한정짓지 않고 다양한 읽을거리로 범위를 넓혀 보는 것은 어떨까? 우리 주변에 읽을거리는 실제로 너무나 많다. 하지만 아이들의 읽을거리를 책에만 한정 짓는 경향이 있다. 나는 학급 아이들에게 내가 읽다가 같이 읽어보고 싶은 신문기사나 잡지, 광고지가 있으면 스크랩해서 아이들과 함께 읽고 그것에 대해 이야기 나누는 시간을 갖는다. 눈으로 보고 머리로 이해하고 생각하는 과정을 거칠 수 있다면 모두가 독서의 대상이라 할 수 있다.

특히 신문은 최신의 소식들과 교과서 속 내용을 연결함으로써 배움을 유의미하게 만들 수 있고, 현재와 미래의 흐름을 읽을 수 있는 눈을 키워준다. 세상은 아는 만큼 보인다. 신문기사 읽기를 통해 정보들을 접한다면 그냥 흘려 보냈던 뉴스들도 보이고 들리기 시작할 것이다. 함께 읽어 봤던 기사와 관련된 소식들이 뉴스에서 나오면 그 다음날 아이들이 신기한 듯 "선생님, 어제 그 기사에 대해 뉴스에서 나왔어요!"라고 말한다. 아이들의 신기함과 호기심들로 인해 많은 정보들이 유의미하게 연결되고 세상에 대해 열린 시야를 갖게 될 것이다. 또한 읽을거리의 다변화는 일상에서의 독서를 생활화하는 데 큰 도움이 될 것이다.


**솔루션4 독서 후에 책에 대해 별점을 매겨보고 서평을 써 보자.(비평하기)**

아이들은 항상 평가를 받는 위치에 있다. 그러다보니 거꾸로 평가를 해야 하는 입장이 되면 아주 재미있어하고 계속 하고 싶어 한다. 친구의 수학 익힘책을 매길 때도 선생님이 된 것 같은 기분 때문인지 흥미로워 한다. 또 준비한 발표를 돌아가면서 하며 상호 평가를 할 때도 꽤 진지하게 점수를 매긴다. 생각보다 아이들은 기준에 따라 객관적으로 잘 평가한다. 이런 것들을 독서에 활용한다면 아이들의 흥미를 끌어올릴 수 있다.

나는 아이들에게 먼저 인터넷서점에 들어가서 독자의 리뷰를 보여 준다. 별점을 매기고 서평을 쓰는 것을 예시를 여러 가지 보여 주고 알려 준다. 또 서평과 독서감상문의 차이도 비교해준다. 처음부터 완벽한 서평을 쓰는 것은 어렵겠지만 좋은 서평들을 꾸준히 읽고 써보는 과정에서 아이들 나름대로의 실력을 쌓아갈 수 있다. 나 이외의 무언가를 평가해 보는 것은 아이들에게 새로운 경험이 될 것이다.

이러한 서평을 공책에 정리하는 것이 일반적이지만 블로그에 정리하는 것도 가능하다. 개인 블로그에 서평을 정리한다면 아이의 성장에서의 독서 생활을 보여 줄 멋진 독서기록장이 된다. 입시 때 따로 포트폴리오를 준비하느라 힘들이지 않아도 평소에 꾸준히 이 활동을 한다면 큰 도움이 될 것이다. 요즘 블로그를 운영하는 초등학생들이 꽤 많다. 매체를 이용하므로 더 재미있게 활동하고, 온라인이므로 댓글 등을 통해 다른 사람들의 피드백도 받을 수 있다.

지금까지 각 단계별 추천 활동에 대해 알아 보았다. 지금까지 소개한 방법은 모두 예시다. 내 아이의 성격과 상황에 맞게 선택하고 변형시켜서 적용한다면 내 아이에게 꼭 맞는 훌륭한 독서법이 될 수 있을 것이다.

답이 없어서 편하면서도 그래서 더 어려운 독서 교육, 아이의 독서를 위해 엄마의 창의성이 발휘되어야 하는 시점이다. 물이 길을 터주는 대로 흐르듯, 아이들도 엄마가 지도하는 방향으로 성장한다. 아이들의 통통 튀는 생각을 끄집어낼 수 있도록 독서 지도를 다양하게 해보자.

## 독서록, 꼭 쓰게 해야 할까?

학교에서도 대부분의 아이들이 독서록 쓰기를 아주 싫어한다. 주말마다 이번 주 읽은 책에 대한 독서록을 써오라고 하면 아이들은 벌써 숙제가 있다며 인상을 쓴다. 책을 읽고 그냥 끝낸다면 아이들도 편하고 교사도 검토하지 않아도 되니 편하지만, 나는 독서록이 반드시 필요하다고 생각한다. 그래서 아이들이 별로 안 좋아 하는 것을 알지만 꼭 쓰게 한다.

정리의 힘은 대단하다. 특히 글로 생각을 정리하는 것은 더 그렇다. 책을 읽고 나서 그냥 넘어가면 무슨 책을 읽었는지 제목조차 기억이 나지 않고 내용도 가물가물하다. 분명 책을 읽으면서 생각하고 느낀 것이 있음에도 책을 덮고 하루만 지나도 기억에서 멀어진다. 책을 읽고 책에 대한 나의 생각과 느낌을 글로 적어보면 한 권의 책에서 본 내용들을 떠올려 볼 수 있으며 글로 쓰는 과정에서 논리적이고 깔끔하게 생각을 정리하게 된다. 이렇게 하면 책을 읽고 그냥 넘어갔을 때보다 생각과 행동의 변화가 빠르고 크게 온다. 눈으로 읽고 머리로 생각하고 손으로 쓰면서 세 번 네 번 반복하게 되기 때문이다.

나는 아이들에게 독서록으로 한 두 장의 완벽한 글을 요구하지는 않는다. 아이들이 부담을 가지고 억지로 쓰는 것을 알기에 조금 짐을 줄여주고 싶어 줄 수를 제한하지 않는다. 책 제목, 지은이, 출판사, 두세 줄의 느낌만 적어도 괜찮다. 나중에 독서기록장을 봤을 때 자신이 읽은 책들을 보며 뿌듯함을 느낄 수 있고 자신감이 생길 수 있다. 그동안의 독서생활을 제목만이라도 죽 정리한다면 아이에게 가장 멋진 포트폴리오가 될 것이다.

처음에 아이들이 싫어한다고 해서 망설이지 말고 글쓰기의 힘을 믿고 단계적으로 시작하자. 제목, 지은이, 출판사 적는 것부터 시작해서 조금씩 늘려가야 한다. 양식을 글로만 한정짓지 말고 책에 따라 마인드맵, 가상인터뷰, 편지쓰기 등 다양하게 하여 아이들이 재미있게 접근할 수 있게 해야 한다. 또 아이에 따라 책에 따라 생각과 느낌의 정도가 다르니 학년에 따라 일률적으로 글의 양을 정해 주기 보다는 자유롭게 정리할 수 있게 하는 것이 좋다.

내가 아이 교육에서 추천하고 싶은 두 가지가 바로 독서와 글 쓰기이다. 내가 지금까지 성장해 오는 데 기장 크게 힘을 발휘했디. 이이기 습관화하여 꾸준히 해낼 수 있도록 계속적인 지도와 격려를 해 주자. 아이 인생에 큰 힘이 될 것이다.

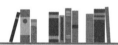

# 6장

# 다양한 관심사를 채워 주는
# 장르별 책 읽기 전략

# 기발한 상상의 향연을 돕는 창작 동화 읽기

1923년, 방정환 선생이 나라의 미래가 어린이라고 여기고 처음으로 〈어린이〉라는 잡지를 발간했다. 이것을 시작으로 많은 이들이 어린이를 어른의 부속품 같은 존재가 아닌 하나의 독립적인 인격체로 여기기 시작했다. 같은 해 우리나라 최초의 창작 동화로 알려진 마해송의 《바위나리와 아기별》이 탄생했다. 그 이후로 지금까지 많은 창작 동화가 출간되고 있다.

동화는 아이들을 대상으로 만들어진 이야기다. 동화에는 입에서 입으로 전해져 와서 작가가 누군지 알 수 없는 구전 동화(전래 동화)와 작가가 명확한 창작 동화가 있다. 전래 동화는 시간 상 과거의 것, 창작 동화는 현재의 것이라 생각하기 쉬운데, 한 작가의 상상에 의해 탄생한 것이라면 시간 개념과 상관없이 모두 창작 동화에 해당된다.

창작 동화는 소재나 주제, 인물, 배경, 이야기 등 모든 면에서 구전 동화에 비해 다양하고 자유롭다. 좋은 창작 동화를 읽으면서 아이들은 상상력을 키울 수 있고 마음의 변화를 경험할 수 있으며 도덕적 가치관을 확립해 나갈 수 있다. 또 다양한 사람들의 삶을 간접적으로 경험할 수 있으며 서로 다른 생각과 입장을 이해하고 다름을 인정하는 열린 사람으로 거듭날 수 있다.

창작 동화는 그 종류가 매우 다양한 만큼 선택의 폭이 넓어서 좋은 반면, 너무 많다 보니 어디서부터 어떻게 읽어야 할지 막연한 단점이 있다. 그러므로 기본적인 잣대를 가지고 책의 범위를 줄이고 좋은 책을 선정하기 위한 노력을 기울여야 한다.

좋은 창작 동화책은 스토리가 탄탄하고 주제가 명확해야 하며 갈등 관계가 뚜렷이 있어야 한다. 또 인물의 성격이 말과 행동을 통해 잘 드러나고 문체나 사용하는 언어가 문학적이어야 한다. 하지만 엄마들이 일일이 동화책을 분석해가며 아이들에게 골라 주기는 거의 불가능하다. 사실 나는 그렇게까지 할 필요도 없다고 생각한다. 뭐든 성공할 수도 있고 실패할 수도 있다. 실패의 경험들이 거듭되면서 성공 확률을 높여갈 뿐이지 백 퍼센트의 성공을 기대하는 것은 무리다. 특히 창작 동화는 범위가 넓기 때문에, 좋은 책을 골라 줘야 한다는 마음의 부담을 버리고 큰 틀만 가지고 아이들을 안내하자는 생각을 가지는 것이 좋다. 나 또한 막연한 엄마들을 위해 '이런 점에서 생각해 보면 좋아요.' 정도의 측면에서 이야기하고자 한다.

**첫째, 창작 동화는 기본적으로 아이의 현재 수준에 맞아야 한다.**

이때 수준은 아이의 학년이 아닌 아이의 읽기 실력을 의미한다. 수준에 맞는 책을 읽어야 배움과 깨달음과 감동이 있다. 또 그 시기의 삶과 맞닿아 있어야 아이들의 마음과 행동의 변화로 연결될 수 있다. 1학년은 학교에 입학하여 적응하면서 다양한 문제에 부딪힐 때이므로 그런 상황들을 다룬 동화책, 3학년은 또래 친구에게 관심을 가지고 4학년은 또래 집단이 형성되기 시작하여 무리 짓는 특성이 생기므로 친구 관계, 장애 친구, 왕따 등의 소재로 이야기를 전개한 동화책을 읽으면 좋다.

책을 읽으며 아이들은 책 속 인물과 자신을 동일시하고 감정을 공유하게 되므로 다른 사람의 감정을 한번쯤 생각해 보고 공감할 수 있으며 진짜 그런 상황이 닥쳤을 때 다양한 사람들의 마음을 고려하여 말과 행동을 하게 된다. 또 미리 현실에서 가능한 상황들을 책 속에서 간접 경험하므로 나름의 기준이 생겨 현실에서의 판단이 빠르고 현명한 결론을 내릴 확률이 커진다.

책의 내용이 삶과 관련될 때의 효과가 크다는 것은 예전 5학년을 맡았을 때 경험했다. 국어 시간에 김희숙 작가의 《엄마는 파업 중》이란 책으로 아이들과 토론을 했다. 엄마가 집안일로 힘들어하실 때도 모른 체하고 엄마의 몫으로 여기는 자신의 모습과 책 속 인물의 모습이 비슷하니 아이들은 뜨끔하여 책을 읽으면서 피식 웃기도 하고 표정이 심각해지기도 했다. 토론을 하는 도중에도 우리 엄마가 책 속 엄마처럼 파업을 하면 어떻게 할지 걱정하고 반성하는 모습이 보였다. 나중에 어머님들과 이야기를 나눌 기회가 있었는데 그날 이후로 집에서 많은 아이들이 집안일을 도와주려 하는 달라진 모습을 보여 주었다고 한다.

**둘째, 무슨 책부터 읽어야할지 막막하다면 수상작을 읽자.**

유명한 아동 문학상이 몇 가지 있는데 거기에서 수상한 작품들을 읽게 하는 것을 추천한다. 상을 받았다는 것은 전문가들에게 인정받는 작품성을 가지고 있다는 것이다. 수상작들을 읽어 보면 요즘 아동 문학의 흐름도 알 수 있고 문학적으로 우수한 동화를 내 아이에게 읽게 할 수 있다.

세계 여러 나라에서 우수한 아동 작품에 상을 주고 있는데, 대표적으로 아동 문학 부문에 '뉴베리상(미국도서관협회)', '카네기상(영국도서관협회)', '안데르센상(국제아동청소년도서협의회)' 등을 꼽을 수 있다. 그림책 부문에서는 '케이트그리너웨이상(영국도서관협회)', '칼데콧상(미국도서관협회)' 등이 있다.

우리나라에도 '대한민국상' 아동문학 부문, '한국어린이도서상', '새싹아동문학상', '소천아동문학상', '세종아동문학상', '방정환문학상', '윤석중문학상', '문학동네어린이문학상', '눈높이아동문학상' 등이 있다.

이런 단체에서 수상한 작품들을 먼저 읽어보고 다른 책으로 조금씩 확장해 보는 것도 좋은 책 고르기 방법이다. 수상작들은 책 표지에 표기되어 있으니 서점에서 둘러보며 골라도 좋다. 인터넷서점의 경우 제목 옆에 적혀 있다. 수상작들은 인터넷에서 검색해도 좋은데 이때 수상 당시의 가제와 실제 출간된 책 제목이 다른 경우가 많으니 주의하도록 한다.

다음은 개인적으로 아이들에 추천하는 수상 도서 목록이다. 꼭 이 책을 읽어야 하는 것은 아니지만 책을 고를 때 참고해 보자.

### 📖 수상 도서 추천 목록

| 도서명 | 저자 | 출판사 | 수상 내역 |
|---|---|---|---|
| 《미스히코리와 친구들》 | 캐롤린 셔원 베일리 | 보물창고 | 1947 뉴베리상 수상 |
| 《달빛 마신 소녀》 | 켈리 반힐 | 양철북 | 2017 뉴베리상 수상 |
| 《마법 상자 속으로, 얍!》 | 황규섭 | 담푸스 | 2012 안데르센상 수상 |
| 《세상 모든 소리를 연주하는 트롬본 쇼티》 | 정주혜 | 담푸스 | 2016 칼데콧 아너상 수상 |
| 《빛나는 아이》 | 자바카 스텝토 | 스콜라 | 2017 칼데콧 대상 |
| 《와우의 첫 책》 | 주미경 | 문학동네 어린이 | 제18회 문학동네어린이문학상 대상 |
| 《영웅이도 영웅이 필요해》 | 윤해연 | 대교 | 제22회 눈높이아동문학대전 대상 |
| 《그림 속에는 뚱보들이 산다》 | 조혜미 | 교학사 | 제10회 소천아동문학상 신인상 수상 |
| 《최기봉을 찾아라》 | 김선정 | 푸른책들 | 제8회 푸른문학상 수상 |
| 《토리와 무시무시한 늑대 초대장》 | 추수진, 조현미 | 금성출판사 | 제24회 MBC창작 동화대상 수상 |
| 《말주머니》 | 박가연 외 | 웅진주니어 | 제9회 웅진주니어 문학상 단편 대상 수상 |
| 《두 배로 카메라》 | 성현정 | 비룡소 | 2017 비룡소 문학상 수상 |

**셋째, 시대와 공간을 뛰어넘어 사랑받고 있는 명작들은 반드시 섭렵하게
해야 한다.**

명작들은 국어 시간이 아니어도 누군가와 대화할 때 기본 소재가
된다. 또한 아이의 독서 기초 체력을 탄탄히 하는 데 도움이 될 뿐만
아니라 재미있고 문학성도 높다. 아래 추천 도서 목록에는 뒤에 소개
할 '고전'의 문학 부문 추천 도서와 일부 겹치니 참고하기 바란다.

### 📖 명작 도서 추천 목록

| 도서명 | 저자 | 출판사 |
| --- | --- | --- |
| 《괭이부리말 아이들》 | 이중미 | 창비 |
| 《몽실언니》 | 권정생 | 창비 |
| 《그 많던 싱아는 누가 다 먹었을까》 | 박완서 | 휴이넘 |
| 《메밀꽃 필 무렵》 | 이효석 | 네버엔딩스토리 |
| 《우리들의 일그러진 영웅》 | 이문열 | 다림 |
| 《꿈을 찍는 사진관》 | 강소천 | 재미마주 |
| 《소나기》 | 황순원 | 길벗어린이 |
| 《책과 노니는 집》 | 이영서 | 문학동네어린이 |
| 《초정리 편지》 | 배유안 | 창비 |
| 《너도 하늘말라리야》 | 이금이 | 푸른책들 |
| 《오세암》 | 정채봉 | 샘터 |
| 《만년샤쓰》 | 방정환 | 길벗어린이 |
| 《아낌없이 주는 나무》 | 셸 실버스타인 | 시공주니어 |
| 《갈매기의 꿈》 | 리처드 바크 | 현문미디어 |
| 《레미제라블》 | 빅토르 위고 | 비룡소 |
| 《키다리 아저씨》 | 진 웹스터 | 미래엔아이세움 |

| | | |
|---|---|---|
| 《어린왕자》 | 생텍쥐페리 | 비룡소 |
| 《안네의 일기》 | 안내 프랑크 | 지경사 |
| 《호두까기 인형》 | E.T.A 호프만 | 시공주니어 |
| 《찰리와 초콜릿 공장》 | 로알드 달 | 시공주니어 |
| 《나의 라임 오렌지 나무》 | J.M 바스콘셀로스 | 동녘 |
| 《홍당무》 | 쥘 르나르 | 시공주니어 |
| 《꽃들에게 희망을》 | 트리나 폴러스 | 시공주니어 |
| 《제인 에어》 | 샬롯 브론테 | 시공주니어 |
| 《돈키호테》 | 미겔 데 세르반테스 | 지경사 |
| 《책 먹는 여우》 | 프란치스카 비어만 | 주니어김영사 |
| 《샬롯의 거미줄》 | 엘윈 브룩스 화이트 | 시공주니어 |

# 엄마도 알고 나도 아는 전래 동화 읽기

　할머니 무릎에 누우면 "옛날 옛적에…"로 시작하던 흥미진진한 이야기, 전래 동화. 할머니가 들려주시던 이야기라 왠지 따뜻한 느낌을 준다. 전래 동화는 옛날부터 전해져 오던 이야기를 아이들이 좋아할 만하게 다듬은 것이다. 입에서 입으로 전해오던 이야기, 민담, 신화 등으로 만든 것이기 때문에 말하는 사람에 따라, 책에 따라 조금씩 이야기가 다르다. 아이들과 전래 동화에 대해 이야기를 하다보면 같은 책이라도 내용이 다르다.

　"놀부는 아이가 두 명이었던 것 같은데…."

　"아니야. 놀부 아이는 책에 안 나왔어."

　"마지막에 놀부가 벌을 받고 끝나."

　"난 흥부가 놀부를 용서해주고 행복하게 사는 걸로 알고 있는데?"

　전해져 내려오는 이야기인 만큼 지역에 따라, 가정에 따라, 들려준 사람에 따라, 책으로 옮긴 사람에 따라 이야기가 조금씩 다를 수밖에 없다.

그나마 《흥부와 놀부》,《심청이》,《콩쥐 팥쥐》 같은 전래 동화는 아이들과 함께 이야기할 수 있지만 가끔 기본적으로 읽었을 거라 생각한 전래 동화를 처음 듣는다고 말하는 경우가 있다. 단순히 시간이 흘러서 유행의 문제가 아니다. 실제로 전래 동화가 유행을 따르는 것도 이상한 일이다. 다만 요즘 아이들은 분명 이전보다 더 많은 종류의 책을 읽을 수 있지만 책 읽기에 쏟는 시간이 예전보다 적어졌기 때문이 아닐까 추측해 본다.

전래 동화는 구전되던 것이기 때문에 작가가 미상인 것이 특징이고 배경도 '옛날 옛적에', '어느 마을'처럼 불분명하여 출처를 찾기 어렵다. 등장인물은 착한 쪽 혹은 약한 쪽과 나쁜 쪽 혹은 강한 쪽으로 명확히 나뉘는 경향이 있다. 이야기가 처음에는 나쁘고 강한 쪽이 유리하지만 결론으로 가면 착하고 약한 쪽이 승리하게 된다.

이는 소외된 민중들이 자신들이 약해 보이지만 결국은 강한 권력 위에 서게 된다는 소망을 이야기에 담아 표현한 것이다. 이런 내용은 어른이 보기에는 단순해 보여도 아이들에게 큰 영향을 끼친다. 옳은 것과 옳지 않은 것을 구분하는 힘을 키워주고 어려움에 쉽게 굴복하지 않는 심성을 갖게 해 준다.

전래 동화는 나라마다 존재한다. 그래서 한국의 전래 동화, 중국의 전래 동화, 일본의 전래 동화 등 나라별로 구분해서 생각해 볼 수 있다. 전래 동화는 등장인물의 이름부터 시작해서 이야기 전개, 배경, 인물의 옷차림, 쓰는 단어에 이르기까지 모두 그 나라의 문화와 역사를 반영하고 있다. 아이들은 자신이 속한 사회에 적응하는 초기 단계에 있기 때문에 그 나라의 문화와 역사를 이야기를 통해 자연스럽게 접하고 배워나가는 것은 아주 큰 의미가 있다.

전래 동화에는 조상들이 미덕으로 생각했던 삶의 지혜와 가치들이 담겨있다. 그런 것들은 아이들이 전래 동화를 접하면서 아이들의 마음속에 녹아들 것이다. 또 기승전결이 확실한 구조를 가지고 있는 탄탄한 이야기이기 때문에 나중에 더 복잡하고 수준 높은 이야기책을 읽을 때 잘 읽어낼 수 있는 기초 체력을 키울 수 있다.

나는 아이들이 저학년 때까지 전래 동화를 되도록 많이 접할 것을 권하고 싶다. 특히 우리 나라의 전래 동화를 다양하게 읽으며 조상들의 삶과 문화를 알고, 다른 나라의 전래 동화를 접하면서 시야를 확장해 나가야 한다. 책마다 조금씩 내용이 다르지만 전래 동화의 경우에는 중요한 내용이 바뀌는 것이 아니라 문체나 단어들이 살짝 다른 것이니 까다롭게 고를 필요도 없다. 처음부터 구전이라 조금씩 다를 수밖에 없으니 오히려 다른 버전의 책을 비교하여 읽는 것도 재미있을 수 있다. 삽화가 있는 경우가 대부분인데, 삽화는 인물의 성격이 드러나게 표정과 몸짓을 그린 것을 고르면 좋다.

나라별로 소재와 배경은 다르지만 이야기가 주는 교훈은 신기하게

도 비슷하다. 바로 '권선징악'이다. 착한 품성과 배려하는 마음을 가지면 복을 받게 되고 최종적인 승자가 될 수 있다. 또 자기만 생각하고 다른 사람에게 나쁘게 대하는 사람은 언젠가 벌을 받게 된다. 이런 이야기들을 반복적으로 읽으면서 아이들은 선악과 도덕적 기준에 대한 가치관이 확실하게 자리잡아 갈 것이고 전래 동화를 통해 배운 지혜들이 선택의 순간이 되었을 때 올바른 판단을 하는 데 보이지 않는 밑거름이 될 것이다. 한국 전래 동화부터 시작하여 세계의 다양한 전래 동화를 접하게 하자.

초등학교 입학 전, 혹은 저학년, 중학년들이 읽어야 할 필수 전래 동화 목록은 다음과 같다.

📖 **필독 전래 동화 목록**

| 구분 | 도서명 | | |
|---|---|---|---|
| 한국<br>전래 동화 | 《선녀와 나무꾼》, 《토끼와 자라》, 《삼 년 고개》, 《방귀쟁이 며느리》, 《소가 된 게으름뱅이》, 《빨간 부채 파란 부채》, 《금도끼 은도끼》, 《오시오 자시오 가시오》, 《혹부리영감》, 《연오랑과 세오녀》, 《호랑이와 나그네》, 《자린고비 이야기》, 《해와 바람의 내기》, 《흥부와 놀부》, 《팥죽할머니와 호랑이》, 《호랑이와 곶감》, 《요술 부채》, 《청개구리》, 《은혜 갚은 호랑이》, 《홍길동전》, 《도깨비 감투》, 《임금님 귀는 당나귀 귀》, 《토끼의 재판》, 《재주 많은 삼형제》, 《심청전》, 《도깨비 감투》, 《개와 고양이》, 《해와 달이 된 오누이》, 《소가 된 게으름뱅이》, 《훈장과 꿀단지》, 《젊어지는 샘물》, 《장화홍련전》, 《우렁각시》, 《나무 그늘을 산 총각》, 《오성과 한음》 | | |
| 외국<br>전래 동화 | 《세계 전래 동화》 | 엄혜숙 | 미래엔아이세움 |
| | 《초등학생이 꼭 읽어야 할 5000년 세계전래 동화》 | 신현배 | 홍진P&B |
| | 《아라비안나이트》 | 이지훈 해설 | 삼성출판사 |

| 외국<br>전래 동화 | 《곰비임비 세계 전래 동화》(전집) | 다수 | 한국톨스토이 |
|---|---|---|---|
| | 《옹기종기 교과서 세계 전래 동화》(전집) | 다수 | 한국헤르만헤세 |

전래 동화는 전집류로 많이 나와 있으니 전집 하나를 골라 전체를 읽는 것도 좋다. 도서관에 가면 전집류가 잘 구비되어 있으니 적극 활용하자. 전래 동화는, 예를 들어《심청전》의 경우《효녀 심청》,《심청이》처럼 같은 내용이어도 책마다 제목이 조금씩 다르니 참고하기 바란다.

# 중심을 바로 잡아 주는 고전 읽기

과거에 비해 아이들이 많이 똑똑해졌다. 교육열 높은 환경에서 자라기 때문에 보고 듣는 것도 많고 스마트 기기로 최신의 정보를 시시각각 접하기 때문이다. 또 자신의 생각을 자신감 있게 말할 줄도 알고 학원을 많이 다녀 학습적인 면에서도 부족함이 없어 보인다. 하지만 해가 갈수록 아이들에게 부족해지는 아주 중요한 것이 있는데 바로 인성과 자존감이다.

우선 인성면에서 예전에 비해 상대를 배려하고 나눠주고 양보하는 문화가 많이 줄었다. 자기 것만 챙기고 다른 사람을 이해하려 하지 않고 내 의견만 앞세워서 다툼이 일어나는 경우가 많다. 최근 교육 현장에서 '인성 교육'을 목표로 많은 활동이 이루어지는 것도 이런 문제점에서 비롯된 것이다.

그 다음으로 문제가 되는 자존감. 자존감은 스스로를 사랑하고 존중하는 마음이다. 그런데 많은 아이들이 자신을 사랑하지 못하고 타인에 의해 자신을 바라본다. 주변 친구들에 휩쓸려 행동하고 자신에 대한 자신감이 없어 우울하다. 이는 높은 자살률과도 연결된다.

이처럼 요즘 아이들은 과거에 비해 보다 근본적인 마음 교육이 필요한 상황이다. 자신을 바로잡고 건강하고 단단한 마음을 갖도록 하는 것에는 독서 만한 것이 없다. 특히 고전 읽기를 추천한다. 이는 실제로 교육 현장에서 내가 여러 가지 활동을 해 본 결과다.

고전의 사전적 의미는 '오랫동안 많은 사람에게 널리 읽히고 모범이 될 만한 문학이나 예술 작품'으로 흔히 인문 고전을 말한다. 고전은 동서고금의 명저로서, 인류가 오랜 시간 축적하고 발전시킨 지식, 지혜, 사상 등을 담고 있다. 《자유론》의 저자, 존 스튜어트 밀은 8살 때부터 아버지로부터 철학 고전 독서 교육을 받은 것으로 유명하다. 존 스튜어트 밀은 자서전에서 '고전을 읽은 덕분에 또래들보다 최소한 25년 이상을 앞서나갈 수 있었다'고 이야기했다. 공부 잘하는 아이를 만들고 싶다면 고전 읽기는 필수 조건이다.

특히 고전 중 인문 고전은 많은 철학자들이 인간의 근본적인 물음에 대해 평생에 걸쳐 고민하고 경험으로 배운 깃들을 담은 책이기 때문에 읽는 것만으로도 큰 가치가 있다. 특히 고전 문학의 경우 이야기가 있어 쉽게 접근할 수 있고 동서고금을 막론하고 인생의 지혜와 가르침을 줄 수 있는 작품이다.

고전을 읽는 것이 좋다는 것은 누구나 알지만 시도하는 것은 생각보다 어려워한다. 나도 처음에는 아이들이 어려워하고 지루해 할 거라 생각해서 지도하기 부담스러웠던 것이 사실이다. 그러나 우연히 고전 읽기와 관련된 연수를 듣게 되면서 이를 반 아이들에게 시도해보았는데 기대했던 것보다 훨씬 더 흥미로워했다. 그리고 일 년이 지났을 때 아이들이 학년 초보다 정서적으로 훨씬 안정되고 표정이 온화해지는 것을 체험하게 되었다. 고전이 어렵다는 막연한 두려움만 극복하고 읽기 시작하면 분명 효과를 볼 것이다.

### 탄탄한 이야기 구성이 재미있는 고전 문학

초등학생에게 추천하는 인문 고전으로 고전 문학과 철학 고전이 있다. 고전 문학은 이야기 전개를 갖고 있으며 단편과 장편, 동양과 서양으로 나눌 수 있다. 또 철학 고전은 철학자들이 삶에 대한 가치를 고민하고 삶의 지혜를 정리해 놓은 것으로 동양과 서양으로 나누어 볼 수 있다. 각기 장점이 다르니 아이의 기호와 읽기 능력에 따라 다양하게 시도해 보면 좋을 것이다.

고전을 처음 접하는 저학년의 경우, 아직 한글도 제대로 모르고 자기만의 세계에 있는 아이들에게 인문 고전을 읽게 하는 것은 어려운 일이다. 이런 경우 고전 문학부터 시작하는 것이 좋다. 특히 우리나라 고전을 중심으로 읽으면서 점차 다른 나라로 확장해 나가야 한다. 고전 작품에는 전래 동화가 일부 포함되어 있다.

또 호흡이 짧은 것부터 시작하여 긴 것까지 다양하게 읽기를 권한다. 아래에 기본이 되는 고전 문학을 적어 두겠다. 이는 초등 교과서 내에서 다양하게 활용되고 있으니 반드시 읽어야 한다. 특히《그리스 로마 신화》는 제대로 알면 사회, 과학에서 크게 도움이 된다. 그리스 로마 신화 속 이야기와 이름들이 서양 문화와 과학용어에 많이 녹아 있기 때문이다.

**📖 기본이 되는 고전 문학 목록**

| 분류 | 도서명 |
| --- | --- |
| 저학년 | 《토끼전》, 《흥부놀부전》, 《심청전》, 《장화홍련전》, 《춘향전》, 《박씨전》, 《옹고집전》, 《아낌없이 주는 나무》, 《이상한 나라의 앨리스》, 《탈무드》, 《이솝 우화》, 안데르센의 동화들 |

### 생각에 불을 당겨주는 철학 고전

다음은 철학 고전이다. 고전이라고 했을 때 어렵게 느껴지는 것이 바로 이 철학 고전 때문이다. 철학 고전은 제대로만 읽으면 우리의 삶에 많은 변화를 일으킬 수 있는 잠재력을 지닌 책들이다.

철학 고전은 이야기 흐름이 있는 것이 아니라 한 주제에 대한 생각이 단편으로 쓰여 있으므로 오히려 매일 읽기를 실천하기 더 좋다. 하루 15분 정도씩, 느리게 읽으며, 매일 해 보자. 조금씩이라도 매일 읽을 수 있도록 아이와 함께 계획을 세워보길 바란다. 처음에는 지루해하고 책에 재미를 느끼지 못할지라도 한 번 고전의 묘미를 느끼면 그 효과는 엄청나다.

실제 학교에서 진행해 본 결과, 아이들은 오랜 기간 천천히 읽다 보니 오히려 집중력이 좋아지고 인내하는 모습이 생겼다. 또한 점차 시간이 지나면서 자신의 모습을 반성하고 달라지려 노력했다. 또래끼리 책에서 읽은 내용을 가지고 대화하며 책에 담긴 철학을 공유하였고 고전에 담긴 어휘들에 자연스럽게 익숙해져 글을 쓸 때 다양한 어휘를 사용하였다. 어려워 보이는 책들을 내가 읽는다는 뿌듯함에 자존감이 높아지는 장점도 있었다.

철학 고전은 어느 정도 학교생활에 적응을 한 상태인 3학년부터 권한다. 아이들의 읽기 실력에 따라 골라 읽을 수 있도록 학년 구분 없이 단계에 따라 책을 추천하고자 한다. 또한 고전을 읽을 때는 원전을 읽어야 가장 효과가 좋다. 단어 의미를 잘 몰라도 여러 번 읽으면서 자연스럽게 뜻을 생각하도록 하고 전체나 부분 필사(기억에 남는 부분, 인상 깊은 부분 등)를 하고 그에 대한 생각을 써보면 금상첨화다. 공책을 세로로 반을 접어 왼쪽에는 필사를 하고 오른쪽에는 그에 관련된 나의 생각을 글로 써보는 것도 좋은 방법이다. 매일 일기 주제를 고민할 필요가 없다. 긴 시간이 아니더라도 꾸준히 매일 해 나간다면 더없이 좋은 인생 공부가 될 것이다.

또 학교 현장에서 철학 고전을 함께 읽을 때 그냥 읽는 것과 사전에 지은이나 책과 관련된 이야기, 책이 만들어진 시대에 대한 이야기를 배경지식으로 함께 이야기 나눈 후 읽었을 때의 흥미도는 천지차이이다. 무작정 고전을 읽게 하지 말고 관련된 이야기로 흥미를 끈 후 시작하자. 고전 철학의 첫 단계에 적합한 도서로는 《사자소학》, 《명심보감》, 《동몽선습》을 추천한다.

예전에 선진이라는 아이가 있었다. 선진이는 수업 시간에 교사가 하는 이야기를 집중해서 듣고 끊임없이 필기를 했다. 그리고 뭐든지 열심히 하고 의욕적이었다. 처음에는 선진이의 그런 태도가 대견스럽고 좋게 여겨졌는데 시간이 지날수록 집중을 넘어 긴장을 하고 있다는 느낌이 들었다. 아이와 신뢰를 쌓은 후 대화를 해 보니 선진이는 실수에 대한 지나친 부담을 가지고 있었다. 실수하는 것이 두려워 항상 긴장하는 상태로 지냈으며 실패하는 것이 너무 두렵다고 했다.

앞으로 선진이 앞에 예상치 못할 일들도 많을 텐데 아직 어린 아이가 부담을 안고 사는 것이 안타까웠다. 방법을 생각하다가 내가 읽고 필사하던 《잠언》을 읽어 볼 것을 권했다. 평소 워낙 의욕적이어서 방과 후 남아 이것저것 할 일을 다 끝내고 가던 아이라 방과 후에 읽도록 했다. 마음에 남는 구절은 공책에 적어 보라고도 했다. 한 번 읽어서는 완전히 내 것이 되기 어렵기 때문에 세 번 정도 읽어야 했는데 선진이는 모두 읽고 나서 마음이 편안해지고 좋았다며 다른 책도 권해 달라고 이야기했다.

실수에 대해 두려워하지 않고 과정에 만족할 수 있는 아이로 자라나길 바라며 몇 권을 추천했는데 성실한 아이인지라 꾸준히 스스로 책을 읽어 나갔다. 훨씬 여유가 생긴 선진이의 표정과 태도를 볼 수 있었고 자신의 마음을 다스리기 위해 애쓰는 아이의 모습이 참 보기 좋았다.

고전은 불안한 아이에겐 안정을, 가치관이 흐릿한 아이에겐 명확한 삶의 길을, 삶에 대한 질문을 던지는 아이에겐 지혜로운 답을 줄 수 있는 최고의 도구이다.

시시각각 변하는 시대다. 변화가 빠를수록 변화에 맞추려는 노력과 더불어 어떤 변화에도 흔들리지 않는 기본에 충실할 수 있는 것도 필요하다. 그래야 흔들리지 않고 변화를 맞이할 수 있다. 아이에게도 엄마에게도 고전 읽기는 쉽지 않은 일이다. 하지만 한 권만 시작해 본다면 그 이후의 고전 읽기는 좀 더 쉽게 이루어질 수 있다. 고전에 대한 편견이 가로막고 있는 것이 가장 큰 문제다. 유익함을 알면서도 행동조차 하지 않아서 얻지 못한다면 얼마나 안타까운 일이겠는가? 우선 한 권을 매일 꾸준히 조금씩이라도 읽어 보자.

# 삶의 방향을 제시해 주는 위인전 읽기

어렸을 때 우리 집 책장에 위인전 전집이 있어 언니와 함께 읽었던 게 기억난다. 유관순, 이순신, 세종대왕 등의 위인을 책으로 접하며 참 대단한 사람들이고 나도 이렇게 훌륭한 사람이 되어야겠다고 다짐했다. 위인전을 읽는 것은 아이들에게 꿈의 크기를 키우고 희망을 품을 수 있게 하는 유익함이 있다. 위인전은 업적을 남기거나 이름난 정치가, 영웅, 장군, 학자, 성인, 사상가, 예술가 등의 삶을 다룬다.

위인전을 많이 읽는 시기는 초등학교 입학 전 후를 시작으로 저학년 때에 집중되어 있다. 하지만 사실 위인전은 고학년이 될 때까지 계속 읽어야 한다. 학년별로 목적이 다르다.

저학년 시기에는 간단하지만 여러 위인전을 읽으면서 다양한 위인을 접하고 꿈을 키우는 목적으로 위인전을 읽게 해야 한다. 고학년이 되면 전집류가 아닌, 단편으로 한 위인에 대해 집중해서 다룬 책들을 골라 읽게 해야 한다.

고학년은 위인이 어려움과 위기 속에서 희망을 잃지 않고 끊임없이 노력한 점에서 깨달음과 감동을 얻고, 시대적 배경과 인물의 행동을 관련지으며, 위인의 생각 중에서 자신이 앞으로 어떤 점을 본받아 실천할 지를 스스로 판단할 수 있도록 하는 데 초점을 맞춰야 한다. 또 자신의 인생에서 닮고 싶은 롤모델을 위인 중에 찾아 꿈을 키워갈 수 있게 하는 것도 중요하다.

위인전은 전집으로 구성된 경우가 많다. 이는 주로 저학년에게 적합한데 주요 인물을 두루 살펴 볼 수 있다는 점에서 좋다. 고학년에게는 전집보다는 낱권으로 나온 단행본을 추천한다. 이는 이미 위인에 대한 정보가 있고 자신의 취향도 생겨 관심이 있는 인물에 대해 좀 더 깊이 다룬 책을 읽는 것이 더 유익하기 때문이다.

### ■■ 저학년 추천 위인 전집

| 도서명 | 저자 | 출판사 |
|---|---|---|
| 《교과서와 함께하는 365 한국 세계 대표 위인》 | 태동출판사 | 태동출판사 |
| 《통큰 인물 이야기》 | 다수 | 톨스토이 |
| 《저학년 교과서 위인전》 | 다수 | 효리원 |
| 《HOW SO? 필독도서 세계 큰 인물》 | 다수 | 한국셰익스피어 |
| 《교과서 큰 인물 이야기》 | 한국헤르만헤세 출판부 | 헤르만헤세 |
| 《초등학교 저학년 위인전 새싹 위인전》 | 캐럴 윌리스 외 | 비룡소 |

## 📖 고학년 추천 위인전

| 도서명 | 저자 | 출판사 |
|---|---|---|
| 《고정욱 선생님이 들려주는 장영실》 | 고정욱 | 산하 |
| 《세종대왕, 세계 최고의 문자를 발명하다》 | 이은서 | 보물창고 |
| 《제인 구달의 내가 사랑한 침팬지》 | 제인 구달 | 두레아이들 |
| 《빈센트 반 고흐, 세상을 노랗게 물들이다》 | 문희영 | 사계절 |
| 《간디의 소금 행진》 | 앨리스 B. 맥긴티 | 여유당 |
| 《스티브 잡스: 컴퓨터와 스마트폰 혁신의 아이디어 뱅크》 | 박성배 | 효리원 |
| 《씨앗박사 안완식 우리 땅에 생명을 싹 틔우다》 | 박남정 | 청어람미디어 |
| 《조선 수학의 신, 홍정하》 | 강미선 | 휴먼어린이 |
| 《일론 머스크의 세상을 바꾸는 도전》 | 박신식 | 크레용하우스 |
| 《박수근: 나무가 되고 싶은 화가》 | 김현숙 | 나무숲 |
| 《전태일, 불꽃이 된 노동자》 | 오도엽 | 한겨레아이들 |
| 《책만 보는 바보: 이덕무와 그의 벗들 이야기》 | 안소영 | 보림 |
| 《장애를 넘어 인류애에 이른 헬렌 켈러》 | 권태선 | 창비 |
| 《꽃씨 할아버지 우장춘》 | 정종목 | 창비 |
| 《꼴찌, 세계 최고의 신경외과 의사가 되다》 | 그레그 루이스, 데보라 쇼 루이스 | 알라딘북스 |
| 《할아버지 손은 약손》 | 이유진 | 하늘을나는교실 |
| 《박병선, 직지와 외규장각 의궤의 어머니》 | 공지희 | 글로연 |
| 《강영우, 세상을 밝힌 한국 최초 맹인 박사》 | 성지영 | 스코프 |
| 《공병우: 한글을 사랑한 괴짜 의사》 | 김은식 | 한겨레아이들 |
| 《모든 책을 읽어 버린 소년, 벤저민 프랭클린》 | 루스 애슈비 | 미래아이 |
| 《평화를 꿈꾼 인권운동가 마틴 루터 킹》 | 최용호 | 창비 |
| 《귀신 선생과 공부벌레들》 | 최은영 | 개암나무 |

위인전의 중요성은 간과되곤 한다. 아이들에게 사회, 과학, 언어, 예술 등의 정보를 담고 있는 책들을 권하기 쉽다. 하지만 정보 전달만이 아니라 인성 교육과 가치관 형성 등도 아이들이 책을 읽어야 하는 중요한 이유다. 그런 이유로 위인전은 절대 빼놓으면 안 될 장르이다. 위인들의 삶과 가치관을 아이들이 다양하게 접하고 자기화할 수 있도록 많은 위인전을 읽게 하자.

# 재미와 지식을 한꺼번에 주는 정보책 읽기

책이란 것은 방대한 분야를 아우르는 영역이다. 인류의 발전과 함께 아주 오랫동안 인간의 삶에 깊숙이 관여해 왔다. 문학이라는 장르를 통해 섬세한 감성과 심미성을 전달하기도 하고 철학이라는 장르를 통해 삶을 꿰뚫는 통찰력을 이야기하기도 한다. 그리고 가장 중요한 기능 중 하나가 정보 전달이다. 입에서 입으로 전해 오던 이야기를 글로 표기함으로써 비로소 우리는 정확한 역사를 알게 되었다. 지금은 스마트폰에 그 기능을 다소 빼앗기긴 하였으나 책의 전통적인 역할 중 가장 큰 부분은 정보를 기록하고 이를 전달하는 것이었다.

### 도감

아이들에게 국어, 수학 문제집은 쉽게 사주지만 도감류를 쉽게 사주는 부모는 많지 않다. 도감은 '그림이나 사진을 모아 실물 대신 볼 수 있도록 엮은 책'을 말하는데, 주로 동물이나 식물을 주제로 한다. 도감은 국어사전, 백과사전과 비슷한 역할을 하는 책이라 할 수 있다.

도감은 두께가 있고 가격이 꽤 비싸다. 그리고 사진이 많다보니 다른 책들에 비해 글이 적어 정보량이 적다고 여겨지기도 한다. 그러다보니 도감을 있으면 좋지만 없어도 상관없는 책으로 생각하는 것이다. 하지만 도감도 잘 이용한다면 어떤 책보다도 아이들에게 도움이 될 수 있다. 특히 도감에는 사진이나 그림이 많기 때문에 읽기 수준이 낮은 아이들도 쉽게 접근할 수 있으며 책을 잘 읽는 아이들도 가볍게 보고 정보를 얻을 수 있어 유용하다.

도감은 다른 책에 비해 비싸지만 종류별로 한두 권씩 구비하면 되기 때문에 큰 부담이 되진 않을 것이다. 대신 신중히 선택해야 하는데, 인터넷서점에서 겉표지와 제목만 대충 보고 선택하지 말고 서점에 가서 직접 보고 고르는 것을 추천한다. 혹시 서점에서도 비닐 등에 싸여 있어 볼 수 없다면 도서관에 가보자. 전집이나 도감처럼 사기 어려운 책, 가끔 보는 것이라 구입하기가 애매한 책들은 도서관에 가서 보면 된다. 어쨌든 아이와 서점이나 집 근처의 도서관에 가서 되도록 다양한 도감을 접해 보도록 하자. 그 중에 아이가 흥미로워하거나 다른 책에 비해 아이가 궁금해 하는 내용들이 많은 도감을 발견한다면 그것을 구매하여 소장하고 수시로 보게 한다.

요즘 도감은 실제 사진으로 된 것도 있고 세밀화로 그려진 것도 있다. 둘 다 장단점이 있다. 실제 사진인 경우는 자연의 모습 그대로 담겨있기 때문에 생생하고 사실적이다. 아이들이 식물, 동물의 모습을 왜곡 없이 시각적으로 받아들일 수 있다. 또 세밀화의 경우 빛이나 주변의 영향으로 잘 보이지 않는 부분까지 의도적으로 세밀하게 그리기 때문에 대상의 특징을 더 쉽게 파악하는 장점이 있다. 사진에 비해 사실감은 조금 떨어질 수 있으나 특징적인 부분을 잘 살려 그리기 때문에 정보를 얻기 좋다.

　또 도감은 전체적인 것을 다루는 것이 있고 구체적으로 한 종류를 다루는 것이 있다. 예를 들어 전체적인 것은 '식물도감', '동물도감' 정도로 구분된다. 여기서 구체적으로 세분화한 것은 '곤충도감', '바닷물고기도감', '새도감', '버섯도감' 등이다. 이는 필요에 의해 선택하면 되는데, 전체적인 것을 다룬 도감은 소장할 것을 추천한다. 이것이 오래, 두루 사용할 수 있다. 세부 내용을 다루는 도감들은 도서관에 있는 것을 이용하거나 관심이 있는 것만 선택적으로 구매하는 것이 효율적이다.


　도감은 최근 교육의 흐름이자 2015 교육 과정 개정에 반영된 '융합교육'을 가능하게 하는 도구가 될 수 있다. 도감을 훑어보며 사전에 흥미를 유발시킨 후 직접 자연 속에 가서 도감에서 봤던 동물이나 식물을 찾아볼 수 있고, 도감을 보고 대상의 특징을 살려 그림이나 만들기로 표현할 수 있다. 또 도감 속에서 두세 가지 대상을 골라 그것을 주인공으로 이야기를 창의적으로 만들어볼 수도 있고 책을 읽으며 인물의 성격이나 생김새가 비슷한 동, 식물을 도감 속에서 찾아 볼 수도 있다.

　도감은 사전처럼 필요에 따라 선택적으로 골라 읽으면 된다. 관심이 가는 특정 대상에 대해 더 자세히 조사하고 보고서를 만들어 볼 수도 있다. 동식물에 대한 안목을 기르고 재미를 느껴 스스로 탐구해 나갈 수 있도록 도와주는 데 도감은 아주 좋은 도구가 되어줄 것이다. 특히 자연과 접할 기회가 적은 우리 아이들이 환경에 관심을 갖고 간접 체험할 수 있는 기회가 되리라 생각한다. 도감을 다양하게 접할 수 있게 도와 주자.

### 📖 도감 추천 목록

| 도서명 | 저자 | 출판사 |
|---|---|---|
| 《식물도감: 세밀화로 그린 보리 어린이 도감》 | 전의식 외 | 보리 |
| 《동물도감: 세밀화로 그린 보리 어린이 도감》 | 남상호 외 | 보리 |
| 《어린이 식물 비교 도감》 | 윤주복 | 진선아이 |
| 《봄 여름 가을 겨울 곤충도감》 | 한영식 | 진선아이 |
| 《나의 첫 생태도감》 | 지경옥 | 지성사 |
| 《수명 도감》 | 이로하 편집부 | 봄나무 |

### 학습 만화

나는 어렸을 때 만화를 무척 좋아했다. 매달 〈보물섬〉 같은 만화잡지책이 나왔는데 그 책이 나오면 서점에 가서 사고 다음 호를 손꼽아 기다렸다. 특히 나의 독서에서 영향을 미쳤던 만화는 바로 이원복 교수의 《먼나라 이웃나라》이다. 만화책임에도 내용이 유익하고 읽을수록 더 넓은 세상에 대한 호기심과 가보고 싶은 욕구가 커졌다. 이 책은 지금도 사랑받을 만큼 오랜 기간 인기가 좋다.

만화책은 두 가지로 나누어 볼 수 있다. 취미로 읽는 만화책과 학습 만화책이다. 예전에는 전자가 많았지만 요즘은 학습 만화도 시중에 매우 많이 나와 있다. 수학, 과학을 비롯해 고전에 이르기까지 거의 전 분야에서의 학습 만화가 등장했다. 학습 만화란 말 그대로 내용은 학습, 형태는 만화인 것이다. 얼핏 보면 아주 효과적인 정보 습득 방법인 것 같지만 이것이 독서 교육을 할 때 '학습 만화는 아이들이 마음껏 읽도록 내버려둬도 될까?'란 고민거리가 된다.

학교에서 책을 읽기 싫어하는 많은 아이들이 독서 시간에 학습 만화에 손을 뻗는다. 독서 시간을 준다고 하면 꼭 나오는 질문 하나가 이것이다.

"선생님, 학습 만화 읽어도 돼요?"

이것을 허용해도 되는지 히지 말아야 할시 나도 처음엔 헷갈려서 우왕좌왕했다. 하지만 시간이 지나면서 '학습 만화는 제한해야 한다.'는 결론을 내렸다.

만화는 상상의 나래를 펴고 재미를 느낄 수 있으며 스트레스를 해

소할 수 있다는 장점이 있다. 글이 적고 그림이 대부분이기 때문에 책을 읽기 싫어하는 아이들이 자연스럽게 많이 읽게 된다. 문제는 여기에 있다. 학습 만화를 읽기 시작한 아이들은 계속 학습 만화만 읽는다. 머리 식힐 겸, 정보를 얻을 겸 잠깐 읽고 다시 책을 읽는 것이 아니라 학습 만화만 찾는다. 책 읽기를 싫어하는 아이들이 처음엔 학습 만화로 가볍게 시작해서 점점 글이 많은 책으로 옮겨 갈 거라 생각하면 오산이다. 두 가지는 아예 별개의 갈래다.

그렇다면 학습 만화는 무조건 읽게 하지 말아야 할까. 그건 아니다. 학습 만화 자체가 문제가 아니라 어느 때 읽을지 순서가 문제다. 사고력이 조금씩 생기면서 아이들은 학습 만화가 학습적인 것인데 왜 보지 못하게 하냐고 반박할 수 있다. 학교에서 내가 일부 아이들에게 들었던 말들이다. 그랬을 때 아주 논리적으로 "학습 만화는 이래서 안 된다."라고 설명하기가 쉽지가 않다. 아이들 말대로 학습 만화는 유익한 내용을 담고 있고 어려운 내용을 알기 쉽게 다루고 있다는 장점이 있기 때문에 아예 보지 말자로 가기 보다는 순서에 맞게, 필요한 내용일 때 제한적으로 읽게 하는 전략이 필요하다. 그 방법을 구체적으로 소개하고자 한다.

첫째, 일반적인 책을 좋아하고 익숙해졌을 때 학습 만화책을 읽도록 하자. 먼저 학습 만화를 접하게 되면, 글이 적고 그림이 많아 읽기 쉬운 만화에 익숙해져 다른 책을 읽고 싶지 않아진다. 사람은 누구나 똑같다. 자연스럽게 쉬운 것을 찾기 마련이다. 또 읽기 쉬운 학습만화에 길들여진 사람과 일반 책을 즐겨 읽는 사람 중에 같은 책이라도 전자가 더 어렵게 느낀다. 학습 만화는 일반 책에 완전히 익숙해진 아이가 일반 책을 읽다가 쉬어가는 느낌으로 한 권씩 읽는 정도여야 한다. 일반 책에 익숙해지고 책을 좋아하는 아이는 학습 만화를 읽더라도 그것만 찾지는 않는다. 만화책에만 빠지기 전에 책의 재미를 느낄 수 있게 하는 데 많은 시간과 에너지를 쏟자.

둘째, 학습 만화를 제한적으로 허용하는 것이 좋다. 학습 만화가 유익한 분야가 있다. 바로 역사와 과학 분야이다. 역사는 아이들이 경험하지 못한 시간과 공간 배경을 가지기 때문에 그냥 설명으로는 상상하기 어려운 경우가 많다. 그리고 과학의 경우 과학적 개념이나 원리를 글로만 설명하면 아이들에게 와 닿지 않는다. 이럴 때 만화의 형태로 아이들에게 설명한다면 같은 것도 쉽게 느껴질 것이고 이해가 더 잘 될 것이다. 두 분야의 경우 먼저 학습 만화로 재미있고 쉽게 접근한 후 일반 책을 읽으면 어려운 개념을 보다 잘 이해할 수 있다.

책을 읽을 때 무조건 학습 만화 코너로 가서 고르는 아이로 만들고 싶은 엄마는 없을 것이다. 학습 만화의 장점을 극대화하여 적절히 활용할 수 있는 아이로 자랄 수 있도록 엄마의 길잡이가 필요하다. 위의 두 가지 방법을 꼭 실천하길 바란다.

## 📖 학습 만화 추천 도서

| 도서명 | 저자 | 출판사 | 분야 |
|---|---|---|---|
| 《설민석의 한국사 대모험》 | 설민석 | 아이휴먼 | 역사 |
| 《용선생 만화 한국사》 | 다수 | 사회평론 | 역사 |
| 《WHY? 시리즈》 | 다수 | 예림당 | 과학 |
| 《브리태니커 만화 백과 시리즈》 | 봄봄 스토리 | 미래엔아이세움 | 과학 |

## 아이가 한 분야 책만 읽는데 괜찮을까?

기영이는 역사에 아주 관심이 많다. 그래서 5학년이 시작되자 사회 시간에 역사를 배울 수 있다고 한껏 들떠 있었다. 아침 자습 시간에도 주로 역사 관련 책만 읽었고 다른 시간에는 소극적이고 관심도 적으면서 역사 시간에는 발표도 잘하고 적극적으로 참여했다. 상담 주간에 기영이 어머니와 전화 상담을 하게 되었는데 기영이의 그런 특징들에 대해 말씀드리니 어머니께서 걱정을 하셨다.

"맞아요. 집에서도 역사 책만 읽어요. 다른 책도 읽었으면 좋겠는데 안 읽으려 하더라고요. 역사 책만 저렇게 읽어도 괜찮은지 모르겠어요."

모든 사람의 생각이 다르고 저마다의 관점이 있다. 어머니의 입장에서는 아이가 편독을 하는 것이 걱정되고 혹시 다른 분야에 대해 무지해지지는 않을지, 뭔가 바로 잡아줘야 하는 것은 아닌지 불안할 수도 있다. 하지만 나는 이것이 기영이의 장점이라고 생각했다.

좋아하는 것이 뚜렷하다는 것은 진로를 선택할 때 그 방향이 확실하기 때문에 그 분야로 가는 데 더 빠를 수 있다. 초등학생에게 장래희망을 물으면 아직 없다고 하는 아이들이 많다. 심지어 고등학생, 대학생이 되어서도 내가 좋아하는 것이 무엇인지 몰라서 고민하는 사람들이 많은데, 기영이처럼 좋아하는 것이 확실한 것은 전혀 문제가 되지 않는다.

장점을 칭찬하고, 긍정적으로 바라봐 줄 때 아이의 장점은 더 극대화되고 아이는 자존감을 키울 수 있다. 아이가 한 분야의 책을 많이 읽어 지식이 많으면 그와 관련된 수업 시간에 발표나 대답을 적극적으로 할 것이고 활동에서 리더 역할을 할 것이다. 그런 모습을 '꼬마 전문가'로서 인정하고 칭찬해 준다면 아이는 그 분야에서 더 큰 꿈을 키워갈 것이다.

하지만 아이가 특정 분야의 책만 읽는 것을 문제시하고 "너는 왜 역사 책만 읽니?"라고 나무라면 아이는 그때부터 문제를 안고 있는 것처럼 자신을 보게 되고 자신의 성향과 꿈을 숨기게 될 수밖에 없다. 나는 엄마들이 아이의 뚜렷한 성향을 인정하고 편안하게 바라보면 좋겠다.

물론 아이들이 살아가는 데 한 분야의 지식만 필요한 것은 아니기 때문에 다른 책들도 곁들여 읽을 수 있게 도와줘야 한다. 학급에서 나는 각자 한 권씩 가져와서 일주일에 한 번씩 돌려 읽는 '독서릴레이'라는 것을 하는데, 책을 선정할 때 문학/사회/과학/예술 등 다양한 분야를 고려한다.

좋아하는 책을 읽다가 가끔 다른 분야의 책을 의도적으로 접하게 하면, 아이들 중에 "선생님, 저는 음악가에 대한 책이 이렇게 재미있는지 몰랐어요."라는 아이도 있다. 접해보지 않아 재미를 못 느낀 아이도 있으니 다양하게 경험할 수 있도록 해 줘야 한다. 역사 책을 좋아하는 아이에게는 역사 책 3권 읽으면 다른 책 1권은 엄마가 추천하는 책을 읽는 방식으로 아이의 관심을 돌려 보는 것도 좋다. 대상을 문제로 보면 문젯거리가 되고 긍정으로 보면 가능성이 된다.

## 아이에게 책을 고르라고 하면 잘 고를까?

책을 고를 때 아이들의 자율성은 존중되어야 한다. 아이들이 좋아하는 책을 아이 스스로 선택할 수 있게 해야 한다. 하지만 도서관에 데려가 넓은 서가 앞에서 "네가 읽고 싶은 책 골라보렴."이라고 하면 아이들이 처음부터 잘할 수 있을까? 아마 아이들은 책을 고르는 데 어려움을 겪을 것이다. 한 권 고르는데 너무 오랜 시간이 걸리거나 얇고 쉬운 책들만 고를지도 모른다. 어려움 속에서, 시행착오 속에서 배워나가는 것도 의미가 있지만 아이들이 선택하는 능력을 효율적으로 키워주려면 어른의 도움은 조금 필요하다.

내가 아이들에게 시도하는 방법은 서가의 범위를 정해주는 것이다.

"오늘은 이 서가에서 읽고 싶은 책을 골라보자."

너무 넓은 서가에서 어디로 가야 할지 몰라 우왕좌왕하고 당황하는 아이들에게, 범위를 정해주는 것은 아이의 자율성도 존중해주면서 아이의 선택 시간을 줄여줄 수 있다. 또 서가를 옮겨가며 정함으로써 다양한 책을 접하게 할 수 있는 장점도 있다. 도서관에 데려가면 뭘 읽어야 할지 몰라 방황하던 아이들을 보며 이 방법을 적용해보았는데 아이들의 책 고르는 시간이 1/3로 줄어들었다. 그만큼 책 읽는 시간이 확보되어서 좋았으며 아이들은 자신이 고른 책이기에 아주 열심히 읽었다.

학교에서는 한 서가에 몰리면 혼잡하므로 모둠별로 서가를 바꿔가며 정했다. 아직 선택의 기준이 없는 아이들은 서가를 정해주는 것에 안정됨을 느끼기도 했고 갈 때마다 골라야 하는 서가가 바뀌는 것에 재미있어하기도 했다. 뽑기로 서가를 정하기도 했는데 게임처럼 느끼기도 했다. 자연히 책 고르는 즐거움으로 이어졌다.

서가 정해주는 것 말고도 분류기호 기준으로 범위를 정하기도 했다. "오늘은 330번대에서 읽자."라고 하면 아이들은 330번대의 '사회문제'와 관련된 책 중에서 원하는 것을 고르게 된다. 이렇게 하면 범위가 정해져 있기 때문에 더욱 쉽게 고를 수 있을 뿐만 아니라 다양한 책의 분야를 골고루 읽게 할 수 있다는 장점이 있다.

엄마와 함께 도서관에 가서 아이와 함께 서가를 정해 골라보는 것이 어떨까? 처음에는 서가 한 개를 정해주고 익숙해지면 두 개, 세 개씩 점차 범위를 늘려가면서 아이들에게 책을 고르게 한다면 점점 책 선택의 기준이 나름대로 생기게 된다.

아이들의 흥미와 관심도 고려하고 엄마의 불안도 해결할 수 있는 방법이니 도서관에 갔을 때 적용해보자.

**7장**

# 책을 읽는 아이만이
# 가질 수 있는 것

# 책 읽는 아이는 꿈의 크기가 다르다

얼마 전에 금융회사인 미래에셋과 우리나라 IT대표인 네이버가 주식을 맞교환하며 4차 산업혁명 동맹을 공고히 했다는 내용의 기사를 읽었다. 금융과 정보기술의 결합을 최초로 선도한다는 의미를 가지는 일이다.

미래의 변화를 읽고 발 빠르게 남이 가지 않은 길을 선택한 것은 미래에셋의 박현주 회장이다. 박현주 회장은 대한민국에서 펀드라고 하는 새로운 투자 시장을 연 사람이자 현재 금융 시장에서 외국인 자금을 압도할 정도로 큰 영향력을 가진 사람이다. 미래에셋이라는 이름에서 알 수 있듯 미래에 대한 관심이 누구보다 많았던 박현주 회장은 10대 시절부터 전략에 대해 관심을 두었고 성공에 대해 꿈꿨다고 한다. 그는 거대한 꿈을 가진 사람이었고 기회 포착을 하는 능력, 미래를 예측하는 능력을 가진 사람이다. 그런 그는 자신에 대해 이렇게 표현한다.

"나를 키운 건 8할이 독서다."

그가 다른 사람이 안 된다고 생각하는 상황에서도 큰 꿈과 목표를 가지고 기업을 이끌어올 수 있었던 것은 어릴 때부터 꾸준히 길러 온 독서 습관 때문이었다. 어릴 때부터 박 회장은 책에 관심이 많은 어머니 밑에서 자라며 독서 습관을 길러왔다. 어머니가 주신 유일한 선물이 책이었다고 한다. 특히 위인전을 즐겨 읽은 박 회장은 위인 중에 자신이 닮고 싶은 인물을 멘토로 삼아 목표를 정하고 꿈을 키워갔다. 이런 어린 시절의 독서가 박 회장을 미래에셋이라는 기업의 큰 그림을 그릴 수 있는 리더로 만든 것이다.

아이들에게 "꿈을 크게 가져라."라고 많이 이야기하지만 실제 꿈을 크게 꾸는 아이들은 그리 많지 않다. 꿈을 크게 가지려면 일단 큰 그림을 머릿속에 그릴 수 있어야 한다. 그러나 자신이 경험해 보지 않고 상상해 보지 않은 것은 그림으로 그려지기 어렵다. 고학년을 지도하면 나는 '큰 그림'에 대한 이야기를 늘 아이들에게 화두로 던진다.

"여러분의 인생에서 꼭 이루고 싶은 목표가 있나요? 장래희망을 이야기하는 것이 아니에요. 여러분이 그리는 인생의 큰 그림이 있나요?"

내 질문에 자신의 미래에 대한 그림을 자신 있게 이야기하는 아이들은 많지 않다. 초등학생에게는 조금 어려운 질문일 수도 있다. 그리고 아이들은 한 번두 이런 질문을 받아본 적이 없어 당황해 하기도 한다. 내 질문에 대부분은 고민에 빠지고 침묵하지만 그 중에 자신의 꿈을 자신 있게 이야기하는 아이들이 있다. 그 내용을 들어보면 초등학생임에도 어떻게 저렇게 구체적으로 자신의 꿈을 키우고 있는지 신기하다. 그 중 기억에 남는 대답이 있다.

"저는 역사학자가 되어 박병선 박사님처럼 우리나라 문화재를 약탈해 간 나라에서 문화재를 찾아오고 제대로 된 역사책을 다시 쓰고 싶어요."

이 아이는 반에서 공부로 일등을 하는 학생이 아니었다. 평소 독서를 많이 하는 아이일 뿐이었다. 이렇게 책을 많이 읽는 아이들은 이런 본질적인 질문을 했을 때의 반응이 다른 아이들과 차별화된다.

그냥 단순히 "과학자요.", "저는 파티쉐가 되고 싶어요."라고 답하는 아이들과 다르다. 지금의 차이는 꿈을 크게 꾸고 작게 꾸고의 차이지만 분명 나중에 결과의 차이는 엄청날 것이 분명하다. 책을 통해 다양한 삶의 모습을 경험하고 다른 사람들의 생각을 배우고 다양한 분야의 지식들을 경험해본 아이, 책 속의 이야기와 그 이상을 꿈꾸고 상상해 본 아이들만이 큰 그림을 그릴 수 있다.

전옥표의 《빅픽쳐를 그려라》에는 도화지에 새까맣게 칠하는 아이의 이야기가 나온다. 그 아이의 행동을 이해하지 못한 어른들은 그 아이를 정신병원에 보내지만 그 아이는 계속해서 도화지를 까맣게 칠한다. 아이의 책상에서 발견된 퍼즐 한 조각으로 불현듯 스치는 생각에 아이가 그린 그림들을 잇대어 맞춰보니 연결이 되었다. 한 장의 종이에는 도저히 담을 수 없을 정도로 새까맣고 거대한 고래였다. 아이에게는 큰 그림이 머릿속에 있었고 그것을 이루기 위한 조각들을 하나하나 그려나가고 있던 것이다.

책을 읽는 것은 큰 그림을 위한 조각조각을 얻게 되는 것과 같다. 그 조각은 단편적인 지식일 수도 있고 누군가의 경험을 통한 깨달음일 수도 있고 책 속에 나온 상황들을 통해 알게 되는 지혜일 수도 있다. 그런 것들이 모여 아이들에게는 하고 싶은 일을 만들고, 이루고 싶은 일과 갖고 싶은 것들을 생각하게 하며, 꿈으로 완성되는 것이다. 책을 읽는 아이들의 꿈 조각은 안 읽는 아이들보다 많을 수밖에 없다. 꿈 조각이 많을 때 꿀 수 있는 꿈의 크기가 커지는 것은 당연하다.

또한 책을 읽는 사람은 책을 통해 평소 만나기 어려운 사람들을 만날 수 있으며 그 사람들의 생각을 들을 수 있다. 특히 아이들은 만나는 사람이 한정되어 있고 경험이 제한적이기 때문에 책을 읽지 않았을 때 혼자 혹은 주변 사람들에게 영향 받아서 할 수 있는 생각은 커지기 힘들다. 하지만 책을 읽으면 책을 통해 만나는 사람들의 생각과 이야기들이 아이들의 생각의 폭을 넓히고 깊이를 더하게 할 수 있다.

책을 통해 만나는 위인의 생각들은 평범한 사람들이 하기 힘든 생각일 때가 많다. 조선시대 양반들이 한자를 사용하고 중국의 문자를 신성시 하는 게 당연하던 상황에서 글을 모르는 백성들을 위해 쉬운 언어를 만들어야겠다고 생각한 '세종대왕'의 생각은 보통 사람으로서 상상하기 힘들다. 아이들은 이런 비범한 사람들의 생각을 배우게 되고 위인들의 생각을 뛰어넘는 또 다른 커다란 생각을 하게 될 것이다.

아직 자신이 무엇을 좋아하고 무엇을 원하는지 잘 모르는 아이들 같은 경우 책을 읽으며 닮고 싶은 사람을 만났을 때 목표가 세워지고 뭔가를 이뤄내고자 하는 동기가 생길 것이다. 성공한 인물들의 긍정적인 이야기들을 책을 통해 알아가면서 자신의 미래로 삼을 수도 있고 의식의 크기를 커지게 할 수도 있다.

한 가지 더 덧붙이자면 아이들은 책을 읽으면서 다양한 삶의 모습을 경험하고 방대한 정보를 접하게 된다. 그 속에서 아이들은 하고 싶은 것, 배우고 싶은 것, 가지고 싶은 것에 대한 목표를 명확히 그려나가게 된다. 이는 아이에게 있어 인생의 큰 그림이 될 것이고 목표가 될 것이기 때문에 아이들은 그것을 이루기 위해 행동하게 될 것이다. 책을 읽지 않는 아이들과는 차원이 다르다. 책을 읽지 않고 무작정 부모와 선생님이 시키는 대로 공부만 한 학생은 교과서 내용은 잘 알지 몰라도 자신만의 목표나 미래에 대한 그림은 없는 셈이다. 이런 아이들이 미래를 제대로 준비한다고 할 수 있을까?

우리 아이를 빅픽쳐를 가진 아이로 키워야 한다. 꿈을 크게 가질 수 있는 방법은 생각을 넓고 크게 만들어주는 것이며 그 답은 독서에 있다. 거대한 꿈을 가지고 남이 하지 않은 일에 도전하며 종종걸음이 아닌 큰 보폭으로 걸어갈 수 있는 능력을 만들어주자. 아이의 꿈의 크기는 읽은 책의 양과 비례하여 커진다. 큰 꿈을 가진 아이가 미래에 큰 일을 해내리라.

# 남다른 생각을 하는 특별한 아이가 된다

〈세 얼간이〉란 영화가 있다. 영화는 1등만 인정하는 인도의 명문대가 배경이다. 이곳에서는 교수의 말을 따르지 않고, 소위 튀는 사람은 인정을 받지 못하고 사회에서 퇴출된다. 주인공 란초는 이 최고의 엘리트들이 모인 학교에 입학하여 학교와 사회의 잘못된 점들을 재치 있는 행동들로 뒤집어 놓고 틀에 갇혀 살고 있는 친구들을 일깨우는 역할을 한다. 또 다른 사람들이 당연하게 여기고 따르던 일들을 다르게 생각하고 완전히 바꾸려 한다. 많은 어려움을 겪지만 결국 가장 권위적이고 변하지 않을 것 같았던 학장까지 변화하게 했다. 란초가 세운 학교를 시작으로 인도 교육계가 서서히 변화할 것이다.

폭력적이고 잔인한 내용으로 채워져 있는 요즘 영화들 사이에서 재미와 감동이 있고 교훈까지 있는 이 영화를 나는 참 좋아한다. 누군가에게는 이 영화가 제목처럼 '바보 같은 이들의 이야기'로서 웃기는 영화로만 분류될 수 있지만 교육자인 나는 우리 교육의 모습을 다시 한 번 생각해 보는 계기가 되었다.

이 영화에서 우리가 주목해야 할 점은 꽉 막히고 절대 깨지지 않을 것 같은 단단한 틀을 가지고 있는 학교를 변화시킨 사람은 누구인가 하는 것이다. 그것은 바로 학교에서 요구하는 대로 공부하던 엘리트 학생들이 아니라 학교에서 분위기를 흐리는 벌레 같은 존재로 취급받던 주인공 란초다.

세상을 변화시키고 움직이는 사람은 전체가 아니다. 대부분은 다른 사람이 하라는 대로, 혹은 다른 사람이 하는 대로 상황에 맞춰 따라간다. '20대 80의 법칙'이 적용된다. 20퍼센트의 사람만이 평범한 80퍼센트와 다른 생각을 한다. 이들의 현실에 대한 약간 다른 생각, 현실에 대한 비판, 새로운 아이디어들이 세상을 뒤집고 다른 세상이 펼쳐질 수 있도록 자극한다. 이런 소수의 사람들로 인해 사회가 발전하고 변화하고 재미있어진다.

내 아이를 80으로 키우고 싶은 엄마가 있을까? 다들 튀지 않고 평범한 아이로 키우고 싶다고 이야기하지만 평균 80점인 시험에서 80점을 받았을 때 만족하는 엄마는 드물다. 엄마들은 끊임없이 1등과 비교하며 아이를 학원에 보낸다. 내 아이를 최고로 키우기 위해 정보를 수집한다. 공부가 가장 좋지만 그것이 아니라면 무엇이든 1등으로 잘하는 것이 있어 학교에서 눈에 띄는 아이가 되도록 고군분투 한다. 이런 행동을 하는 엄마들이 내 아이가 평범하게 자라길 바란다고 말할 수 있을까. 엄마들은 분명 내 아이가 특별해지기를 바란다.

　그러나 문제는 엄마들이 바라는 아이의 모습과 교육 방식 사이에는 괴리가 있다는 것이다. 엄마의 바람은 이렇다. 내 아이가 스스로 공부의 필요성을 느껴 열심히 공부하길 바란다. 공부가 아니더라도 재능이 있다고 생각되는 분야를 스스로 목표 의식을 갖고 내달려 1등을 하길 원한다. 즉 내 아이가 자신의 상황에 대해 주체적으로 생각하고 판단하길 바라는 것이다. 그리고 결국 세상을 움직일 수 있는 리더가 되길 꿈꾼다.

　그런데 과연 지금 아이를 그렇게 키우고 있는가. 무엇이든 일단 한다면 1등만을 목표로 하는 엄마의 교육 방침이 세상을 움직일 수 있는 리더를 만들 수 있을까? 이 점은 곰곰이 생각해 볼 문제다.

　자로 잰 듯이 엄마의 입맛에 맞게 학원 스케줄을 짜고, 공부할 양을 정하고, 심지어 학원을 옮기는 것도 아이의 요구가 아니라 엄마의 판단으로 옮긴다. 아이가 배워 보고 싶은 것이 공부와 연관되지 않으면 가볍게 무시당한다. 이렇게 아이를 순종적으로 키우면서 결과는 아이가 능동적이길 바라고 있다. 뭔가 앞뒤가 맞지 않는다.

　진정으로 아이가 능동적이길 바란다면 그 어떤 학원에 보내는 것보다 먼저 다양한 시각에서 생각하고 스스로 결정을 내릴 수 있는 기회를 줘야 한다. 그러나 이는 〈세 일간이들〉의 대학교처럼 원천적으로 차단당하고 있다. 세상을 바꾸고 이끄는 20퍼센트의 사람들. 내 아이를 그렇게 만들 수 있는 방법은 무엇일까? 세상을 움직인 인물들의 어린 시절을 돌아보면 답을 찾을 수 있다.

20세기 후반과 21세기 초반 정보화 사회의 선두주자로 '마이크로 소프트'사를 창업하여 세상에 한 획을 그은 빌 게이츠. 그는 어린 시절에 하루 종일 도서관에 파묻혀 지냈다. 얼마나 심각한 독서광이었는지 저녁 시간에는 책을 읽지 않겠다고 엄마와 약속을 해야 할 정도였다. 이런 습관은 바쁜 지금도 이어져 1년에 보통 50권 안팎의 책을 꾸준히 읽는다고 한다. 그는 "오늘의 나를 있게 한 것은 우리 마을 도서관이었다. 하버드 졸업장보다 소중한 것이 독서하는 습관이다."라는 말을 남기기도 했다. 책을 통해 얻은 다양한 생각들과 영감들은 빌 게이츠가 시대의 흐름을 읽고 정보화 사회를 이끌어갈 수 있는 도전 의식과 용기를 심어 주었던 것이다.

투자의 귀재로서 말 한마디로 주식 시장을 뒤흔드는 워렌 버핏 또한 어릴 적 별명이 책벌레였다. 아버지 서가에 있던 주식 관련 책과 창업 관련 책을 8살 때부터 읽기 시작하였으며, 11살 때 직접 주식 투자를 하기도 했다. 16살 때는 이미 사업 관련 서적 수백 권을 읽은 상태였다. 물론 지금도 신문과 책을 가까이 한다. 그는 "나는 아침에 일어나 사무실에 나가면 자리에 앉아 읽기 시작한다. 그 후 8시간 통화를 하고 나면 다시 읽을거리를 가지고 집으로 돌아와 저녁에 또 읽는다."라고 했다. 워렌 버핏을 부자로 만든 원동력은 어릴 때부터 가지고 있었던 독서 습관 덕분이었다.

이들이 타고나기를 특별한 사람으로 타고난 것이 아니다. 실제로 이들과 유사한 사례를 교실에서도 쉽게 볼 수 있다. 교실은 항상 남다른 생각을 하는 소수의 아이들로 인해 학급 분위기가 반전되고 변화한다.

지금 나의 학급에는 재미있고 통통 튀는 아이디어를 내서 친구들을 즐겁게 하고 교사까지도 놀라게 하는 세윤이가 있고, 뻔하지 않은 질문을 해서 우리 모두에게 교과서 밖의 내용에 대해 공부할 기회를 주는 서진이도 있다. 미술시간 도구나 재료들을 있는 그대로 사용하지 않고 뒤집거나 찢는 등 변형시켜 만들어 독특한 작품을 만드는 예건이나, 교사의 말에 자주 의문을 던져서 당황스럽게 하지만 항상 다른 시선으로 바라보고 의견을 내는 민영이도 예로 들 수 있겠다. 이 아이들을 유심히 살펴보면 모두 책을 좋아하고 즐겨 읽는다는 공통점이 있다. 바로 20퍼센트의 아이들이다. 나는 이 아이들이 커서 세상을 이끌어가고 변화시킬 것이며, 나머지 아이들은 이 아이들을 따라갈 것이라 생각한다.


내 아이를 앞서가는 리더로 만들 수 있는 방법은 '독서'다. 아이들은 책을 통해 경험의 폭을 확대할 수 있다. 책 속에서 비슷한 삶을 사는 내 주변의 가족들, 친구들만이 아니라 더 다양한 사람들과 만나서 이야기 나눌 수 있다. 이를 통해 많은 지식을 얻기도 하고 감정을 배우고 공감하기도 한다. 또 책에 나오는 많은 상황들 속에서 스스로 판단해 보는 연습을 자연스럽게 계속 할 수 있으며 주인공의 말이나 행동을 비판적으로 바라볼 수도 있다. 이렇게 책을 통해 이루어지는 수많은 작용들이 아이를 성장시키며 변화하는 세상 속에서 스스로 판단하고 새롭게 변화시켜 나갈 능력을 가지게 되는 것이다.

세상이 빠르게 변화하고 있다. 엄마 세대와는 변화 속도가 완전히 다르다. 초 단위로 세상이 바뀌고 정보가 넘쳐나며 세계가 이리저리 얽혀서 복잡해지고 있다. 상상으로만 존재하던 드론, 자율주행차, 커넥티드카, 인공지능, 빅데이터 등이 눈만 뜨면 현실이 되고 있다. 지금은 4차 산업 혁명 시대다. 바둑에서 알파고가 이세돌을 이겼다. 정보를 수집하고 그 정보를 적재적소에 조합하여 활용하는 것이 로봇에게 가능해졌다. 이런 시대에 로봇과 경쟁하여 이길 수 있는 방법은 하나뿐이다. 로봇이 할 수 없는 일, 바로 남다른 아이디어를 가지는 것이다. 마치 인류가 구석기 시대에 뗀석기에 만족하지 않고 창의적이고 지속적인 도전을 통해 신석기, 청동기 시대를 맞이한 것처럼 말이다.

지금 이 시대에 필요한 것은 현실을 그대로 받아들이지 않고 끊임없이 세상에 물음표를 가지고 생각해 보는 자세, 현실의 잘못된 점, 불편한 점을 바꿔보려고 시도하는 용기, 자시만의 아이디어를 조합하여 새로운 것을 탄생시킬 수 있는 창의성이 필요하다. 이런 남다름이 아이의 특별한 미래를 만들 것이다.

내 아이를 변화하는 세상 속에서 빛나는 아이로 만들고 싶다면, 세상을 변화시키는 주역으로 만들고 싶다면 독서하는 습관을 길러주자. 아무리 빠르게 변화하는 세상이라도 많은 책을 읽은 아이가 다양하게 생각하고 현명하게 판단하며 합리적으로 결정한다는 것은 진리처럼 변하지 않는다.

# 어떤 상황에서도 유연한 생각의 틀을 갖는다

어제와 비교하면 오늘 변한 것이 그다지 크게 없어 보이지만 어린 시절 세상의 모습과 비교하면 정말 많은 것이 변했다. 내가 어릴 때 과학 상상 그림그리기 대회에서 그렸던 하늘을 나는 자동차, 우주 탐험, 영상 통화 등이 이미 이루어졌거나 이루어져 가고 있다. 상상했던 것들이 현실이 될 때마다 엄청난 속도의 인류 진화의 과정 속에서 살고 있음을 매번 실감한다.

이런 변화는 시간, 공간 개념 자체를 예전과 완전히 바꿔 놓았다. 예전에는 전날 있었던 사건, 사고를 다음 날 뉴스와 신문으로 접해야 알 수 있었다. 또 누군가와 약속을 정할 때 서로 전화 연결이 안 되면 약속 잡기도 힘들었다. 하지만 지금은 다르다. 인터넷의 발달로 지구 반대편의 소식을 1초도 안돼서 인터넷 뉴스로 확인할 수 있다. 단체 모임은 전화를 여러 번 주고받을 필요 없이 스마트폰 상에서 단체 채팅 방을 열어 한 번에 정할 수 있다.

이렇게 시간과 공간의 개념이 축소되면서 우리를 둘러싼 환경의 범위는 더 넓어졌다. 개인의 환경은 가족과 학교, 마을뿐 아니라 세계 전체로 확대 됐다. 범위는 넓어지고 시간의 흐름은 빨라져서 변화가 급속도로 이루어지는 것이 지금 현실이다. 이런 어마어마한 속도 속에서 우리 아이가 적응하는 방법은 무엇일까? 변화가 있을지라도 그 변화 속에서 살아남는 법은 무엇일까?

먼저 변화를 읽을 수 있어야 한다. 변화의 흐름을 파악하려면 부분이 아니라 전체를 보는 안목이 필요하다. 항해를 할 때 부분만 보는 사람은 파도에서 지류의 흐름은 보지만 전체 큰 파도의 흐름을 보지 못한다. 이는 변화를 제대로 파악한다고 할 수 없다. 작은 변화들을 민감하게 감지하면서도 큰 변화를 인지할 수 있는 것이 진정 변화 속에 살아남는 지혜라 할 수 있다.

또한 변화 속에서 지탱할 수 있는 힘이 필요하다. 자신의 가치관이 확고하게 자리 잡고 있어야 변화 속에서도 자신을 지킬 수 있다. 변화에 이리 휩쓸리고 저리 휩쓸리는 사람은 목표로 나아가기 어렵다. 목표를 향해서 가는 길의 큰 흐름을 읽고 그 속에서 잔류의 흐름은 과감히 무시하고 큰 줄기를 따라가며 자신을 지탱할 수 있는 힘이 있어야 한다.

결국은 변화를 읽을 수 있으면서 변화 속에서 나를 지킬 수 있는 힘을 길러야 한다. 그 방법이 독서에 있다. 최근의 지식과 미래에 대한 예견을 담은 책도 좋지만 특히 고전과 전래 동화 같은 책은 아이들에게 더없이 좋다. 이런 책을 현실과 동떨어진 그냥 좋은 이야기, 도덕적인 이야기라고 치부하면 안 된다. 변화에서 살아남을 수 있는 힘은 결국 '기본'에 있다.

4차 산업혁명, 5차 산업혁명이 와도 결국 인간이 살아가는 이야기다. 본질은 변화하지 않는다. 로봇이 우리를 편안하게 해준다고 해서 다른 사람을 괴롭히는 것이 옳은 일이 되고, 도둑질이 나쁜 일이 아니라고 할 리 없다. 미래에 대한 답은 기본의 책, 고전에 있고 전래 동화 속에 있는 것이다.

이 외에도 독서를 통해 얻을 수 있는 대표적인 능력이 변화하는 새로운 정보를 받아들일 수 있는 능력이다. 현대 사회는 시시각각 수많은 정보가 쏟아지고 상황이 계속 변해간다. 미래는 더 할 것이다. 그러니 이제 중요한 것은 매일매일 변화하고 쏟아지는 정보 속에서 뚜렷한 주관을 가지고 정보를 취하고 조작해 새로운 정보를 만들어 낼 수 있는 순발력과 유연성이다.

이것은 책상에 앉아서 하는 공부와는 절대적으로 다른 문제이다. 이런 능력은 하루아침에 생기는 것이 아니다. 평소 독서를 꾸준히 해온 사람만이 자연스럽게 가질 수 있는 능력이다. 독서를 통한 읽기 연습과 판단의 경험이 미래에 대한 가장 강력한 준비가 될 것이다.

2015 교육 과정 개정으로 2019년에 5, 6학년에는 코딩교육이 도입될 예정이다. 새로운 것이 등장했다고 여길지 모르지만 코딩도 언어다. 결국 모든 것은 읽기 능력으로 연결된다. 평소 책을 많이 읽은 아이들은 컴퓨터 언어도 비교적 쉽게 읽는다. 알고리즘의 이해가 빠르기 때문이다. 더불어 수도 빨리 읽고 프로그래밍에도 능하다.

작년 내가 맡았던 학급에서는 자습 시간마다 컴퓨터 코딩 책을 즐겨보던 도영이가 있었다. 나는 잘 이해가 안 되는 내용의 책이었는데 도영이는 책으로 코딩에 대해 계속 접했고 프로그래밍을 연습했다. 사실 도영이는 코딩 책뿐만 아니라 다른 책을 읽을 때도 종 치는 소리를 놓칠 정도로 집중해서 읽었다. 남다르게 독서를 많이 하는 아이였는데 그 관심 분야가 코딩 책까지 확장됐던 것이다.

이렇게 기본적인 읽기 능력만 독서를 통해 단단하게 다진다면 빠르게 변화하는 사회에서도 다양하게 활용하여 적응할 수 있다. 그게 코딩이든 프로그래밍 언어이든 그 무엇이든 말이다.

엄마들은 아이들의 미래가 좀 더 밝기를 바라며 공부를 시키고 학원을 보낸다. 하지만 시험을 잘 봐서, 좋은 대학에 가기만 하면 성공하던 시대는 끝났다. 아이의 미래에 진짜 필요한 것은 변화를 민감하게 파악하고 분석해서 새로운 시대의 흐름에 맞춰 정보를 재조직 할 수 있는 능력이다. 변화하는 시대의 흐름에서 성공한 빌 게이츠, 워렌 버핏, 마크 저커버그 등은 모두 독서광이라는 공통점을 가지고 있음에 주목해야 한다.

빠르게 변화하는 시대를 살아갈수록 가장 기본적인 것으로 돌아가야 한다. 그 기본이 바로 독서다. 에즈라 파운드는 '사람은 하루 독서를 통해 손에 열쇠를 쥐게 된다.'고 했다. 미래를 여는 열쇠가 독서에 있다. 아이들이 독서를 통해 미래 사회를 철저히 준비할 수 있도록 엄마가 나서서 도와주자. 독서의 보이지 않는 힘을 믿고 독서로 아이의 미래가 밝아질 것임을 믿어라.

## 초등독서 습관을 형성하는 십계명

**첫째,** 아이들을 일깨울 책은 많은 책이 아니다. 양보다 질에 주목하라.

벤자민 프랭클린은 "많이 읽어라. 그러나 많은 책을 읽지는 마라.(Read much, but not many books.)"고 했다. 많은 책이 모두 마음의 울림을 주는 것은 아니다. 어떤 책은 읽고 나서 기억에도 남지 않고 별 감흥이 느껴지지 않기도 한다. 하지만 어떤 책은 책 한 장 한 장 넘기면서 많은 생각을 하게 된다. 그런 책들은 깨달음을 주고 머릿속 물음표를 느낌표로 바꿔 준다. 이런 책이 아이들에게 진짜 도움이 되는 책이다. 많이 읽는 것도 다양성 측면에서 중요하지만 권 수를 채우는 데 매여 정작 중요한 것을 잊어서는 안 된다. 중요한 것은 아이들의 내면의 변화이며 질적인 성숙이다. 독서를 몇 권 했는지로 옆의 아이들과 비교하지 말라. 독서록을 몇 편 썼는지로 내 아이의 독서 점수를 매기려 하지 말라. 겉에 보이지 않지만 엄청난 변화가 아이의 안에서 이루어지고 있다면 그것이 더 가치 있는 일이다.

**둘째,** 아이의 상태와 발달 수준을 세심히 살펴 적기의 책을 읽게 하라.

아이들이 어떤 변화를 겪고 있는지는 엄마가 가장 파악하기 쉽다. 가장 가까이에서 아이를 관찰할 수 있는 것이 엄마이기 때문이다. 뇌 발달 과정과 학년별 변화 과정 모두 고려해야 하지만 모든 아이들이 똑같은 발달을 겪는 것이 아니라 속도나 정도의 차이가 분명 있기 때문에 엄마가 내 아이의 수준과 감정 상태를 파악하는 것이 무엇보다 중요하다. 말라가는 식물에게는 물을 줘야 하고 햇빛이 부족해서 잎이 연한 식물에게는 햇빛을 충분히 공급해 줘야 한다. 아이의 상황에 맞게 필요한 책을 읽게 한다면 독서 효율은 높아진다. 부족한 부분에 지금 내 아이의 상황에 적합한 것들을 채워줄 수 있는 책을 적기에 읽을 수 있도록 아이를 세심하게 관찰하자.

**셋째,** 독서 방법은 지도하되 독서의 주도권은 아이에게 줘라.

엄마들은 아이들이 어리다고만 여겨서 가르치고 이끌려고만 한다. 그런 엄마의 태도가 아이들을 독서에서 멀어지게 할 수 있다. 언제나 내 아이를 성장 씨앗을 가진 대단한 존재로 여기고 아이의 능력을 믿어야 한다. 우리가 해 줘야 하는 것은 아직 방법과 방향을 모르는 아이들에게 그런 것들을 도와 주는 정도여야 한다. 결국 지켜보는 것이 엄마의 역할이다. 엄마가 며칠에 한 번씩 도서관을 가서 열 권씩 스무 권씩 빌려서 아이 앞에 둔다고 아이가 책에 마음을 열지 않을 것이다. 최종적인 독서 주도자는 아이인 만큼 아이 스스로 고르고 읽고 생각을 정리할 수 있도록 기회를 주자.

**넷째,** 책을 읽으면서 나만의 표시를 하게 하자.

책에 자신만의 표시를 할 때 그 책을 완전히 내 것으로 만들 수 있다. 앞에서 소개한 것처럼 표지와 책 제목, 추천사, 목차 등을 보고나서 읽기 시작한 날, 목표, 책에 대한 기대 등을 책 앞 부분 여백에 써 보는 것을 추천한다. 또 책을 읽으면서 와 닿는 부분이나 재미 있는 부분에 밑줄을 치고 그것과 관련해서 책의 여백에 나만의 생각을 써도 좋다. 포스트 잇으로 책의 각 장을 표시해 놓고 나중에 다시 읽고 싶을 때 찾아봐도 된다. 마지막으로 다 읽고 나서 책 뒷부분 여백에 책을 읽고 난 소감, 깨달은 점 등을 정리하고 읽은 날짜를 쓴다. 다시 읽을 땐 다른 색깔 펜으로 표시해 본다면 나의 생각이 이전과 얼마나 달라졌는지도 비교해 볼 수 있다. 이전 밑줄과 이번의 밑줄 부분이 다를 수 있다. 또 나중에 책을 다시 볼 때 밑줄 친 부분만 발췌해서 볼 수 있어 효율적이다. 한 권을 읽어도 내 것으로 만들 수 있도록 책에 표시하는 것을 추천한다.

**다섯째,** 독서의 범위를 한정짓지 말라. 읽을거리를 다양하게 하라.

독서를 책에만 한정지으면 아이들이 일상 속에서 읽을 수 있는 많은 것들을 제외시키는 셈이다. 독서 습관을 기르기 위해서는 생활 속 모든 읽을거리를 독서의 대상으로 삼아야 한다. 집에 가전제품을 샀을 때의 설명서, 엄마와 은행에 갔을 때의 잡지, 길을 지나가다 있는 긴 광고 글 등도 모두 읽을거리로 여기고 아이들이 시시각각 문자를 읽고 해석하고 생각할 수 있도록 독서의 범위를 넓혀야 한다.

특히 신문은 아이들의 사회에 대한 정보와 현실 감각을 익히고 비판적 시각을 기를 수 있는 좋은 읽을거리다. 독서의 목적이 아이를 생각하게 하고 성장시키는 것이므로 그런 목적에 부합하는 것은 모두 읽는 대상으로 삼아야 한다. 독서를 책 읽기로만 한정짓지 말고 읽을거리의 범위를 넓히자.

**여섯째,** 아이에 대한 모든 문제의 답은 독서임을 명심하라.

독서를 하면서 다양한 사람들의 시선으로 세상을 보고 간접 경험하면서 아이는 포용적인 사람으로 자라날 것이고 공감하는 능력이 있으므로 친구 관계가 원만해진다. 또 배경지식의 확장과 읽기 능력의 발달로 수업 시간의 이해력이 좋아지므로 성적 또한 해결된다. 책을 읽으며 머릿속에 떠올리고 생각하면서 상상력과 사고력이 좋아짐은 물론이다. 아이에 있어서도 근본적인 변화를 원한다면 독서가 답이다. 느려 보이지만 가장 확실하고 지속적인 방법이 독서임을 기억하자.

**일곱째,** 책을 읽고 난 후의 아이의 반응을 존중하고 칭찬하라.

책에 대한 생각과 느낌은 아이들마다 다를 수 있다. 아이의 반응이 엉뚱하거나 잘못됐다는 것은 다른 사람의 기준일 뿐이다. 도덕적 기준에서 벗어난 것이 아니라면 아이의 감정과 생각을 결정하거나 판단하려 해서는 안 된다.

아이들은 끊임없이 생각하고 스스로를 상위 단계로 끌어올리는 존재다. 아이의 능력을 믿고 반응을 존중해야 한다. 아이의 생각에 대한 평가들은 아이를 위축시킬 수 있고 독서에 대한 부담으로 작용한다. 아이들이 편안한 마음으로 독서를 즐겁게 해 나갈 수 있도록 지지하고 응원하자. 엄마의 칭찬과 믿음이 아이를 늘 책과 함께 하게 할 것이다.

**여덟째,** 책 읽어 주기는 계속되어야 한다.

아이들에게 엄마가 책을 읽어 주는 것은 책의 내용을 전달하는 것 이상의 큰 의미를 가진다. 아이는 그 과정에서 엄마와 함께 있으면서 정서적인 안정을 느끼게 되고 독서에 대한 긍정적인 인식을 갖게 된다. 또 듣기 능력은 읽기 능력의 발달에 앞서므로 현재보다 높은 수준의 책도 읽어주면 잘 이해할 수 있으므로 상위 수준의 독서가 가능하다. 읽기의 호흡, 감정 표현 등 엄마의 목소리를 들으며 올바른 책 읽기 방법을 익힐 수 있다. 아이가 고학년이 되었다고 멈출 것이 아니라 아이가 거부하지 않는다면 책 읽어 주기는 계속되어야 한다.

**아홉째,** 독후 활동은 책에 대한 기억을 열 배 높인다. 독후 활동을 적극적으로 하라.

아무리 재미있고 인상 깊게 읽은 책이라도 시간이 지나면 기억에서 점점 사라진다. 짧더라도 한 줄의 생각이라도 써 보거나 그림 그리기, 만화 그리기, 추천하는 글 쓰기 등 독후 활동을 반드시 하게 하자. 특히 체험 활동은 적극적인 독후 활동이라 할 수 있다. 세종대왕 위인전을 읽고 여주 영릉에 직접 가본다던지, 일제시대에 관련된 책을 읽고 서대문 형무소에 가보는 경험은 책에 대한 이해를 높이고 책의 내용을 깊고 길게 기억하는 데 큰 도움이 될 것이다. 또 거꾸로 적용하자면, 박물관이나 과학관 등 어떤 장소를 가기 전에 관련된 책을 읽게 하는 것도 그 체험을 의미 있게 하는 좋은 방법이다. 아는 만큼 보이는 법이다. 사전에 책을 찾아보고 박물관으로 현장 학습을 갔을 때 아이들의 몰입도는 천지차이다.

**열째,** ▶ **독서 환경을 연출하고 아이와 책이 친구가 되게 하자.**

  책이 공부의 또 다른 모습이 아니라 친구처럼 편안하고 나를 채워 주는 존재라고 여기는 것은 독서 습관을 기르는 데 아주 중요하다. "책 읽어라."라고 말로만 하는 것이 아니라 다양한 장치의 연출이 필요하다는 것이다. 책을 집 곳곳 아이가 많이 머무르는 곳에 놓아두어 아이들이 자연스럽게 눈길을 보내고 손으로 집을 수 있도록 해야 한다. 더불어 아이 앞에서 엄마가 책을 읽는 모습을 보여주고 같이 책으로 소통해나가는 것은 아이에게 최고의 독서 환경이 될 것이다. 또한 주기적으로 서점과 도서관을 데려가서 다양한 책을 접하게 하고 책에 대한 호기심을 가질 수 있도록 해야 한다. 독서 환경에 있어서 엄마의 직간접적인 연출은 반드시 필요하다.

# 초등학교 교사를 하며 깨달은 것들

아이들이 떠난 교실에 혼자 앉아 있다 보면 창밖으로 아이들의 웃음소리가 들린다. 뭐가 그렇게 즐거운지 깔깔 웃으며 활기차게 뛰어노는 아이들의 소리만 들어도 절로 입가에 미소가 번진다. 어쩜 저렇게 몰입해서 즐길 수 있을까?

수업 시간에는 축 처져 힘이 없던 아이들도 수업을 마치는 종만 울리면 갑자기 힘이 샘솟는다. 친구들과 하하, 호호 이야기를 나누고 땀까지 흘려가며 각종 놀이를 한다. 보기에는 꽤 힘겨워 보이는 놀이도 마다하지 않고 웃으며 즐거워한다. 아이들을 이렇게 능동적으로 움직이게 할 수 있는 원동력은 무엇일까? 바로 '재미'다. 재미는 아이들이 행동하는 가장 기본적인 요소라 할 수 있다.

'아이들은 즐거울 때, 재미있을 때 움직인다.'는 것이 내가 초등 교사를 하며 깨달은 첫 번째 진리다. 어른들은 자신의 흥미나 즐거움과 함께 '필요'에 대한 생각을 함께 할 줄 안다. 그래서 하기 싫지만 필요하면 열심히 하고 흥미가 없어도 도움이 될 만한 일이면 최선을 다한다. 하지만 아이들은 어른보다 훨씬 감정에 솔직하다. 아직 사회 경험이 적다보니 필요보다는 내 흥미, 즐거움이 우선이다.

누군가 시켜서 할 때 아이들은 수동적이다. 엄마가 보내서 학원에 가는 아이가 "나 3시까지 학원 가야해."라고 하면서 밝게 웃는 아이는 별로 없다. 대부분 한숨을 쉬고 짜증난다는 표정이다. 하지만 태권도 국가대표를 꿈꾸는 아이가 태권도 학원 차를 타야 할 때는 표정부터 다르다. '절대 늦지 않겠다.', '나는 이걸 꼭 해야 한다.'는 의지를 가지고 적극적으로 움직인다. 아이들은 즐거움을 느끼는 대상일 때 알아서 움직인다.

아이들이 공부를 싫어하고, 독서를 안 하려 한다면 "넌 왜 그러니?" 라고 꾸중을 하고 억지로 시키거나 아이에 대한 불만을 마음속에 쌓아 둘 것이 아니라 '우리 아이가 아직 공부와 독서에서 즐거움을 느끼지 못했구나.'라고 생각하고 접근해야 한다. 그러면 아이들과의 갈등 상황을 줄일 수 있다. 또 감정적이지 않은 상태에서 아이를 현명하게 훈육할 수 있을 것이다.

나도 아이들을 내 잣대에 맞추기 위해 애썼던 때가 있었다. 그 시간 동안 나는 아이들을 이해할 수 없어 힘들었다. 하지만 아이들을 움직이는 것이 '재미'라는 요소임을 알게 된 이후 모든 것이 명확해졌다. 더 이상 아이들을 탓하지 않는다.

오히려 아이들이 꼭 익혀야 하는 것에 지루해 하는 것을 보면 이에 대한 즐거운 경험을 하지 못했다는 의미로 받아들이게 되어 안타까운 마음이 먼저 생긴다. 그러다 보니 수업 시간에 지루해 하거나 졸고 있는 아이를 보면 그 아이의 태도를 나무라기보다는 관심을 끌 수 있고 재미를 느낄 수 있는 활동과 자료가 뭐가 있을지 찾으려 노력한다.

독서도 마찬가지다. 엄마나 선생님이 아무리 책 읽으라고 해도 아이들은 왜 읽어야 하는지 필요성을 깨닫지 못하고, 게임이나 노는 것보다 책을 읽는 것이 재미있지 않기 때문에 읽지 않는 것이다. 아이들이 책을 읽기 바란다면 아이들이 책에서 즐거움과 재미를 느낄 수 있도록 적극 도와 줘야 한다. 책을 읽기 전 관련된 이야기를 해 준다거나 책을 읽고 나서 가족과 함께 독서 토론을 해 본다거나, 책의 배경이 된 곳에 가족여행을 다녀온다면 아이들이 즐거움을 더 느끼지 않을까? 아이들은 "~해라."의 말보다 '즐거움'을 따라 다닌다는 것을 항상 잊지 말아야 한다.

재미가 독서의 원동력이라면 엄마는 독서의 추진력이다. 초등학생들은 엄마의 감정에 많은 영향을 받는다. 독서 지도에서도 마찬가지다. 엄마가 책을 읽으며 행복해 하고 도서관에 가서 즐거워하는 모습을 보인다면 아이들은 그 감정을 따라갈 것이다. 엄마가 성적에 좌지

우지되지 않고 독서 지도를 꾸준히 한다면 아이들은 그런 방식에 자연스럽게 익숙해질 것이다.

다시 말하지만 아이들에게 엄마만큼 영향력을 미칠 수 있는 사람도 없다. 교사가 학교에서 하는 노력보다 더 쉽게, 더 강력하게 아이들의 독서 습관을 들이는 데 도움을 줄 수 있는 것이 바로 엄마다.

지금까지 만난 아이들 중 책을 좋아하고 즐겨 읽는 아이들의 엄마들은 대부분 어렸을 때부터 독서 교육에 관심을 가지고 아이들을 지도했다. 도서관에도 자주 다니고 아이들이 어떤 책을 읽는지 관심을 가지고 있으며 본인도 책을 즐겨 읽는다. 아이들에게 좋은 독서 선생님은 엄마다. 아이 성장 전반에서 지속적이고 체계적인 교육이 가능한 유일한 사람이다. 이것이 엄마가 평소 책을 읽고 아이들의 독서 교육에 관심을 가지고 적극적으로 매진해야 하는 이유다.

엄마가 아이를 믿어줄 때 아이는 잘 자란다. 아이가 스스로 잘할 수 있는 존재고 지금보다 더 크게 자랄 수 있는 가능성을 지닌 소중한 새싹이라는 믿음이 아이를 크게 자라게 한다. 아이에게 이래라 저래라 명령하고 짜놓은 틀에 맞춰 행동하게 하려는 엄마 밑에서 큰 아이들은 주눅 들어 있고 자기 혼자 판단할 줄 모른다. 하지만 아이의 잠재력을 믿어주는 엄마는 아이들을 자신감 있게 만들고 스스로 도전해 보려는 아이로 만든다.

책을 읽으면서 아이가 과연 자라날까 불안하고 걱정되어 계속 확인하려 하지 않아도 된다. 아이들이 책을 읽으며 스스로 생각하고 상상하며 잘 자라날 수 있는 존재라고 믿어야 한다. 아이들은 다양한 책 속에서 자신의 가지를 쑥쑥 뻗어나갈 것이다. 아이들의 가능성을 믿고 책을 통해 생각과 공감의 기회를 주어야 한다. 책의 힘은 강력하다. 그리고 아이들은 스스로 변화할 수 있는 무궁무진한 가능성을 가진 존재다.

엄마들의 눈에는 보이지 않지만 교사의 눈에는 보이는 것들이 있다. 아이들을 공부하게 하고 싶고 독서하게 만들고 싶다면 아이만 탓하지 말고 즐거움을 경험하도록 도와 주자. 독서를 하는 아이들은 학교에서 남다르다. 아이들이 수업 내용과 교사의 말을 잘 이해하고 아이들과 공감하는 대화를 할 줄 알며 자기표현을 확실히 할 줄 안다면 학교생활을 즐겁게 할 수 있을 것이고 이는 성공적인 학교생활로 이어질 것이다. 아이들에게 지대한 영향을 미칠 수 있는 존재로서 엄마가 아이에 대한 믿음을 가지고 흔들리지 않는 지도를 해 나갈 때 아이들은 지, 덕, 체가 조화롭게 발달된 균형 있는 사람으로 잘 자라날 수 있다. 또한 그 과정에서 엄마의 행복은 아이의 행복에 중요한 조건이다.

교사로서 보이는 것들이 엄청나고 새로운 사실은 아니지만 엄마들이 자주 잊고 있는 사실인 것 같다. 엄마와 아이가 행복할 수 있는 길,

내 아이가 성공적인 학교생활을 할 수 있는 비결은 엄마의 생각 속에 있다는 것을 잊지 말았으면 좋겠다. 교실에서 행복하게 웃는 아이의 모습을 항상 머릿속에 그린다. 작은 생각의 차이가 아이를 작게도, 크게도 키울 수 있다. 엄마가 바로 서자.

부록

초등독서 권장 도서

# 📖 초등 교과서 수록 도서

## 📚 1학년

### 1학년 1학기 국어-가 수록 작품

| 단원(쪽) | 제재 이름 | 지은이 | 책 정보 | 참고 |
|---|---|---|---|---|
| 2단원(33쪽) | 한글 민들레 | 권오삼 | 《라면 맛있게 먹는 법》, 문학동네, 2015 | |
| 4단원<br>(106쪽) | '리'자로 끝나는 말 | 윤석중 | 《깊은 산 속 옹달샘 누가 와서 먹나요》,<br>예림당, 1997 | |
| 4단원(110쪽) | 밤길 | 김종상 | 《어머니 무명 치마》, 창작과비평사, 1991 | |
| 4단원<br>(112~114쪽) | 이가 아파서 치과에<br>가요 | 한규호 | 《이가 아파서 치과에 가요》,<br>도서출판 받침없는동화, 2013 | |
| 5단원<br>(122~125쪽) | 인사할까, 말까? | 허은미 | 《인사할까, 말까?》, 웅진다책, 2011 | |

### 1학년 1학기 국어-나 수록 작품

| 단원(쪽) | 제재 이름 | 지은이 | 책 정보 | 참고 |
|---|---|---|---|---|
| 6단원<br>(162~165쪽) | 구름 놀이 | 한태희 | 《구름 놀이》, 아이세움, 2004 | |
| 6단원<br>(168쪽) | 동동 아기 오리<br>(원제목: 오리) | 권태응 | 《동동 아기 오리》, 다섯수레, 2011 | |
| 6단원(172쪽) | 른자동롬원 | 이안 | 《글자동물원》, 문학동네, 2015 | |
| 7단원(196쪽) | 좋겠다 | 서정숙 | 《아가 입은 앵두》, 보물창고, 2013 | |
| 8단원<br>(222~224쪽) | 강아지 복실이 | 한미호 | 《강아지 복실이》, 국민서관, 2012 | |

### 1학년 1학기 국어활동 수록 작품

| 단원(쪽) | 제재 이름 | 지은이 | 책 정보 | 참고 |
|---|---|---|---|---|
| 8단원<br>(85~87쪽) | 곰과 여우 | 안선모 | 《꿀 독에 빠진 여우》, 학원출판공사, 1998 | ' |

## 1학년 2학기 국어-가 수록 작품

| 단원(쪽) | 제재 이름 | 지은이 | 책 정보 | 참고 |
|---|---|---|---|---|
| 1단원(12~13쪽) | 발가락 | 이상교 | 《까르르 깔깔》, 미세기, 2015 | |
| 1단원 (24~27쪽) | 나는 책이 좋아요 | 앤서니 브라운 글, 공경희 옮김 | 《나는 책이 좋아요》, 웅진주니어, 2017 | |
| 4단원 (100쪽, 102쪽) | 딴생각하지 말고 귀 기울여 들어요 | 서보현 | 《딴 생각하지 말고 귀 기울여 들어요》, 상상스쿨, 2010 | 듣기 자료 |
| 4단원 (108~111쪽) | 콩 한 알과 송아지 | 한해숙 | 《콩 한 알과 송아지》, 애플트리태일즈, 2015 | |
| 5단원 (128~129쪽) | 너도 와 | 이준관 | 《1학년 동시교실》, 주니어김영사, 2016 | |
| 5단원 (132~136쪽) | 슬퍼하는 나무 | 이태준 | 《몰라쟁이 엄마》, 우리교육, 2002 | |

## 1학년 2학기 국어-나 수록 작품

| 단원(쪽) | 제재 이름 | 지은이 | 책 정보 | 참고 |
|---|---|---|---|---|
| 6단원 (156~159쪽) | 몽몽 숲의 박쥐 두 마리 | 이혜옥 | 《몽몽 숲의 박쥐 두 마리》, 한국차일드아카데미, 2013 | |
| 7단원 (175쪽) | 단원 도입 | 이현주 | 《도토리 삼 형제의 안녕하세요》, 길벗어린이, 2009 | |
| 7단원 (181~182쪽, 184쪽) | 소금을 만드는 맷돌 | 홍윤희 | 《소금을 만드는 맷돌》, 예림아이, 2012 | |
| 8단원 (222~227쪽) | 나는 자라요 | 김희경 | 《나는 자라요》, 창비, 2016 | |
| 10단원 (264~269쪽) | 숲속 재봉사 | 최향랑 | 《숲속 재봉사》, 창비, 2010 | |
| 10단원 (279쪽) | 되돌아보기 | 장선희 | 《엄마 내가 할래요!》, 장영, 2012 | |

## 1학년 2학기 국어활동 수록 작품

| 단원(쪽) | 제재 이름 | 지은이 | 책 정보 | 참고 |
|---|---|---|---|---|
| 2단원(14쪽) | 방귀 | 신현림 | 《초코파이 자전거》, 비룡소, 2007 | |

| 4단원<br>(32~47쪽) | 아빠가 아플 때 | 한라경 | 《아빠가 아플 때》, 리틀씨앤톡, 2016 | |
|---|---|---|---|---|
| 5학년<br>(48~49쪽) | 아침 | 김상련 | 《내 마음의 동시 1학년》, 계림북스, 2002 | |
| 8단원<br>(74~75쪽) | 표지판이 말을 해요 | 장석봉 | 《표지판이 말을 해요》, 웅진다책, 2008 | |
| 8단원<br>(77쪽) | 글 ㉯ | 서경석 | 《역사를 바꾼 위대한 알갱이, 씨앗》,<br>미래아이, 2013 | |
| 10단원<br>(82~85쪽,<br>87~89쪽,<br>91~93쪽,<br>95~97쪽) | 붉은 여우 아저씨 | 송정화 | 《붉은 여우 아저씨》, 시공주니어, 2015 | |

## 📚 2학년

### 2학년 1학기 국어-가 수록 작품

| 단원(쪽) | 제재 이름 | 지은이 | 책 정보 | 참고 |
|---|---|---|---|---|
| 1단원(7쪽) | 봄 | 윤동주 | 《윤동주 시집》, 범우사, 2015 | |
| 1단원(8쪽) | 다툰 날 | 오은영 | 《우산 쓴 지렁이》, 현암사, 2006 | |
| 1단원(13쪽) | 풀밭을 걸을 땐 | 이화주 | 《내 별 잘 있나요》, 상상의힘, 2013 | |
| 1단원(16쪽) | 잠자는 사자 | 김은영 | 《아니, 방귀 뽕나무》, 사계절출판사, 2015 | |
| 1단원(20쪽) | 치과에서 | 김시민 | 《아빠 얼굴이 더 빨갛다》, 리젬, 2010 | |
| 1단원<br>(22쪽) | 딱지 따먹기 | 강원식<br>(학생) | 《딱지 따먹기-아이들 시로 백창우가<br>만든 노래-》, 도서출판 보리, 2002 | |
| 2단원<br>(28~29쪽) | 아주 무서운 날 | 탕무니우 글,<br>홍연숙 옮김 | 《아주 무서운 날》, 찰리북, 2014 | |
| 3단원<br>(46~47쪽) | 단원 도입(원제목:<br>기분을 말해 봐요) | 디디에<br>레비 글,<br>장석훈 옮김 | 《기분을 말해봐요》,<br>도서출판 다림, 2016 | |
| 3단원<br>(52~55쪽) | 오늘 내 기분은…… | 메리앤 코카<br>-레플러 글,<br>김영미 옮김 | 《오늘 내 기분은……》, 키즈엠, 2015 | |

| 3단원<br>(58~61쪽) | 이름 짓기 가족회의 | 허윤 | 《내 꿈은 방울토마토 엄마》,<br>키위북스, 2014 | |
| 4단원<br>(72~73쪽) | 단원 도입(원제목:<br>어디까지 왔니) | 편해문 엮음 | 《께롱께롱 놀이 노래》,<br>도서출판 보리, 2008 | |
| 4단원<br>(74쪽) | 나물노래 | 신현득<br>엮음 | 《어린이가 정말 알아야 할 우리 전래 동요》,<br>현암사, 2007 | |
| 6단원<br>(128쪽, 130쪽) | 까만 아기 양 | 엘리자베스 쇼<br>글,<br>유동환 옮김 | 《까만 아기 양》,<br>도서출판 푸른그림책, 2006 | 듣기<br>자료 |

## 2학년 1학기 국어-나 수록 작품

| 단원(쪽) | 제재 이름 | 지은이 | 책 정보 | 참고 |
| --- | --- | --- | --- | --- |
| 9단원<br>(206~211쪽) | 선생님, 바보 의사<br>선생님 | 이상희 | 《선생님, 바보 의사 선생님》,<br>웅진주니어, 2006 | |
| 11단원<br>(242쪽) | 신기한 독 | 홍영우 | 《신기한 독》, 도서출판 보리, 2010 | 듣기<br>자료 |
| 11단원<br>(246~250쪽) | 욕심쟁이 딸기<br>아저씨 | 김유경 | 《욕심쟁이 딸기 아저씨》,<br>도시출판 노란돼지, 2012 | |
| 11단원<br>(254~261쪽) | 치과 의사 드소토<br>선생님 | 윌리엄<br>스타이그 글,<br>조은수 옮김 | 《치과 의사 드소토 선생님》,<br>비룡소, 1995 | |

## 2학년 1학기 국어활동 수록 작품

| 단원(쪽) | 제재 이름 | 지은이 | 책 정보 | 참고 |
| --- | --- | --- | --- | --- |
| 1단원(6쪽) | 강아지풀 | 이일숙 | 《짝 바꾸는 날》, 도토리숲, 2013 | |
| 1단원(7쪽) | 숨바꼭질하며 | 편해문 엮음 | 《동무동무 씨동무》, 창작과비평사, 1998 | |
| 1단원(9쪽) | 떡볶이 | 정두리 | 《우리 동네 이야기》, 푸른책들, 2013 | |
| 3단원<br>(20~30쪽) | 마음의 색깔<br>(원제목: 42가지<br>마음의 색깔) | 크리스티나<br>누녜스<br>페레이라,<br>라파엘R.<br>발카르셀 글,<br>남진희 옮김 | 《42가지 마음의 색깔》,<br>레드스톤, 2015 | |
| 6단원<br>(48쪽) | 그림 | 우리누리 | 《머리가 좋아지는 그림책-창의력편-》,<br>도서출판 파란하늘, 2007 | |

| 단원(쪽) | 제재 이름 | 지은이 | 책 정보 | 참고 |
|---|---|---|---|---|
| 8단원<br>(62~63쪽) | 집 안의 물 도둑을<br>잡아라 | 김소희 | 《내가 조금 불편하면 세상은 초록이 돼요》,<br>토토북, 2009 | |
| 10단원<br>(74~75쪽) | 다른 사람을 기분<br>좋게 하는 말도 있어! | 테드 오닐,<br>제니 오닐 글,<br>노은정 옮김 | 《내가 도와줄게》, 비룡소, 2003 | |
| 11단원<br>(78~93쪽) | 7년 동안의 잠 | 박완서 | 《7년 동안의 잠》, 작가정신, 2015 | |

## 2학년 2학기 국어-가 수록 작품

| 단원(쪽) | 제재 이름 | 지은이 | 책 정보 | 참고 |
|---|---|---|---|---|
| 1단원(8쪽) | 수박씨 | 최명란 | 《수박씨》, 창비, 2008 | |
| 1단원(12~13쪽) | 풀이래요 | 손동연 | 《참 좋은 짝》, 푸른책들, 2004 | |
| 1단원(16쪽) | 허수아비 | 이기철 | 《나무는 즐거워》, 비룡소, 2007 | |
| 1단원(18~22쪽) | 훨훨 간다 | 권정생 | 《훨훨 간다》, 국민서관, 2003 | |
| 1단원<br>(26~30쪽) | 형이 형인 까닭은 | 선안나 | 《김용택 선생님이 챙겨 주신 1학년<br>책가방 동화》, 파랑새, 2003 | |
| 3단원<br>(66쪽) | 나는 누구일까? | 위기철 | 《신발 속에 사는 악어》,<br>사계절출판사, 2015 | |
| 4단원<br>(89쪽,<br>112~115쪽) | 아홉 살 마음사전 | 박성우 | 《아홉 살 마음사전》 | |
| 4단원<br>(90~92쪽,<br>94~97쪽) | 신발 신은 강아지 | 고상미 | 《신발 신은 강아지》, 스콜라, 2016 | |
| 4단원<br>(100~103쪽,<br>106~109쪽) | 크록텔레 가족 | 파트리시아<br>베르비 글,<br>양진희 옮김 | 《크록텔레 가족》, 교학사, 2002 | |
| 5단원(119쪽) | 다람다람 다람쥐 | 박목월 | 《산새알 물새알》, 푸른책들, 2016 | |
| 5단원<br>(120~121쪽) | 팝콘 | 한영우<br>(학생) 글,<br>박선미 엮음 | 《저 풀도 춥겠다》, 도서출판 보리, 2017 | |
| 5단원<br>(122쪽) | 참 좋은 말 | 김완기 | 《유치원 인기 동요 BEST50》,<br>웅진주니어, 2014 | |
| 5단원<br>(128쪽) | 나만 보면 | 이송현 | 《호주머니 속 알사탕》,<br>문학과지성사, 2011 | |

## 2학년 2학기 국어-나 수록 작품

| 단원(쪽) | 제재 이름 | 지은이 | 책 정보 | 참고 |
|---|---|---|---|---|
| 7단원<br>(178~180쪽) | 개미집에 간 콩이<br>(원제목: 옆집에<br>놀러 간 콩이) | 천효정 | 《콩이네 옆집이 수상하다!》,<br>문학동네, 2016 | |
| 7단원<br>(182쪽) | 거인의 정원 | 오스카 와일드<br>글,<br>한상남 옮김 | 《거인의 정원》, 씽크하우스, 2007 | 듣기<br>자료 |
| 7단원<br>(186쪽) | 쇠붙이를 먹는<br>불가사리(원제목:<br>불가사리를 기억해) | 유영소 | 《불가사리를 기억해》,<br>사계절출판사, 2009 | 듣기<br>자료 |
| 7단원<br>(190~193쪽) | 쇠붙이를 먹는<br>불가사리(원제목:<br>불가사리를 기억해) | 유영소 | 《불가사리를 기억해》,<br>사계절출판사, 2009 | |
| 7단원<br>(196~198쪽) | 종이 봉지 공주 | 로버트 먼치<br>글,<br>김태희 옮김 | 《종이 봉지 공주》, 비룡소, 1998 | |
| 9단원<br>(236~237쪽) | 숲은 돈을 주고도<br>살 수 없어요<br>(원제목: 숲을 돈과<br>바꾸기는 힘들어요) | 김남길 | 《나무들이 재잘거리는 숲 이야기》,<br>풀과바람, 2014 | |
| 10단원<br>(252~255쪽) | 막내 기러기의<br>첫 여행 | 류호선 | 《언제나 칭찬》, 사계절출판사, 2017 | |
| 11단원<br>(289~293쪽) | 팥죽 할머니와<br>호랑이(원제목: 팥죽<br>할멈과 호랑이) | 박윤규 | 《팥죽 할멈과 호랑이》,<br>시공주니어, 2006 | |

## 📚 3학년

### 3학년 1학기 국어-가 수록 작품

| 단원(쪽) | 제재 이름 | 지은이 | 책 정보 | 참고 |
|---|---|---|---|---|
| 독서 단원<br>(19쪽) | 곱구나! 우리 장신구 | 박세경 | 《곱구나! 우리 장신구》, 한솔수북, 2014 | |
| 독서 단원<br>(21쪽) | 밤송이 형님 | 박민호 | 《소똥 밟은 호랑이》, 영림카디널, 2008 | |

| 1단원<br>(31쪽) | 봄의 길목에서 | 우남희 | 《너라면 가만있겠니?》, 청개구리, 2014 | |
|---|---|---|---|---|
| 1단원<br>(36쪽) | 소나기 | 오순택 | 《꽃 발걸음 소리》, 아침마중, 2016 | |
| 1단원<br>(38~39쪽) | 공 튀는 소리 | 신형건 | 《아! 깜짝 놀라는 소리》, 푸른책들, 2016 | |
| 1단원<br>(40~47쪽) | 바삭바삭 갈매기 | 전민걸 | 《바삭바삭 갈매기》, 한림출판사, 2014 | |
| 1단원<br>(50~57쪽,<br>59쪽) | 으악, 도깨비다! | 손정원 | 《으악, 도깨비다!》, 느림보, 2002 | |
| 1단원<br>(62쪽) | 강아지풀 | 강현호 | 《바람의 보물찾기》, 청개구리, 2011 | |
| 1단원<br>(64쪽) | 아기 고래 | 김륭 | 《삐뽀삐뽀 눈물이 달려온다》,<br>문학동네, 2012 | |
| 4단원<br>(126쪽) | 1번 글(원제목:<br>리디아의 정원) | 사라<br>스튜어트 글,<br>이복희 옮김 | 《리디아의 정원》, 시공주니어, 1998 | |
| 5단원<br>(146~147쪽) | 민화<br>(원제목: 민화와<br>불화의 매력 | 장세현 | 《한 눈에 반한 우리 미술관》,<br>사계절출판사, 2012 | |
| 5단원<br>(152~153쪽) | 플랑크톤이란? | 김종문 | 《플랑크톤의 비밀》, 예림당, 2015 | |

## 3학년 1학기 국어-나 수록 작품

| 단원(쪽) | 제재 이름 | 지은이 | 책 정보 | 참고 |
|---|---|---|---|---|
| 6단원<br>(170~171쪽) | 쓰레기 정거장 | 영등포구청 | 《꿈나무 영등포》 제16호, 영등포구청, 2016 | |
| 6단원<br>(174쪽) | 행복한 짹짹콩콩이 | 박성배 | 《행복의 비밀 하나》, 푸른 책들, 2012 | 듣기<br>자료 |
| 7단원<br>(203~204쪽) | 먹을 수 있는 꽃 요리 | 오주영 | 《명절 속에 숨은 우리 과학》,<br>시공주니어, 2009 | |
| 8단원<br>(220~223쪽) | 아씨방 일곱 동무 | 이영경 | 《아씨방 일곱 동무》, 비룡소, 1998 | |
| 9단원<br>(242쪽) | 다람쥐는 왜 쉬지<br>않고 딱딱한 걸<br>갉아댈까요? | 왕입분 | 《개구쟁이 수달은 무얼 하며 놀까요?》,<br>재능아카데미, 2006 | |

| 단원(쪽) | 제재 이름 | 지은이 | 책 정보 | 참고 |
|---|---|---|---|---|
| 9단원<br>(246~247쪽) | 프린들 주세요 | 앤드루<br>클레먼츠 글,<br>햇살과 나무꾼<br>옮김 | 《프린들 주세요》, 사계절출판사, 2001 | |
| 9단원<br>(250~251쪽) | 반딧불이 | 김태우,<br>함윤미 | 《알고 보면 더 재미있는 곤충 이야기》,<br>뜨인돌어린이, 2006 | |
| 9단원<br>(262쪽) | 지진 발생 시 장소별<br>행동 요령 | | 행정안전부 누리집<br>(http://www.mois.go.kr) | |
| 10단원(267쪽) | 구름 | 이일숙 | 《짝 바꾸는 날》, 도토리숲, 2017 | |
| 10단원<br>(272~273쪽) | 빗길 | 성명진 | 《축구부에 들고 싶다》, 창비, 2011 | |
| 10단원(276쪽) | 그냥 놔두세요 | 이준관 | 《쥐눈이콩은 기죽지 않아》, 문학동네, 2017 | |
| 10단원<br>(279~283쪽,<br>285쪽) | 만복이네 떡집 | 김리리 | 《만복이네 떡집》, 비룡소, 2010 | |

## 3학년 1학기 국어활동 수록 작품

| 단원(쪽) | 제재 이름 | 지은이 | 책 정보 | 참고 |
|---|---|---|---|---|
| 1단원(6쪽) | 산 샘물 | 권태응 | 《감자꽃》, 보물창고, 2014 | |
| 1단원(8~13쪽) | 귀신보다 더 무서워 | 허은순 | 《귀신보다 더 무서워》, 도서출판보리, 2013 | |
| 3단원<br>(24~30쪽, 32쪽,<br>34~36쪽) | 반말 왕자님 | 강민경 | 《아드님, 진지 드세요》, 좋은책어린이, 2011 | |
| 4단원<br>(40~41쪽) | 리디아의 정원 | 사라 스튜어트<br>글,<br>이복희 옮김 | 《리디아의 정원》, 시공주니어, 1998 | |
| 6단원<br>(54~57쪽) | 나는야 우리말 탐정! | 허정숙 | 《다달이 나오는 어린이 잡지 개똥이네<br>놀이터》 2014년 3월 호(통권 100호),<br>도서출판보리, 2014 | |
| 7단원<br>(62~63쪽) | 선물상자 포장하기 | 종이나라<br>편집부 | 《종이접기 백선5》, 종이나라, 1999 | |
| 8단원<br>(66~67쪽) | 먹보 다람쥐의<br>도토리 재판 | 서정오 | 《도토리 신랑》, 도서출판 보리, 2007 | |
| 9단원<br>(72~73쪽) | 담쟁이덩굴은 뿌리<br>덕분에 벽에 잘<br>달라붙는다? | 김진옥 | 《씨앗부터 나무까지 식물이 좋아지는<br>식물책》, 다른세상, 2011 | |

| 9단원<br>(74~75쪽,<br>77쪽) | 세상에서 가장 겁<br>많은 고양이 미요 | 임정자 | 《하루와 미요》, 문학동네, 2014 | |
| 10단원<br>(80~81쪽) | 동주의 개 | 남호섭 | 《타임캡슐 속의 필통》, 창비, 2013 | |
| 10단원<br>(82~84쪽,<br>87~88쪽,<br>90~96쪽,<br>98쪽, 100쪽,<br>102쪽) | 바위나리와 아기별 | 마해송 | 《바위나라와 아기별》, 길벗어린이, 1998 | |

## 3학년 2학기 국어-가 수록 작품

| 단원(쪽) | 제재 이름 | 지은이 | 책 정보 | 참고 |
|---|---|---|---|---|
| 1단원<br>(48~57쪽) | 거인 부벨라와<br>지렁이 친구 | 샘 차일즈 | 《거인 부벨라와 지렁이 친구》,<br>주니어RHK, 2016 | |
| 2단원<br>(69쪽) | 줄넘기(원제목: 꼬마야<br>꼬마야, 줄넘기) | 서해경 | 《들썩들썩 우리 놀이 한마당》,<br>현암사, 2012 | 듣기<br>자료 |
| 4단원<br>(121쪽) | 공을 차다가 | 이정환 | 《어쩌면 저기 저 나무에만 둥지를<br>틀었을까》, 만인사, 2000 | |
| 4단원<br>(126~127쪽) | 감기 | 정유경 | 《까불고 싶은 날》, 창비, 2010 | |
| 4단원<br>(131쪽) | 지구도 대답해<br>주는구나 | 박행신 | 《눈 코 귀 입 손!》, 위즈덤북, 2009 | |
| 4단원<br>(134~136쪽,<br>138~141쪽,<br>143~144쪽) | 진짜 투명 인간 | 레미<br>쿠르종 글,<br>이정주 옮김 | 《진짜 투명 인간》, 씨드북, 2015 | |
| 4단원<br>(150쪽) | 천둥소리 | 유강희 | 《지렁이 일기 예보》, 비룡소, 2013 | |
| 4단원<br>(155쪽) | 팝콘 | 신유진(학생) | 《내 입은 불량 입》, 크레용하우스, 2013 | |

## 3학년 2학기 국어-나 수록 작품

| 단원(쪽) | 제재 이름 | 지은이 | 책 정보 | 참고 |
|---|---|---|---|---|
| 6단원<br>(196~201쪽) | 꼴찌라도 괜찮아! | 유계영 | 《꼴찌라도 괜찮아!》, 휴이넘, 2010 | |

| 단원(쪽) | 제재 이름 | 지은이 | 책 정보 | 참고 |
|---|---|---|---|---|
| 7단원<br>(218~221쪽,<br>23쪽,<br>225~226쪽) | 온 세상 국기가<br>펄럭펄럭 | 서정훈 | 《온 세상 국기가 펄럭펄럭》,<br>웅진주니어, 2010 | |
| 8단원<br>(240~243쪽) | 베짱베짱 베 짜는<br>베짱이 | 임혜령 | 《이야기 할아버지의 이상한 밤》,<br>한림출판사, 2012 | |
| 9단원<br>(272~275쪽) | 대단한 줄다리기 | 베벌리<br>나이두 글,<br>강미라 옮김 | 《무툴라는 못 말려!》, 국민서관, 2018 | |
| 9단원<br>(278~281쪽,<br>284~285쪽) | 토끼의 재판 | 방정환 | 《어린이》 제1권 제10호, 1923 | |

## 3학년 2학기 국어활동 수록 작품

| 단원(쪽) | 제재 이름 | 지은이 | 책 정보 | 참고 |
|---|---|---|---|---|
| 1단원<br>(6~16쪽) | 주인 찾기 대작전 | 남동윤 | 《귀신 선생님과 진짜 아이들》,<br>사계절출판사, 2014 | |
| 2단원<br>(22~24쪽) | 과일, 알고 먹으면<br>더 좋아요<br>(원제목: 우리는 어떤<br>과일을 먹을까요?) | 윤구병 기획,<br>보리 글 | 《가자, 달팽이 과학관》,<br>도서출판 보리, 2012 | |
| 2단원<br>(26~27쪽) | 축복을 전해 주는 참새 | 고연희 | 《꽃과 새, 선비의 마음》, 보림출판사, 2014 | |
| 4단원<br>(42~26쪽, 48쪽,<br>50~51쪽, 53쪽) | 별난 양반 이 선달<br>표류기 | 김기정 | 《별난 양반 이 선달 표류기1》,<br>웅진주니어, 2008 | |
| 6단원<br>(62~63쪽) | 1번 활동 | 알리키 브란덴<br>베르크 글,<br>정선심 옮김 | 《알리키 인성 교육1: 감정》,<br>미래아이, 2002 | |
| 7단원<br>(68~73쪽,<br>75~77쪽) | 산꼭대기에 열차가? | 김대조 | 《아인슈타인 아저씨네 탐정 사무소》,<br>주니어김영사, 2015 | |
| 8단원<br>(84~94쪽) | 숨 쉬는 도시 쿠리치바<br>(원제목: 숨 쉬는 도시<br>꾸리찌바) | 안순혜 | 《숨 쉬는 도시 꾸리찌바》,<br>파란자전거, 2004 | |
| 9단원<br>(104~107쪽,<br>109쪽,<br>111~112쪽) | 눈 | 박웅현 | 《눈》, 베틀북, 2001 | |

## 📚 4학년

### 4학년 1학기 국어-가 수록 작품

| 단원(쪽) | 제재 이름 | 지은이 | 책 정보 | 참고 |
|---------|---------|-------|--------|------|
| 독서 단원<br>(18~19쪽) | 멋져 부러,<br>세발자전거 | 김남중 | 《멋져 부러, 세발자전거》, 낮은산, 2013 | |
| 독서 단원<br>(21쪽) | 산 | 전영우 | 《산》, 웅진닷컴, 2003 | |
| 1단원(31쪽) | 아침이 오는 이유 | 김자연 | 《동시마중》 제31호, 2015 | |
| 1단원(34쪽) | 꽃씨 | 김완기 | 《100살 동시 내 친구》, 청개구리, 2008 | |
| 1단원<br>(36~37쪽) | 등 굽은 나무 | 김철순 | 《사과의 길》, 문학동네, 2014 | |
| 1단원<br>(40~44쪽) | 가훈 속에 담긴 뜻<br>(원제목: 사방 백 리<br>안에 굶어 주는<br>사람이 없게 하라) | 조은정 | 《최씨 부자 이야기》, 여원미디어, 2008 | |
| 1단원<br>(46~48쪽) | 의심 | 현덕 | 《나비를 잡는 아버지》, 효리원, 2015 | |
| 1단원<br>(52~60쪽) | 가끔씩 비 오는 날 | 이가을 | 《가끔씩 비 오는 날》, 창비, 1998 | |
| 1단원(63쪽) | 어느새 | 장승련 | 《우산 속 둘이서》, 21문학과문화, 2004 | |
| 2단원<br>(70~72쪽) | 동물이 내는 소리 | 문희숙 | 《맛있는 과학-6.소리와 파동》,<br>주니어김영사, 2011 | |
| 2단원<br>(75~79쪽,<br>81쪽) | 나무 그늘을 산 총각 | 권규헌 | 《나무 그늘을 산 총각》,<br>꿈꾸는 꼬리연, 2014 | |
| 3단원<br>(98~99쪽,<br>102~103쪽) | 돈을 왜 만들었을까?<br>(원제목: 돈은 왜<br>생겼을까?),돈의 재료 | 김성호 | 《경제의 핏줄, 화폐》, 미래아이, 2013 | |
| 3단원<br>(106~107쪽) | 생태 마을 보봉 | 김영숙 | 《무지개 도시를 만드는 초록 슈퍼맨》,<br>스콜라, 2015 | |
| 4단원<br>(124~127쪽) | 묵직한 수박 위로<br>나비가 훨훨! | 이광표 | 《조선 사람들의 소망이 담겨 있는 신사임당<br>갤러리》, 도서출판 그린북, 2016 | |
| 4단원<br>(137쪽) | 되돌아보기 | 남궁담 | 《지붕이 들려주는 건축 이야기》,<br>현암주니어, 2016 | |
| 5단원<br>(144~146쪽) | 까마귀와 감나무<br>(원제목: 황금 감나무) | 김기태 엮음 | 《쩌우 까우 이야기》, 창작과비평사, 1991 | |

| 단원(쪽) | 제재 이름 | 지은이 | 책 정보 | 참고 |
|---|---|---|---|---|
| 5단원<br>(150~153쪽,<br>155쪽) | 아름다운 꼴찌 | 이철환 | 《아름다운 꼴찌》, 알에이치코리아, 2014 | |
| 5단원<br>(156~159쪽) | 초록 고양이 | 위기철 | 《초록 고양이》, 사계절출판사, 2016 | |

## 4학년 1학기 국어-나 수록 작품

| 단원(쪽) | 제재 이름 | 지은이 | 책 정보 | 참고 |
|---|---|---|---|---|
| 7단원<br>(199~200쪽) | 최첨단 과학, 종이 | 김해보,<br>정원선 | 《알고 보니 내 생활이 다 과학!》,<br>예림당, 2013 | |
| 7단원<br>(202~203쪽) | 수아의 봉사 활동<br>(원제목: 수아의 일기) | 고수산나 | 《콩 한 쪽도 나누어요》, 열다출판사, 2014 | |
| 7단원<br>(212~215쪽) | 동물 속에 인간이<br>보여요 | 최재천 | 《생명, 알면 사랑하게 되지요》,<br>더큰아이, 2015 | |
| 9단원<br>(254~256쪽) | 훈민정음의 탄생 | 이은서 | 《세종대왕, 세계 최고의 문자를<br>발명하다》, 보물창고, 2014 | |
| 9단원<br>(258~261쪽) | 한글이 위대한 이유 | 박영순 | 《세계 속의 한글》, 박이정출판사, 2008 | |
| 9단원<br>(264~267쪽) | 주시경 | 이은정 | 《주시경》, 비룡소, 2012 | |
| 10단원<br>(280~282쪽,<br>284~285쪽) | 수업 시간에<br>(원제목: 발표하는 게<br>무서워요) | 박현진 | 《나 좀 내버려 둬》, 길벗어린이, 2011 | |
| 10단원<br>(286~291쪽) | 두근두근 탐험대 | 김홍모 | 《두근두근 탐험대-1부 모험의 시작》,<br>도서출판 보리, 2008 | |
| 10단원<br>(298~299쪽) | 놓지 마 | 홍승우 | 《비빔툰9-끝은 또 다른 시작》,<br>문학과지성사, 2012 | |

## 4학년 1학기 국어활동 수록 작품

| 단원(쪽) | 제재 이름 | 지은이 | 책 정보 | 참고 |
|---|---|---|---|---|
| 1단원<br>(6~7쪽) | 내 맘처럼 | 최종득 | 《내 맘처럼》, 열린어린이, 2017 | |
| 1단원<br>(8~20쪽, 22쪽) | 할아버지와 보청기 | 윤수천 | 《고래를 그리는 아이》, 시공주니어, 2011 | |
| 1단원<br>(24~25쪽) | 수사슴의 뿔과 다리 | 이솝 원작,<br>차보금 엮음 | 《이솝이야기》, 아이즐, 2012 | |

| 2단원<br>(30~39쪽) | 꽃신 | 윤아해 | 《꽃신》, 사파리, 2010 | |
|---|---|---|---|---|
| 3단원<br>(44~45쪽) | 안전하게 계단<br>오르내리기 | 이성률 | 《아는 길도 물어 가는 안전 백과》,<br>풀과바람, 2016 | |
| 5단원<br>(54~57쪽) | 신기한 그림 족자 | 이영경 | 《신기한 그림 족자》, 비룡소, 2002 | |
| 7단원<br>(64~70쪽) | 영국 노팅힐 축제 | 유경숙 | 《놀면서 배우는 세계 축제1》,<br>꿈꾸는꼬리연, 2013 | |
| 7단원<br>(72~77쪽) | 가을이네 장 담그기 | 이규희 | 《가을이네 장 담그기》, 책읽는곰, 2008 | |

## 4학년 2학기 국어-가 수록 작품

| 단원(쪽) | 제재 이름 | 지은이 | 책 정보 | 참고 |
|---|---|---|---|---|
| 독서 단원<br>(19쪽) | 《오세암》 머리말 | 정채봉 | 《오세암》, 창비, 2006 | |
| 2단원<br>(60~61쪽) | 단원 도입 | 박은정 | 《매일매일 힘을 주는 말》,<br>도서출판 개암나무, 2016 | |
| 2단원<br>(70~71쪽) | 안창호의 편지 | 오주영 엮음 | 《세상에서 가장 유명한 위인들의 편지》,<br>채우리, 2014 | |
| 4단원<br>(116~124쪽) | 사라, 버스를 타다 | 윌리엄 밀러<br>글,<br>박찬석 옮김 | 《사라, 버스를 타다》,<br>사계절출판사, 2004 | |
| 4단원<br>(128~133쪽) | 우진이는 정말 멋져! | 강정연 | 《콩닥콩닥 짝 바꾸는 날》,<br>시공주니어, 2009 | |
| 4단원<br>(137~143쪽) | 젓가락 달인 | 유타루 | 《젓가락 달인》, 바람의 아이들, 2014 | |

## 4학년 2학기 국어-나 수록 작품

| 단원(쪽) | 제재 이름 | 지은이 | 책 정보 | 참고 |
|---|---|---|---|---|
| 6단원<br>(190~194쪽) | 김만덕 | 신현배 | 《5000년 한국 여성 위인전1》,<br>홍진피앤엠, 2007 | |
| 6단원<br>(196~199쪽) | 정약용 | 김은미 | 《정약용》, 비룡소, 2010 | |
| 6단원<br>(202~208쪽) | 헬렌 켈러(원제목: 사<br>흘만 볼 수 있다면 그<br>리고 헬렌 켈러 이야기) | 신여명 | 《사흘만 볼 수 있다면 그리고 헬렌 켈러<br>이야기》, 두레아이들, 2013 | |

| 7단원<br>(226~230쪽) | 어머니의 이슬 털이 | 이순원 | 《어머니의 이슬 털이》, 북극곰, 2013 | |
|---|---|---|---|---|
| 7단원<br>(240~244쪽) | 투발루에게 수영을<br>가르칠 걸 그랬어! | 유다정 | 《투발루에게 수영을 가르칠 걸 그랬어!》,<br>미래아이, 2008 | |
| 9단원<br>(277쪽) | 군밤 | 박방희 | 《우리 속에 울이 있다》, 푸른책들, 2018 | |
| 9단원<br>(278~279쪽) | 온통 비행기 | 김개미 | 《쉬는 시간에 똥 싸기 싫어》, 토토북, 2017 | |
| 9단원<br>(282~283쪽) | 지하 주차장 | 김현욱 | 《지각 중계석》, 문학동네, 2015 | |
| 9단원<br>(290~292쪽) | 멸치 대왕의 꿈 | 천미진 | 《멸치 대왕의 꿈》, 도서출판 키즈엠, 2015 | |

## 4학년 2학기 국어활동 수록 작품

| 단원(쪽) | 제재 이름 | 지은이 | 책 정보 | 참고 |
|---|---|---|---|---|
| 2단원<br>(14~15쪽) | 좋은 사람과 사귀려면<br>좋은 인생을 주어라 | 필립<br>체스터필드<br>글,<br>박은호 엮음 | 《아들아, 너는 미래를 이렇게 준비하렴》,<br>도서출판 글고은, 2006 | |
| 4단원<br>(24~30쪽) | 주인 잃은 옷 | 원유순 | 《100년 후에도 읽고 싶은 한국 명작<br>동화 II》, 예림당, 2015 | |
| 4단원<br>(32~39쪽) | 비 오는 날<br>(원제목: 초코파이) | 김자연 | 《두고두고 읽고 싶은 한국 대표 창작<br>동화 3》, 계림북스, 2006 | |
| 5단원<br>(44~46쪽) | 함께 사는 다문화,<br>왜 중요할까요? | 홍명진 | 《함께 사는 다문화 왜 중요할까요?》,<br>나무생각, 2012 | |
| 6단원<br>(48~50쪽) | 임금님을 공부시킨<br>책벌레 | 마술연필 | 《우리 조상들은 얼마나 책을 좋아했을까?》,<br>보물창고, 2015 | |
| 6단원<br>(51~55쪽) | 시인 허난설헌<br>(원제목: 글방 동무) | 장성자 | 《초희의 글방 동무》,<br>도서출판 개암나무, 2014 | |
| 6단원<br>(56쪽) | 중국에서 먼저 주목<br>받은 《난설헌집》 | 장성자 | 《초희의 글방 동무》,<br>도서출판 개암나무, 2014 | |
| 7단원<br>(60~70쪽) | 멋진 사냥꾼 잠자리 | 안은영 | 《멋진 사냥꾼 잠자리》, 길벗어린이, 2005 | |
| 8단원<br>(74~76쪽,<br>79~87쪽) | 자유가 뭐예요? | 오스카 브르니<br>피에 글,<br>양진희 옮김 | 《자유가 뭐예요?》, 상수리, 2008 | |

| 단원(쪽) | 제재 이름 | 지은이 | 책 정보 | 참고 |
|---|---|---|---|---|
| 9단원<br>(90~91쪽) | 제기차기 | 김형경 | 《고학년을 위한 동요 동시집》,<br>상서각, 2008 | |
| 9단원<br>(92~98쪽,<br>100~107쪽) | 기찬 딸 | 김진완 | 《기찬 딸》, 시공주니어, 2011 | |

## ▤ 5학년

### 5학년 1학기 국어-가 수록 작품

| 단원(쪽) | 제재 이름 | 지은이 | 책 정보 | 참고 |
|---|---|---|---|---|
| 1단원(7쪽) | 종우 화분 | 김하루 | 《근데 너 왜 울어?》, 상상의 힘, 2011 | |
| 1단원(8쪽) | 함께 쓰는 우산 | 박방희 | 《참 좋은 풍경》, 청개구리, 2012 | |
| 1단원<br>(10~17쪽) | 옹고집전 | 이지원 엮음 | 《우리나라 대표 고전 소설》,<br>계림닷컴, 2004 | |
| 1단원<br>(19~28쪽) | 동생 만들기 대작전 | 김다미 | 《날 좀 내버려 둬》, 푸른책들, 2009 | |
| 1단원<br>(31~40쪽) | 일곱 발, 열아홉 발 | 김해우 | 《일곱 발, 열아홉 발》, 푸른책들, 2015 | |
| 3단원<br>(72~29쪽) | 우정에 대하여<br>(원제목: 아들과 함께<br>걷는 길) | 이순원 | 《아들과 함께 걷는 길》, 해냄출판사, 2002 | |
| 4단원<br>(84~85쪽) | 걷는 법 | 진복희 | 《별표 아빠》, 도서출판 아동문학평론, 2011 | |
| 4단원<br>(86~87쪽) | 몽돌 | 김금래 | 《큰 바위 아저씨》, 섬아이, 2011 | |
| 4단원(88쪽) | 몽돌 | 전병호 | 《봄으로 가는 버스》, 푸른책들, 2009 | |
| 4단원<br>(90~91쪽) | 모서리 | 이혜영 | 《섬진강 작은 학교 김용택 선생님이<br>챙겨 주신 고학년 책가방 동시》,<br>파랑새, 2011 | |
| 4단원<br>(94쪽) | 곤충 친구들에게 | 김비다 | 《소똥 경단이 최고야》, 창비, 2009 | |
| 4단원(95쪽) | 답장 | 최신영 | 《빗방울의 난타 공연》, 아동문예, 2014 | |
| 4단원<br>(96~97쪽) | 뒷걸음질 | 남진원 | 《톨스토이 태교동시》, 처음주니어, 2012 | |
| 4단원<br>(100~101쪽) | 분수 | 이상교 | 《예쁘다고 말해 줘》, 문학동네, 2014 | |

| 단원(쪽) | 제재 이름 | 지은이 | 책 정보 | 참고 |
|---|---|---|---|---|
| 5단원<br>(108쪽) | 순수하고 자연스러운 겨레의 노래, 민요 | 안종란 외 | 《주니어 라이브러리 음악》, 교원, 2006 | |
| 6단원<br>(129~130쪽) | '신의 손'을 만든 말 | 박필 | 《당신의 말이 행복을 만든다》,<br>제네시스21, 2003 | |

## 5학년 1학기 국어활동-가 수록 작품

| 단원(쪽) | 제재 이름 | 지은이 | 책 정보 | 참고 |
|---|---|---|---|---|
| 1단원<br>(12~19쪽) | 놀부전 | 고성욱 | 《고성욱 선생님의 초등 논술 X파일》,<br>대교방송, 1998 | |
| 2단원<br>(30~55쪽) | 찍찍이의 만화 영화 만들기 | 안종혁 | 《찍찍이의 만화 영화 만들기》,<br>웅진다책, 2008 | |
| 2단원(59쪽) | 특별한 낱말 사전 | 채인선 | 《아름다운 가치 사전》, 한울림어린이, 2012 | |
| 3단원<br>(66~71쪽) | 깽깽이꾼 이야기 | 김기정 | 《조선에서 가장 재미난 이야기꾼》,<br>비룡소, 2013 | |
| 4단원(82쪽) | 작은 것들 | 전원범 | 《짧은 동시 긴 생각 1》, 효리원, 2010 | |
| 4단원<br>(84~85쪽) | 나도 모르는 나 | 금해랑 | 《나도 모르는 내가》, 상상의 힘, 2011 | |
| 4단원(89쪽) | 어떻게 해결할까 | 박광수 | 《광수 광수씨 광수놈》, 홍익출판사, 2010 | |
| 5단원<br>(96~103쪽) | 지구는 우리가 관리할게 | 박동석 | 《세계를 움직이는 국제기구》,<br>꿈꾸는꼬리연, 2013 | |
| 6단원<br>(114~117쪽) | 최고의 경영자<br>(원제목: 최고의 CEO 이야기) | 장젠펑 글,<br>임국화 옮김 | 《세계 유명인의 인생을 바꾸어 놓은<br>결정적인 말 한마디》, 이코노믹북스, 2010 | |

## 5학년 1학기 국어-나 수록 작품

| 단원(쪽) | 제재 이름 | 지은이 | 책 정보 | 참고 |
|---|---|---|---|---|
| 7단원<br>(156~157쪽) | 아이들에게 | 박지원 글,<br>박희병 옮김 | 《고추장 작은 단지를 보내니》,<br>돌베개, 2010 | |
| 7단원<br>(160~169쪽) | 꿈을 나르는 책 아주머니 | 헤더 헨슨 글,<br>김경미 옮김 | 《꿈을 나르는 책 아주머니》, 비룡소, 2013 | |
| 7단원<br>(179~189쪽) | 니 꿈은 뭐이가? | 박은정 | 《비행사 권기옥 이야기, 니 꿈은 뭐이가?》,<br>웅진주니어, 2013 | |
| 8단원<br>(200~210쪽) | 갈매기에게 나는 법을 가르쳐 준 고양이 | 루이스 세풀베다 글,<br>유왕무 옮김 | 《갈매기에게 나는 법을 가르쳐 준 고양이》,<br>바다출판사, 2011 | |

| 단원(쪽) | 제재 이름 | 지은이 | 책 정보 | |
|---|---|---|---|---|
| 9단원(218쪽) | 아름다운 이별 | 이철환 | 《연탄길》, 알에이치코리아, 2013 | |
| 9단원<br>(225~232쪽) | 해 기우는 서쪽 창 | 이영서 | 《책과 노니는 집》, 문학동네, 2010 | |
| 9단원<br>(233~237쪽) | 먹기 싫은 것 먹고,<br>입기 싫은 옷 입고,<br>하기 싫은 일 하고 | 신현배 | 《아름다운 부자 이야기》,<br>현문미디어, 2009 | |
| 11단원<br>(263~266쪽) | 숭례문 | 서찬석 | 《숭례문》, 미래아이, 2012 | |
| 11단원<br>(270~271쪽) | 문화재 보호 | | 《글짓기는 가나다-논설문》,<br>자유지성사, 1999 | |
| 11단원<br>(274~275쪽) | 녹둔도 | 이왕무 | 《조선 시대 녹둔도의 역사와 영역 변화》,<br>한국학중앙연구원, 2011 | |
| 11단원<br>(282~283쪽) | 철새 | | 《글짓기는 가나다-설명문》,<br>자유지성사, 1999 | |
| 12단원<br>(294쪽) | 딱정벌레 | 김용택 | 《너 내가 그럴 줄 알았어》, 창비, 2008 | |
| 12단원<br>(299~308쪽) | 늑대가 들려주는<br>아기 돼지 삼 형제<br>이야기 | 레인 스미스 | 《늑대가 들려주는 아기 돼지 삼 형제<br>이야기》, 보림출판사, 2008 | |
| 12단원<br>(310~313쪽) | 빨강 연필 | 신수현 | 《빨강 연필》, 비룡소, 2013 | |

## 5학년 1학기 국어활동-나 수록 작품

| 단원(쪽) | 제재 이름 | 지은이 | 책 정보 | 참고 |
|---|---|---|---|---|
| 7단원<br>(156~165쪽) | 꽃들에게 희망을 | 트리나<br>폴러스 글,<br>김석희 옮김 | 《꽃들에게 희망을》, 시공주니어, 2013 | |
| 8단원<br>(178~181쪽) | 한국의 김치 이야기 | 이영란 | 《한국의 김치 이야기》, 풀과 바람, 2012 | |
| 9단원<br>(192~197쪽) | 우리가 보는 빛,<br>동물이 보는 빛 | 정민경 | 《선생님도 놀란 초등 과학 뒤집기 5》,<br>도서출판 성우, 2013 | |
| 10단원<br>(210~217쪽) | 온계리의 어진 아이 | 박종홍 | 《소년 소녀 한국 전기 전집 7》,<br>계몽사, 1984 | |
| 11단원<br>(228~237쪽) | 한지돌이 | 이종철 | 《한지돌이》, 보림출판사, 2010 | |
| 12단원<br>(244쪽) | 언젠가는 나도 | 권영상 | 《구방아, 목욕 가자》, 사계절출판사, 2008 | |

| 단원(쪽) | 제재 이름 | 지은이 | 책 정보 | 참고 |
|---|---|---|---|---|
| 12단원<br>(248쪽) | 들깨 털기 | 하청호 | 《얘들아, 연필 사랑 놀자!》, 푸른책들, 2012 | |
| 12단원<br>(250~251쪽) | 버려진 개들 | 오지연 | 《빵점 아빠 백 점 엄마》, 푸른책들, 2010 | |

## 5학년 2학기 국어-가 수록 작품

| 단원(쪽) | 제재 이름 | 지은이 | 책 정보 | 참고 |
|---|---|---|---|---|
| 1단원<br>(8~9쪽) | 염소 탓 | 성명진 | 《축구부에 들고 싶다》, 창비, 2013 | |
| 1단원<br>(11~12쪽) | 선물<br>(원제목: 서커스) | 댄 클라크 글,<br>류시화 옮김 | 《마음을 열어주는 101가지 이야기 1》,<br>이레, 2015 | |
| 1단원<br>(14~20쪽) | 송아지가 뚫어 준<br>울타리 구멍 | 손춘익 | 《송아지가 뚫어 준 울타리 구멍》,<br>웅진주니어, 2013 | |
| 1단원<br>(22~29쪽) | 마당을 나온 암탉 | 황선미 | 《마당을 나온 암탉》, 사계절출판사, 2002 | |
| 2단원<br>(40~42쪽) | 정든 고향,<br>충주를 가다 | 심상우 | 《세상을 잘 알게 도와주는 기행문》,<br>어린른이, 2013 | |
| 3단원<br>(76쪽) | 인터넷 사용 시간을<br>제한하여도 될까? | 이안 | 《좋아? 나빠? 인터넷과 스마트폰-초등<br>과학 동아 14-》, 과학동아북스, 2013 | |
| 4단원<br>(92쪽) | 노인은 늘고,<br>아이는 줄고 | 박정애 | 《질문을 꿀꺽 삼킨 사회 교과서-한국<br>지리 편-》, 주니어중앙, 2013 | |
| 4단원(94쪽) | 닥나무의 선물, 한지 | 책빛편집부 | 《교과서 속 생활 과학 이야기》, 책빛, 2012 | |
| 4단원<br>(97~99쪽) | 지구가 둥근 증거 | 정효진 | 《맛있는 과학-36.지구와 달-》,<br>주니어김영사, 2012 | |
| 5단원<br>(126쪽) | 경순왕과 마의<br>태자의 대화 | 강숙인 | 《마지막 왕자》, 푸른책들, 2013 | |

## 5학년 2학기 국어활동-가 수록작품

| 단원(쪽) | 제재 이름 | 지은이 | 책 정보 | 참고 |
|---|---|---|---|---|
| 1단원<br>(12~19쪽) | 십자수 | 이금이 | 《금단 현상》, 푸른책들, 2012 | |
| 1단원<br>(20쪽) | 연과 바람 | 권오삼 | 《고양이가 내 뱃속에서》,<br>사계절출판사, 2013 | |
| 2단원<br>(30~39쪽) | 십 년 뒤 지켜야 할<br>약속 | 김혜리 | 《버럭 아빠와 지구 반 바퀴》,<br>주니어김영사, 2010 | |

| 단원(쪽) | 제재 이름 | 지은이 | 책 정보 | 참고 |
|---|---|---|---|---|
| 3단원 (52~61쪽) | 줄무늬가 생겼어요 | 데이비드 섀넌 글, 조세현 옮김 | 《줄무늬가 생겼어요》, 비룡소, 2013 | |
| 3단원 (65쪽) | 참사랑 부족의 '아하 대화' | 말로 모건 글, 류시화 옮김 | 《무탄트 메시지》, 정신세계사, 2015 | |
| 4단원 (68~69쪽) | 우리나라의 양서류와 파충류 | 보리 편집부 | 《양서 파충류 도감》, 도서출판 보리, 2014 | |
| 4단원 (72~73쪽) | 세계의 발효 식품 | 김동현 | 《김치와 신기한 발효 과학》, 지경사, 2012 | |
| 5단원 (84~89쪽) | 막내 염소들의 모임 | 위기철 | 《무기 팔지 마세요》, 도서출판 청년사, 2013 | |
| 6단원 (96~97쪽) | 우리말 다듬기 | 박용찬 | 《바른 국어 생활》, 국립국어원, 2007 | |
| 6단원 (100~111쪽) | 주시경 | 이은정 | 《주시경》, 비룡소, 2012 | |

## 5학년 2학기 국어-나 수록 작품

| 단원(쪽) | 제재 이름 | 지은이 | 책 정보 | 참고 |
|---|---|---|---|---|
| 7단원 (170쪽) | 사라진 달걀 (원제목: 계란 도둑) | 이미애 | 《TV 동화 행복한 세상 1》, 샘터사, 2013 | 듣기 자료 |
| 7단원 (174~185쪽) | 가마솥 | 오경임 | 《교양 아줌마》, 창비, 2013 | |
| 7단원 (188~195쪽) | 곰돌이 워셔블의 여행 | 미하엘 엔데 글, 유혜자 옮김 | 《곰돌이 워셔블의 여행》, 노마드북스, 2006 | |
| 8단원 (204쪽) | 배 이야기 | 김만식 | 《이야기 어휘력 교실》, 집현전, 1994 | 듣기 자료 |
| 9단원 (240~243쪽) | 알에서 태어나다 | 일연 글, 김태식 옮김 | 《사진과 그림으로 보는 삼국유사》, 바른사, 2005 | |
| 10단원 (248, 250쪽) | 능텅 감투 | 서정오 | 《우리가 정말 알아야 할 우리 옛 이야기 백 가지》, 현암사, 1999 | 듣기 자료 |
| 10단원 (258~265쪽) | 사라, 버스를 타다 | 윌리엄 밀러 글, 박찬석 옮김 | 《사라, 버스를 타다》, 사계절출판사, 2004 | |
| 10단원 (269~276쪽) | 아빠 좀 빌려주세요 | 이규희 | 《뱅뱅이의 노래는 어디로 갔을까》, 성바오로출판사, 1998 | |
| 11단원 (280쪽) | 별 | 공재동 | 《꽃씨를 심어 놓고》, 해성출판사, 2008 | |

| 11단원<br>(281쪽) | 별 하나 | 이준관 | 《섬진강 작은 학교 김용택 선생님이 챙겨<br>주신 고학년 책가방 동시》, 파랑새, 2008 | |
| 11단원<br>(282~283쪽) | 고양이 발자국 | 유희윤 | 《참, 엄마도 참》, 문학과지성사, 2007 | |
| 11단원<br>(288쪽) | 짝짝이 양말 | 권영상 | 《엄마와 털실 뭉치》, 문학과지성사, 2012 | |
| 11단원<br>(296~305쪽) | 꼬마와 현주 | 손창섭 | 《장님 강아지》, 우리교육, 2001 | |

## 5학년 2학기 국어활동-나 수록 작품

| 단원(쪽) | 제재 이름 | 지은이 | 책 정보 | 참고 |
|---|---|---|---|---|
| 7단원<br>(146~149쪽) | 글만 읽는 가난한 양반 | 박지원 원작,<br>구민애 글 | 《양반전 외–양반의 위선을 조롱하다–》,<br>휴이넘, 2012 | |
| 7단원<br>(150쪽) | 나뭇잎 배 | 박홍근 | 《날아라 빨간 풍선》, 인문각, 1962 | |
| 8단원<br>(160~163쪽) | 지금 쓰는 말이 미래를<br>좌우한다 | 김태광 | 《왜 욕하면 안 되나요?》, 밸류앤북스, 2011 | |
| 9단원<br>(170~171쪽) | 준비하는 과정이<br>더 즐거운<br>영산 줄다리기 | 문화재청<br>엮음 | 《어린이 문화재 박물관 2》,<br>사계절출판사, 2013 | |
| 9단원<br>(176~193쪽) | 사자와 마녀와 옷장 | C.S 루이스<br>원작,<br>히아윈 오람<br>글, 햇살과<br>나무꾼 옮김 | 《사자와 마녀와 옷장》, 시공주니어, 2005 | |
| 10단원<br>(200~209쪽) | 베니스의 상인 | 셰익스피어<br>원작,<br>현소 글 | 《베니스의 상인》, 아이세움, 2008 | |
| 10단원<br>(212~219쪽) | 엄마는 파업 중 | 김희숙 | 《엄마는 파업 중》, 푸른책들, 2001 | |
| 11단원<br>(229쪽) | 앗쭈구리 산골에 가다 | 소중애 | 《앗쭈구리 산골에 가다》, 어린른이, 2011 | |
| 11단원<br>(232~247쪽) | 들꽃 아이 | 임길택 | 《들꽃 아이》, 길벗어린이, 2013 | |

# 📚 6학년

## 6학년 1학기 국어-가 수록 작품

| 단원(쪽) | 제재 이름 | 지은이 | 책 정보 | 참고 |
|---|---|---|---|---|
| 1단원(8~9쪽) | 길 | 김종상 | 《꽃 속에 묻힌 집》, 창작과비평사, 1979 | |
| 1단원(14~15쪽) | 목련 그늘 아래서는 | 조정인 | 《새가 되고 싶은 양파》, 큰나, 2007 | |
| 1단원 (18쪽) | 풀잎과 바람 | 정완영 | 《가랑비 가랑가랑 가랑파 가랑가랑》, 사계절출판사, 2007 | |
| 1단원 (20~21쪽) | 어부지리 | 장연 엮음 | 《말 심, 글 힘을 살리는 고사성어》, 고려원북스, 2004 | |
| 1단원 (23~35쪽) | 우주 호텔 | 유순희 | 《우주 호텔》, 해와나무, 2012 | |
| 1단원 (39쪽) | 혀 밑에 도끼 | 이정환 | 《어쩌면 저기 저 나무에만 둥지를 틀었을까》, 푸른책들, 2011 | |
| 2단원 (44쪽) | 세 여인의 고된 땀방울 | 이주헌 | 《느낌 있는 그림 이야기》, 보림출판사, 2010 | |
| 2단원 (52~56쪽) | 콜럼버스 항해의 진실 | 정범진, 허용우 | 《두 얼굴의 나라 미국 이야기》, 아이세움, 2010 | |
| 3단원 (72~77쪽) | 사흘만 볼 수 있다면 | 헬렌 켈러 글, 권태선 옮김 | 《장애를 넘어 인류애에 이른 헬렌 켈러》, 창비, 2011 | |

## 6학년 1학기 국어활동-가 수록 작품

| 단원(쪽) | 제재 이름 | 지은이 | 책 정보 | 참고 |
|---|---|---|---|---|
| 1단원(12~23쪽) | 수도꼭지 | 김용희 | 《실눈을 살짝 뜨고》, 리젬, 2012 | |
| 1단원 (14~15쪽) | 봄비 | 심후섭 | 《내 마음의 동시 6학년》, 계림북스, 2013 | |
| 1단원 (16~17쪽) | 지금은 공사 중 | 박선미 | 《지금은 공사 중》, 청개구리, 2016 | |
| 1단원 (20쪽) | 개나리 노란 배 | 이동식 | 《3,4학년이 꼭 읽어야 할 동시집》, 학은미디어, 2010 | |
| 2단원 (30~41쪽) | 행복한 청소부 | 모니카 페트 글, 김경연 옮김 | 《행복한 청소부》, 도서출판 풀빛, 2012 | |
| 2단원 (42쪽) | 바늘 가는 데 실 간다, 속담 '바늘 가는 데 실 간다'의 숨은 의미 | 허은실 | 《국어 교과서도 탐내는 맛있는 속담》, 웅진주니어, 2014 | |

| 3단원<br>(54~57쪽) | 괜찮아 | 장영희 | 《살아온 기적 살아갈 기적》,<br>샘터사, 2013 | |
| 4단원<br>(68~77쪽) | 호랑이 잡은 반쪽이 | 최내옥 엮음 | 《호랑이 잡은 반쪽이》, 창비, 2013 | |
| 5단원<br>(88~95쪽) | 광고의 비밀 | 김현주 | 《광고의 비밀》, 미래아이, 2012 | |
| 5단원<br>(96쪽) | 엄마야 누나야 | 김소월 | 《귀뚜라미와 나와》, 푸른책들, 2014 | |
| 6단원<br>(108~119쪽) | 나비를 잡는 아버지 | 현덕 | 《나비를 잡는 아버지》, 효리원, 2009 | |

## 6학년 1학기 국어-나 수록 작품

| 단원(쪽) | 제재 이름 | 지은이 | 책 정보 | 참고 |
| --- | --- | --- | --- | --- |
| 7단원<br>(170~175쪽) | 원숭이 꽃신 | 정휘창 | 《원숭이 꽃신》, 효리원, 2009 | |
| 7단원<br>(180~184쪽) | 온양이 | 선안나 | 《온양이》, 샘터사, 2011 | |
| 7단원<br>(188~191쪽) | 살구가 익을 무렵 | 이호철 | 《온 산에 참꽃이다!》,<br>도서출판 고인돌, 2013 | |
| 8단원<br>(218~220쪽) | 다시 찾은 우리<br>문화유산 '훈민정음'<br>(원제목: 훈민정음) | 한상남 | 《간송 선생님이 다시 찾은 우리 문화유산<br>이야기》, 샘터사, 2012 | |
| 12단원<br>(288~289쪽) | 물새알 산새알 | 박목월 | 《산새알 물새알》, 푸른책들, 2016 | |
| 12단원<br>(292~300쪽) | 마음이 담긴 그릇 | 김향이 | 《쌀뱅이를 아시나요》, 파랑새, 2011 | |
| 12단원<br>(304~312쪽) | 행복한 왕자 | 오스카 와일드<br>원작,<br>주평 글 | 《주평 아동극 전집》 제7권,<br>신아출판사, 2004 | |

## 6학년 1학기 국어활동-나 수록 작품

| 단원(쪽) | 제재 이름 | 지은이 | 책 정보 | 참고 |
| --- | --- | --- | --- | --- |
| 7단원<br>(154~161쪽) | 바리데기 | 신동흔 | 《바리데기, 야야 내 딸이야 내가 버린<br>내 딸이야》, 휴머니스트 출판그룹, 2013 | |
| 8단원<br>(174~189쪽) | 메아리 | 이주홍 | 《메아리》, 길벗어린이, 2012 | |

| 단원(쪽) | 제재 이름 | 지은이 | 책 정보 | 참고 |
|---|---|---|---|---|
| 9단원<br>(200~207쪽) | 시애틀 추장 | 수전 제퍼스 글,<br>최권행 옮김 | 《시애틀 추장》, 한마당, 2009 | |
| 10단원<br>(218~227쪽) | 억지와 주장의 차이<br>(원제목: 억지와<br>주장의 차이 알기-<br>효 시스터즈-) | 김민화 | 《대화가 즐거워》, 해와나무, 2010 | |
| 11단원<br>(238~243쪽) | 보고 싶은 텔레비전<br>궁금한 방송국 | 소피 바흐만,<br>장 엠마누엘<br>카잘타 외 글,<br>김미겸 옮김 | 《보고 싶은 텔레비전 궁금한 방송국》,<br>맥스퍼블리싱, 2012 | |
| 12단원<br>(254~263쪽) | 가족사진 | 공진하 | 《벽이》, 도서출판 낮은산, 2013 | |

## 6학년 2학기 국어-가 수록 작품

| 단원(쪽) | 제재 이름 | 지은이 | 책 정보 | 참고 |
|---|---|---|---|---|
| 1단원<br>(6~7쪽) | 마당을 나온 암탉 | 김환영 | 《마당을 나온 암탉》, 사계절출판사, 2013 | |
| 1단원<br>(29쪽) | 행복한 일 | 노원호 | 《e메일이 콩닥콩닥》, 청개구리, 2016 | |
| 2단원<br>(39~41쪽) | 우리의 자랑스러운<br>판소리(원제목: 우리가<br>낳은 세계적인 판소리) | 주강현 | 《주강현의 우리 문화 1》, 아이세움, 2014 | |
| 3단원<br>(59~63쪽) | 내 인생의 목적지<br>(원제목: 목적지는<br>빨리 정할수록 좋다) | 전옥표 | 《청소년을 위한 이기는 습관》,<br>쌤앤파커스, 2008 | |
| 5단원<br>(96~103쪽) | 방구 아저씨 | 손연자 | 《마사코의 질문》, 푸른책들, 2014 | |
| 5단원<br>(107쪽) | 태국에서 온 수박돌이 | 아눗싸라<br>디와이 글,<br>이구용 옮김 | 《태국에서 온 수박돌이》, 정인출판사, 2010 | 듣기<br>자료 |
| 5단원<br>(116~117쪽) | 알라딘과 신기한 램프 | 바버라<br>G.워커 글,<br>박혜란 옮김 | 《흑설 공주 이야기》, 뜨인돌출판, 2014 | |
| 5단원<br>(118~119쪽) | 조그마한 기쁨 | 강휘생 | 《전학 온 아이》, 도서출판 도리, 2004 | |
| 6단원<br>(130쪽, 132쪽) | 나의 소원 | 김구 | 《백범 김구》, 도서출판 돌베개, 2009 | |

## 6학년 2학기 국어활동-가 수록 작품

| 단원(쪽) | 제재 이름 | 지은이 | 책 정보 | 참고 |
|---|---|---|---|---|
| 1단원<br>(14~29쪽) | 그 고래, 번개 | 류은 | 《그 고래, 번개》, 샘터사, 2014 | |
| 2단원<br>(42~45쪽) | 가마솥에 숨겨진<br>과학, 무쇠솥과<br>통가열식 압력 밥솥 | 윤용현 | 《전통 속에 살아 숨 쉬는 첨단 과학<br>이야기》, 교학사, 2012 | |
| 3단원<br>(56~59쪽) | 둥글둥글 지구촌<br>인권 이야기 | 신재일 | 《둥글둥글 지구촌 인권 이야기》,<br>도서출판 풀빛, 2009 | |
| 3단원<br>(63쪽) | 풀꽃 | 나태주 | 《풀꽃 -나태주 시선집-》,<br>도서출판 지혜, 2014 | |
| 4단원<br>(70~72쪽) | 유행어보다<br>재치있는 우리 속담 | 이규희 | 《유행어보다 재치 있는 우리 속담》,<br>삼성출판사, 2014 | |
| 4단원<br>(73~75쪽) | 형설지공 | 박수미,<br>강민경 | 《초등 선생님이 뽑은 남다른 고사성어》,<br>다락원, 2014 | |
| 4단원<br>(76쪽) | 눈에 넣어도 아프지<br>않다, 보는 눈이<br>있다, 눈을 붙이다 | 문향숙 | 《국어 실력에 날개를 달아 주는 우리말<br>관용구》, 계림북스, 2014 | |
| 5단원<br>(88~95쪽) | 마지막 수업 | 알퐁스 도데<br>글,<br>표시정 옮김 | 《마지막 수업 외》, 도서출판 삼성당, 2006 | |
| 6단원<br>(108~111쪽) | 고칠 방법을 모른다면<br>지구를 그만<br>망가뜨리세요 | 세 번 컬리스<br>스즈키 글,<br>박현주 옮김 | 《세상을 바꾼 아름다운 용기》,<br>우리교육, 2013 | |

## 6학년 2학기 국어-나 수록 작품

| 단원(쪽) | 제재 이름 | 지은이 | 책 정보 | 참고 |
|---|---|---|---|---|
| 7단원<br>(162~163쪽) | 난중일기 | 이순신 글,<br>송찬섭 옮김 | 《난중일기-임진년 아침이 밝아 오다-》,<br>서해문집, 2004 | |
| 7단원<br>(165~172쪽) | 마지막 숨바꼭질 | 백승자 | 《열두 사람의 아주 특별한 동화》,<br>파랑새, 2012 | |
| 8단원<br>(192~196쪽) | 글쓰기 숙제(원제목:<br>스티커 훔치기) | 엄채영 | 《어린이 저작권 교실》, 산수야, 2011 | |
| 9단원<br>(214~218쪽) | 세상을 밝힌 꿈 | 성지영 | 《강영우, 세상을 밝힌 한국 최초 맹인<br>박사》, 스코프, 2013 | |
| 9단원<br>(222~227쪽) | 꽉 막힌 생각,<br>뻥 뚫린 생각 | 이어령 | 《생각 깨우기》, 도서출판 푸른숲, 2009 | |

| 단원<br>(264~265쪽) | 웃는 기와 | 이봉직 | 《웃는 기와》, 청개구리, 2012 | |
|---|---|---|---|---|
| 11단원<br>(270~271쪽) | 자전거 찾기 | 남호섭 | 《놀아요 선생님》, 창비, 2013 | |
| 11단원<br>(274~275쪽,<br>279쪽) | 백 번째 손님 | 김병규 | 《백 번째 손님》, 세상모든책, 2012 | |
| 11단원<br>(287쪽) | 크리스마스 캐럴<br>(이야기) | 찰스 디킨스<br>글,<br>한상남 옮김 | 《크리스마스 캐럴》, 지경사, 2005 | |

## 6학년 2학기 국어활동-나 수록 작품

| 단원(쪽) | 제재 이름 | 지은이 | 책 정보 | 참고 |
|---|---|---|---|---|
| 7단원<br>(148~153쪽) | 사람은 무엇으로<br>사는가 | 레프<br>톨스토이 글,<br>방대수 옮김 | 《사람은 무엇으로 사는가》,<br>책만드는집, 2014 | |
| 7단원<br>(154~156쪽) | 재미나는 우리말 | 장승욱 | 《재미나는 우리말 도사리》, 하늘연못, 2001 | |
| 8단원<br>(166~175쪽) | 나도 저작권이<br>있어요! | 김기태 | 《나도 저작권이 있어요!》, 상수리, 2013 | |
| 8단원<br>(179쪽) | 책 속의 보물 낱말 | 이경화 외 | 《어린이 독서 기록장-초등 5, 6학년용-》,<br>교학사, 2013 | |
| 9단원<br>(186~189쪽) | 개가 남긴 한마디 | 아지즈 네신<br>글,<br>이난아 옮김 | 《개가 남긴 한마디》, 푸른숲주니어, 2013 | |
| 10단원<br>(200~203쪽) | 서영이의 하루 | 김지영 | 《생방송 뉴스 현장》, 한국헤밍웨이, 2008 | |
| 11단원<br>(214~227쪽) | 장끼전 | 원작 작자 모<br>름, 서유미 글 | 《장끼전과 두껍전》, 주니어김영사, 2014 | |
| 11단원(231쪽) | 헤어질 때 | 조영미 | 《식구가 늘었어요》, 청개구리, 2014 | |

# 🏛 교육청 및 기관 추천 도서

## 📖 국립어린이청소년도서관 추천 도서(2018년 1~7월)

| 책 제목 | 지은이 | 출판사 | 참고 |
|---|---|---|---|
| 《기억나니?》 | 조란 드르벤카르 | 미디어창비 | 저학년 |
| 《웅덩이를 건너는 가장 멋진 방법》 | 수산나 이세른 | 트리앤북 | 저학년 |
| 《너를 만난 날》 | 리가오펑 | 미디어창비 | 저학년 |
| 《아름다운 실수》 | 코리나 루이켄 | 나는별 | 저학년 |
| 《100년 동안 우리 마을은 어떻게 변했을까》 | 엘렌 라세르 | 풀과바람 | 저학년 |
| 《나를 찾아줘!》 | 오라 파커 | 푸른숲주니어 | 저학년 |
| 《날아라, 고양이》 | 트리누 란 | 분홍고래 | 저학년 |
| 《어느 날》 | 이적 | 웅진씽크빅 | 저학년 |
| 《대통령 아저씨, 엉망진창이잖아요!》 | 리우쉬공 | 밝은미래 | 저학년 |
| 《알레나의 채소밭》 | 소피 비시에르 | 단추 | 저학년 |
| 《별세계》 | 강혜숙 | 상출판사 | 저학년 |
| 《이제 나는 없어요》 | 아리아나 파피니 | 분홍고래 | 저학년 |
| 《나누면서 채워지는 이상한 여행: 탕가피코 강에서 배우는 나눔의 규칙》 | 디디에 레비 | 고래이야기 | 저학년 |
| 《내 얘기를 들어주세요》 | 안 에르보 | 한울림어린이 | 저학년 |
| 《고릴라에게서 평화를 배우다》 | 김황 | 논장 | 고학년 |
| 《우리들의 빛나는》 | 박현정 | 북멘토 | 고학년 |
| 《용의 미래》 | 최양선 | 문학과지성사 | 고학년 |
| 《책 깎는 소년》 | 장은영 | 파란자전거 | 고학년 |
| 《알렙이 알렙에게》 | 최영희 | 해와나무 | 고학년 |
| 《우리 손잡고 갈래?》 | 이인호 | 문학과지성사 | 고학년 |
| 《나의 로즈: 정소영 동화집》 | 정소영 | 푸른책들 | 고학년 |
| 《오로라 원정대》 | 최은영 | 우리교육 | 고학년 |

| | | | |
|---|---|---|---|
| 《다섯 손가락 수호대》 | 홍종의 | 살림출판 | 고학년 |
| 《빛나라, 어기 스타》 | 홀리 쉰들러 | 문학과지성사 | 고학년 |
| 《몬드리안: 질서와 조화와 균형의 미》 | 정은미 | 다림 | 고학년 |
| 《열두 살, 사랑하는 나》 | 이나영 | 해와나무 | 고학년 |
| 《달빛 마신 소녀》 | 캘리 반힐 | 양철북 | 고학년 |

## 📖 서울특별시교육청 어린이도서관 가정의 달 추천 도서

| 책 제목 | 지은이 | 출판사 | 참고 |
|---|---|---|---|
| 《학교로 가는 백만 번의 발걸음》 | 로즈메리 맥카니, 플랜인터내셔널 | 베틀북 | 저학년 |
| 《(나 혼자 해볼래)저축하기》 | 한라경 | 리틀 씨앤톡 | 저학년 |
| 《들썩 들썩 동화의 집》 | 게리 베일리 | 개암나무 | 저학년 |
| 《누가 진짜 나일까?》 | 다비드 칼리 | 책빛 | 저학년 |
| 《몰라요, 그냥》 | 박상기 | 창비 | 저학년 |
| 《춤추는 방글할머니》 | 박현숙 | 나한기획 | 저학년 |
| 《꼴찌여도 괜찮아》 | 바바라 에샴 | 아주좋은날 | 저학년 |
| 《시끄러운 루시가 제일 좋아》 | 우테 크라우제 | 올파소 | 저학년 |
| 《용도 바이올리니스트가 될 수 있나요?》 | 루이사 비야르 리에바나 | 책속물고기 | 저학년 |
| 《한국을 살린 부자들》 | 오홍선이 | M&K | 저학년 |
| 《나무는 어떻게 지구를 구할까? 》 | 니키 테이트 | 초록개구리 | 중학년 |
| 《약이야? 독이야? 화학제품》 | 김희정 | 아르볼 | 중학년 |
| 《이제 나도 발명가》 | 롭 비티 | 다림 | 중학년 |
| 《용감한 닭과 초록 행성 외계인》 | 앤 파인 | 논장 | 중학년 |
| 《가족 더하기》 | 최형미 | 스콜라 | 중학년 |
| 《소희가 온다!》 | 김리라 | 책읽는곰 | 중학년 |
| 《백구 똥을 찾아라!》 | 김태호 | 예림당 | 중학년 |

| | | | |
|---|---|---|---|
| 《가면 학교》 | 유강 | 아름다운사람들 | 중학년 |
| 《키가 작아지는 집》 | 가브리엘라 루비오 | 담푸스 | 중학년 |
| 《미얀마, 마웅저 아저씨의 편지》 | 진형민 | 사계절 | 중학년 |
| 《뉴턴의 돈 교실: 돈은 어떻게 벌고, 어떻게 써야 할까?》 | 이향안 | 시공주니어 | 고학년 |
| 《아이 로봇》 | 클라이브 기포드 | 예림당 | 고학년 |
| 《파스퇴르 아저씨네 왁자지껄 병원》 | 최은영 | 주니어김영사 | 고학년 |
| 《아플 때 읽는 빨간약 동화》 | 폴케 테게트호프 | 찰리북 | 고학년 |
| 《진짜 나를 만나는 혼란상자》 | 따돌림사회연구 모임 교실심리팀 | 마리북스 | 고학년 |
| 《편의점 가는 기분》 | 박영란 | 창비 | 고학년 |
| 《탈출: 나는왜 달리기를 시작했나》 | 마렉 바다스 | 산하 | 고학년 |
| 《나는 초콜릿의 달콤함을 모릅니다》 | 타라 설리번 | 푸른숲주니어 | 고학년 |
| 《세계지도는 어떻게 완성되었을까?》 | 조지프 제이콥스 | 행성B아이들 | 고학년 |
| 《서울 골목의 숨은 유적 찾기》 | 안민영 | 책과함께어린이 | 고학년 |

## ▤ 서울특별시교육청 강동도서관 추천 도서(2018년 1~7월)

| 책 제목 | 지은이 | 출판사 |
|---|---|---|
| 《리고와 로사가 생각 여행을 떠났다》 | 로렌츠 파울리 | 고래뱃속 |
| 《(별빛유랑단의) 반짝반짝 별자리 캠핑》 | 별빛 유랑단 | 창비 |
| 《나보다 우리가 똑똑하다》 | 박현희 | 나무야 |
| 《손으로 보는 아이, 카밀》 | 토마시 마우코프스키 | 소원나무 |
| 《세상은 네모가 아니에요: 자하 하디드》 | 지넷 윈터 | 씨드북 |
| 《못생긴 친구를 소개합니다》 | 줄리아 도널드슨 | 비룡소 |
| 《그 다리 아니야, 빌리!》 | 안토니스 파파테오둘루 | 씨드북 |
| 《같이 먹어야 맛있지》 | 먀오이 | 계수나무 |
| 《숲이 될 수 있을까?》 | 한유진 | 책고래 |

| 《어제를 찾아서》 | 앨리슨 제이 | 키즈엠 |
|---|---|---|
| 《지구 행성 보고서》 | 유승희 | 뜨인돌어린이 |
| 《한입에 꿀꺽! 짭짤한 세계 경제》 | 김지혜 | 토토북 |
| 《노인과 소년》 | 박완서 | 어린이 작가정신 |
| 《꼬마 수의사 루스》 | 글로리아 산체스 | 생각의집 |
| 《내 이름은 플라스틱》 | 정명숙 | 아주좋은날 |
| 《식물로 세상에서 살아남기》 | 신정민 | 풀과바람 |
| 《매일 입는 내 옷 탐구생활》 | 사토 데쓰야 | 웅진주니어 |
| 《별이와 별이》 | 유하 | 키즈엠 |
| 《소리 산책》 | 폴 쇼워스 | 불광출판사 |
| 《(도토리 쫑이의)봄 여름 가을 겨울》 | 장영복 | 스콜라 |
| 《독서 퀴즈 대회》 | 전은지 | 책읽는곰 |
| 《가족 더하기》 | 최형미 | 스콜라 |
| 《핫-도그 팔아요》 | 장세정 | 문학동네 |
| 《한 숟가락 역사 동화: 우리 나라 음식 이야기》 | 김은의 | 꿈꾸는초승달 |
| 《멋진 천문학 이야기》 | 맬컴 크로프트 | 그린북 |
| 《이럴 땐 어떻게 말해요?》 | 강승임 | 주니어김영사 |
| 《아기 새 둥지가 된 아주 특별한 꼬마 양》 | 제마 메리노 | 사파리 |
| 《우리 가족 만나볼래?》 | 율리아 퀼름 | 후즈갓마이테일 |
| 《어느 멋진 날》 | 윤정미 | 재능교육 |
| 《북극곰이 녹아요》 | 박종진 | 키즈엠 |
| 《장래희망이 뭐라고》 | 전은지 | 책읽는곰 |
| 《나만 잘하는 게 없어》 | 이승민 | 풀빛 |
| 《내일: 지속가능한 미래를 찾아 떠나는 루와 파블로의 세계여행》 | 시릴 디옹, 멜라니 로랑 | 한울림어린이 |
| 《그 소문 들었어?》 | 하야시 기린 | 천개의바람 |
| 《꼭 갖고 싶은 로봇 친구》 | 유병천 | 꿈터 |

| | | |
|---|---|---|
| 《구름송이 토끼야, 놀자!》 | 백은석 | 창비 |
| 《킁킁킁! 탐정 개와 도서관 대소동》 | 줄리아 도널드슨 | 상상스쿨 |
| 《봄이다》 | 정하섭 | 우주나무 |
| 《친구에게》 | 김윤정 | 국민서관 |
| 《누구의 알일까?》 | 모니카 랑에 | 시공주니어 |
| 《엄마가 남긴 27단어》 | 샤렐 바이어스 모란빌 | 아름다운사람들 |
| 《글쓰기 하하하: 아이들 글쓰기》 | 이오덕 | 양철북 |
| 《있는 그대로 나를 사랑해》 | 권도영 | 큰북소리 |
| 《두 배로 카메라》 | 성현정 | 비룡소 |
| 《신나는 자연 학습》 | 앨리스 제임스, 에밀리 본 | 어스본코리아 |
| 《(과학을 타자!) 놀이기구》 | 조인하 | 지학사아르볼 |
| 《날 좀 그냥 내버려 둬!》 | 베라 브로스골 | 미래엔아이세움 |
| 《토끼의 마음 우산》 | 최정현 | 꿈터 |
| 《어느 조용한 일요일》 | 이선미 | 글로연 |
| 《우리는 여기에 있어》 | M.H.클라크 | 봄의정원 |
| 《카이투스: 코르착이 들려주는 영화 같은 이야기》 | 야누쉬 코르착 | 북극곰 |
| 《뽑기의 달인》 | 윤해연 | 좋은책어린이 |
| 《원자력 논쟁》 | 오승현 | 풀빛 |
| 《밥풀 할아버지》 | 박민선 | 책고래 |
| 《별별 약국》 | 김해우 | 내인생의책 |
| 《오, 멋진데!》 | 마리 도를레앙 | 이마주 |
| 《(미운 오리) 티라노》 | 앨리슨 머리 | 나린글 |
| 《별이 되고 싶어!》 | 패트릭 맥도넬 | 뜨인돌출판 |
| 《공룡이랑 살면 얼마나 좋을까》 | 개비 도네이 | 상상스쿨 |
| 《아빠 무릎은 내 자리》 | 나은경 | 킨더랜드 |
| 《어린이와 청소년을 위한 머니 아이큐》 | 샌디 도노반 | 초록개구리 |

| | | |
|---|---|---|
| 《내가 개였을 때》 | 루이즈 봉바르디에 | 씨드북 |
| 《어린이 하브루타 공부법》 | 김동윤, 안진수 | 파란정원 |
| 《엄마의 걱정 공장》 | 이지훈 | 거북이북스 |
| 《안녕, 나는 해외여행을 떠나》 | 이나영 | 상상력놀이터 |
| 《뱀이 하품할 때 지진이 난다고?》 | 유다정 | 씨드북 |

## 2018 제14회 경남독서한마당 선정 도서

| 책 제목 | 지은이 | 출판사 | 참고 |
|---|---|---|---|
| 《곰씨의 의자》 | 노인경 | 문학동네 | 저학년 |
| 《그 소문 들었어?》 | 하야시 기린 | 천개의바람 | 저학년 |
| 《두 배로 카메라》 | 성현정 | 비룡소 | 저학년 |
| 《마지막 뉴스》 | 서정홍 | 웃는돌고래 | 저학년 |
| 《바로 그 신발》 | 마리베스 볼츠 | 지양어린이 | 저학년 |
| 《생각이 커진 집》 | 리샤르 마르니에 | 책과콩나무 | 저학년 |
| 《안읽어 씨 가족과 책 요리점》 | 김유 | 문학동네 | 저학년 |
| 《엉뚱한 수리점》 | 차재혁 | 노란상상 | 저학년 |
| 《엉터리 집배원》 | 장세현 | 어린이작가정신 | 저학년 |
| 《오, 멋진데!》 | 마리 도를레앙 | 이마주 | 저학년 |
| 《나만 잘하는 게 없어》 | 이승민 | 풀빛 | 고학년 |
| 《나무도장》 | 권윤덕 | 평화를 품은 책 | 고학년 |
| 《내가 개였을 때》 | 루이즈 봉바르디에 | 씨드북 | 고학년 |
| 《넘어진 교실》 | 후쿠다 다카히로 | 개임나무 | 고학년 |
| 《다 잘 될 거야》 | 키어스텐 보이에 | 책빛 | 고학년 |
| 《멋진 하루》 | 안신애 | 고래뱃속 | 고학년 |
| 《바닷가 탄광 마을》 | 죠앤 슈워츠 | 국민서관 | 고학년 |
| 《붉은 실》 | 이나영 | 시공주니어 | 고학년 |

| 《아빠, 왜 히틀러한테 투표했어요?》 | 디디에 데냉크스 | 봄나무 | 고학년 |
|---|---|---|---|
| 《플로팅 아일랜드》 | 김려령 | 비룡소 | 고학년 |

## ⊟ 경남교육청 추천 도서

### 교육CEO에게 권하는 책(2018년 1~7월)

| 책 제목 | 지은이 | 출판사 | 참고 |
|---|---|---|---|
| 《우리와 다른 아이》 | 엘리사 마촐리 | 한울림스페셜 | 저학년 |
| 《불곰에게 잡혀간 우리 아빠》 | 허은미 | 여유당 | 저학년 |
| 《사소한 소원만 들어주는 두꺼비》 | 전금자 | 비룡소 | 저학년 |
| 《엄마 아빠가 우리를 버렸어요》 | 이상옥 | 산하 | 저학년 |
| 《내 눈에 콩깍지》 | 최은영 | 좋은책어린이 | 저학년 |
| 《내 얘기를 들어주세요》 | 안 에르보 | 한울림어린이 | 저학년 |
| 《대통령님, 할 말이 있어요》 | 안 루와이에 | 봄의정원 | 저학년 |
| 《도깨비폰을 개통하시겠습니까?》 | 박하익 | 창비 | 고학년 |
| 《딜쿠샤의 추억》 | 김세미, 이미진 | 찰리북 | 고학년 |
| 《용서의 정원》 | 로런 톰프슨 | 시공주니어 | 고학년 |
| 《안네 프랑크와 마로니에 나무》 | 제프 고츠펠드 | 두레아이들 | 고학년 |
| 《(일제 강제 동원)이름을 기억하라!》 | 정혜경 | 사계절 | 고학년 |
| 《잭키 마론과 악당 황금손》 | 프란치스카 비어만 | 주니어김영사 | 고학년 |
| 《원자력 논쟁》 | 오승현 | 풀빛 | 고학년 |

베테랑 초등 교사가 알려주는 교과서를 활용한 학년별 단계별 책읽기 전략

# 공부가 쉬워지는 초등독서법

**초판 1쇄 발행** 2018년 7월 23일
**초판 4쇄 발행** 2020년 12월 28일
**지은이** 김민아

**펴낸이** 민혜영
**펴낸곳** (주)카시오페아 출판사
**주소** 서울시 마포구 월드컵로 14길 56, 2층
**전화** 02-303-5580 | **팩스** 02-2179-8768
**홈페이지** www.cassiopeiabook.com | **전자우편** editor@cassiopeiabook.com
**출판등록** 2012년 12월 27일 제2014-000277호
**편집** 최유진, 위유나, 진다영 | **디자인** 고광표, 최예슬 | **마케팅** 허경아, 김철, 홍수연

**ISBN** 979-11-88674-22-0 03590

이 도서의 국립중앙도서관 출판시도서목록 CIP은 서지정보유통지원시스템 홈페이지(http://seoji.nl.go.kr와
국가자료공동목록시스템 http://www.nl.go.kr/kolisnet에서 이용하실 수 있습니다.
CIP제어번호: CIP2018020880